普通高等教育通识课系列教材

大学计算机基础教程

(第二版)

主　编　林秋虾　文　欣　曾冬梅

副主编　林丁报　杨　柳　陈　伟　樊小龙

参　编　林燕芬　邓　莹　吴　凡

　　　　应志远　黎　佳　曾伟渊

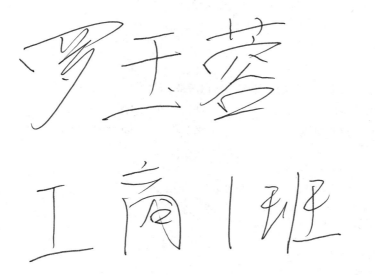

西安电子科技大学出版社

内 容 简 介

　　本书是为高等学校非计算机专业编写的计算机基础教材，主要讲述计算机基础知识和相关应用技术的使用方法。本书内容选材合理，书中及时更新了对计算机学科前沿的新技术和新成果的介绍，体现了时代特征。全书共 8 章，全面讲述了计算机基础知识、Windows 7 操作系统、Word 2016 文字处理、Excel 2016 电子表格、PowerPoint 2016 电子演示文稿处理、计算机网络基础、多媒体技术基础、数据库技术基础等知识。各章均配有相应的习题。

　　本书语言精练、重点突出，在注重系统性和科学性的基础上，突出了实用性及操作性。本书可作为普通高等学校非计算机专业学生计算机基础课程的教材或参考书，也可作为计算机培训班的培训教材。

图书在版编目(CIP)数据

大学计算机基础教程(第二版) / 林秋虾，文欣，曾冬梅主编. —2 版. —西安：西安电子科技大学出版社，2021.8(2023.9 重印)

ISBN 978-7-5606-6158-2

Ⅰ.①大…　Ⅱ.①林…　②文…　③曾…　Ⅲ.① 电子计算机—高等学校—教材

Ⅳ.① TP3

中国版本图书馆 CIP 数据核字(2021)第 155028 号

策　　划　刘小莉
责任编辑　刘小莉
出版发行　西安电子科技大学出版社(西安市太白南路 2 号)
电　　话　(029)88202421　88201467　　　邮　　编　710071
网　　址　www.xduph.com　　　　　　　　电子邮箱　xdupfxb001@163.com
经　　销　新华书店
印刷单位　咸阳华盛印务有限责任公司
版　　次　2021 年 8 月第 2 版　　2023 年 9 月第 5 次印刷
开　　本　787 毫米×1092 毫米　1/16　印　张　22.5
字　　数　532 千字
印　　数　10 301～16 300 册
定　　价　56.00 元

ISBN 978-7-5606-6158-2 / TP

XDUP　6460002-5

如有印装问题可调换

前　言

本书是在 2019 年第一版的基础上修订而成的，主要根据教育部考试中心制定的《全国计算机等级考试一级 MS Office 考试大纲》进行编写，并兼顾实际应用的需求，适当进行了扩展。本书在保持原有内容基本结构和风格的基础上，从教学实际需求出发，合理安排知识结构，将计算思维、实际应用能力和创新意识融为一体，在培养读者计算机应用能力的同时，提升读者的计算机文化素养和应用计算思维解决实际问题的基本能力。为了更适应全国计算机等级考试一级 MS Office 的要求，本书对第一版第 3 章、第 4 章、第 5 章做了较大改动，即把 Office 2010 版改为 Office 2016 版，具体改动内容包括：把第 3 章中的 Word 2010 版改为 Word 2016 版；把第 4 章中的 Excel 2010 版改为 Excel 2016 版；把第 5 章中的 PowerPoint 2010 版改为 PowerPoint 2016 版。同时，在第 1 章中增加了计算思维方面的知识；在第 2 章中增加了一些操作系统方面的知识；在第 6 章中增加了网络安全相关法律法规方面的知识，并把术语"密码"更改为"口令"，使得其与英文规范化的原意表述一致；在第 8 章中引入了一些新的数据库理念，并把 Access 2010 版改为 Access 2016 版。

全书共 8 章，具体内容安排如下：

第 1 章主要介绍计算机基础知识，包括计算机概述、信息表示与编码、计算机硬件系统、计算机软件系统等。

第 2 章主要介绍 Windows 7 操作系统，包括操作系统概述、Windows 7 的基本操作、文件管理与磁盘管理、Windows 7 系统设置、Windows 7 附件的应用程序、中文输入法简介等。

第 3 章主要介绍 Word 2016 文字处理，包括 Word 2016 的新特性、Word 2016 的基本操作、文本输入与格式化、表格的创建与编辑、图文混排、设置页面布局、高级应用、综合案例等。

第 4 章主要介绍 Excel 2016 电子表格，包括 Excel 2016 的新特性、Excel 2016 概述、工作簿与工作表的基本操作、数据的输入和编辑、格式化工作表、公式与函数、数据管理、图表、工作表的打印、综合案例等。

第 5 章主要介绍 PowerPoint 2016 电子演示文稿处理，包括认识电子演示文稿、PowerPoint 的基本操作、幻灯片的基本操作、幻灯片的基本制作、幻灯片的动画效果与放映、演示文稿的输出、幻灯片的设计规则等。

第 6 章主要介绍计算机网络基础，包括计算机网络概述、数据通信基础、局域网、Internet 及应用、网络安全机制、网络新技术、网络安全相关法律法规等。

第 7 章主要介绍多媒体技术基础，包括多媒体技术概述、多媒体处理基础、常用多媒体制作软件等。

第 8 章主要介绍数据库技术基础，包括数据库技术概述、数据模型、SQL 语言基础、常见数据库应用开发平台等。

本书第 1 章由林燕芬和邓莹共同编写，第 2 章由林秋虾、杨柳共同编写，第 3 章由林丁报编写，第 4 章由文欣编写，第 5 章由樊小龙、陈伟共同编写，第 6 章由吴凡编写，第 7 章由曾冬梅、应志远共同编写，第 8 章由黎佳、曾伟渊共同编写。

由于编者水平有限，书中难免有不妥之处，敬请广大读者批评指正，以便再版时修订和完善。

编　者

2021 年 5 月

第一版前言

"大学计算机基础"作为普通高等学校非计算机专业学生的一门必修课程，以培养学生计算机技能、信息化素养、计算思维能力为目标，是学习其他计算机相关技术课程的前导和基础课程。当前，计算机与信息技术的应用已经渗透到大学所有的学科和专业，对非计算机专业的学生来说，不仅要掌握计算机的操作使用，而且要了解计算机和信息处理的基础知识、原理和方法，这样才能更好地将计算机知识应用于自己的专业学习与工作。

本书编写的宗旨是使读者较全面、系统地了解计算机基础知识，具备计算机实际应用能力，并能在各自的专业领域自觉地应用计算机进行学习与研究。为此本书编者认真研究了国内外很多相关教材及多个省份的考试大纲，对大学计算机基础课程的教学内容及课程设置进行了深入的分析与探讨，对考试的重难点进行了剖析，且引入了人工智能、物联网、云存储等先进技术，使读者能够掌握最新的计算机软硬件的基本知识与应用技术，提高大学生的计算机文化素养和应用能力。

本书编者是一批多年从事一线教学的教师，具有丰富的教学经验，懂得学生的学习心态和需求。在编写时注重理论与实践紧密结合，注重实用性和可操作性；在案例的选取上注意从读者日常学习和工作的需要出发；在文字叙述上深入浅出，通俗易懂。

全书共8章，具体内容安排如下：

第 1 章主要介绍计算机相关的基础知识，包括计算机特点及应用领域，信息与信息科学，信息如何在计算机中表示及信息如何编码，计算机的硬件系统的组成及计算机软件系统。

第 2 章主要介绍 Windows 7 操作系统，包括操作系统的功能、分类，Windows 7 的一些基本操作，文件管理与磁盘管理，Windows 7 附件中常用的一些应用程序。

第 3 章主要介绍文字处理软件 Word 2010，包括 Word 2010 的基本操作、文本输入与格式化、表格创建及编辑、图文混排技术、高级应用等，最后用综合案例来贯穿整章知识点的操作。

第 4 章主要介绍电子表格软件 Excel 2010，包括工作簿与工作表的基本操作、格式化工作表、公式和函数、数据管理、图表等，最后用综合案例来贯穿整章知识点的操作。

第 5 章主要介绍演示文稿软件 PowerPoint 2010，包括演示文稿的创建、幻灯片的编辑及美化、幻灯片的动画设置和放映方式等。

第 6 章主要介绍计算机网络基础，包括计算机网络的组成及体系结构、数据通信基础、局域网、Internet 及应用、网络安全机制及相关的网络新技术。

第 7 章主要介绍多媒体技术基础，包括多媒体系统组成及应用领域，声音、图像、视频、动画处理基础、常用多媒体制作软件等。

第 8 章主要介绍数据库技术基础，包括数据模型、SQL 语言基础及常见数据库应用开发平台。

本书第 1 章由林燕芬、邓莹共同编写，第 2 章由林秋虾、杨柳共同编写，第 3 章由林丁报、周春共同编写，第 4 章由文欣编写，第 5 章由吴柳熙、陈伟共同编写，第 6 章由吴凡编写，第 7 章由曾冬梅、应志远共同编写，第 8 章由黎佳、曾伟渊共同编写。杨柳做了资料整理工作，林秋虾、文欣、曾冬梅负责审稿，林秋虾负责统稿。

由于编者水平有限，加之时间仓促，书中难免有不妥之处，欢迎广大读者朋友批评指正，以便我们修订和补充。

编　者
2019 年 5 月

目 录

第 1 章

计算机基础知识

本章导读

　　计算机是一种自动、高速、精确进行信息存储和信息加工的处理工具。计算机技术的飞速发展，促使社会发展步入了信息时代，计算机文化也成为人类文化中不可缺少的一部分。21 世纪以来，产生了一批新兴学科与交叉学科，计算机在其中起着至关重要的作用。学习计算机知识，掌握计算机相关应用已成为全社会迫切的需求。

　　通过本章的学习，要求学生了解计算机的起源及发展趋势，熟悉计算机的特点及应用领域，掌握信息编码、数制使用及数制转换等知识，了解计算机硬件系统和软件系统。

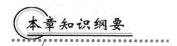
本章知识纲要

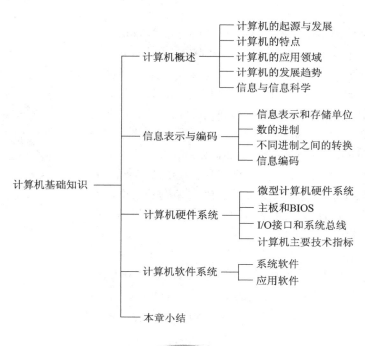

计算机基础知识
- 计算机概述
  - 计算机的起源与发展
  - 计算机的特点
  - 计算机的应用领域
  - 计算机的发展趋势
  - 信息与信息科学
- 信息表示与编码
  - 信息表示和存储单位
  - 数的进制
  - 不同进制之间的转换
  - 信息编码
- 计算机硬件系统
  - 微型计算机硬件系统
  - 主板和BIOS
  - I/O接口和系统总线
  - 计算机主要技术指标
- 计算机软件系统
  - 系统软件
  - 应用软件
- 本章小结

1.1 计算机概述

　　计算机的产生和发展不是一蹴而就的,而是经历了漫长的历史过程。在这个过程中,科学家们经过艰难的探索,发明了各种各样的"计算机",这些"计算机"顺应了当时历史的发展,发挥了巨大的作用,推动了社会的进步,也推动了计算机技术的发展。

1.1.1 计算机的起源与发展

　　计算机的出现是 20 世纪最辉煌的成就之一。现代计算机孕育于英国,诞生在美国。1938年,美国数学家香农(C. Shannon)第一次在布尔代数和继电器开关电路之间架起了桥梁,发明了以脉冲方式处理信息的继电器开关,从理论到技术彻底改变了数字电路的设计。1948年,香农凭借《通信的数学基础》一书,被誉为"信息论之父"。

　　1936 年,阿兰·图灵(Alan Turing,1912—1954,见图 1-1)在他的一篇具有划时代意义的论文——《论可计算数及其在判定问题中的应用》(*On Computer Numbers With an Application to the Entscheidungs Problem*)中,论述了一种假想的通用计算器,也就是理想计算机,被后人称为"图灵机"(Turing Machine,TM)。1950 年 10 月,图灵发表了论文《计算机和智能》(*Computing Machinery and Intelligence*), "图灵测试"(Turing Test)就来自这篇论文,并在这一年他获得了"人工智能之父"的称号。

图 1-1　Alan Turing

　　1944 年,数学家约翰·冯·诺依曼(John von Neumann,1903—1957,见图 1-2),了解到了正在研制的电子计算机——ENIAC(埃尼亚克),他非常感兴趣。几天之后,冯·诺依曼就专程到莫尔学院参观还未完成的 ENIAC,并参加了为改进ENIAC 而举行的一系列专家会议。1945 年 3 月,他在共同讨论的基础上起草了一个全新的"存储程序通用电子计算机方案"(Electronic Discrete Variable Automatic Computer,EDVAC),这对后来计算机的设计起到了决定性影响,特别是在确定计算机的结构、采用存储程序以及采用二进制编码等方面,至今仍为电子计算机设计者所遵循。因此,冯·诺依曼被人们誉为"计算机之父"。

图 1-2　John von Neumann

　　1946 年 2 月,美国宾夕法尼亚大学成功研制出了 ENIAC,这是世界上第一台数字电子计算机,标志着电子计算机时代的到来。ENIAC 由 17 000 多只电子管、10 000 多只电容器、7000 多只电阻、1500 多个继电器构成,功率为 150 kW,占地 160 m²,重 30 t,是名副其实的庞然大物。ENIAC 每秒能完成加法运算 5000 次,利用它计算炮弹从发射到进入轨道的 40

个点仅用 3 s，而用手工操作台式计算机则需 7～10 小时，速度提高了 8400 倍以上。但它不能直接存储程序，而要用线路连接的方法来编排程序。

自从 1946 年第一台电子计算机问世以来，计算机科学与技术已成为 20 世纪发展最快的一门学科，尤其是微型计算机的出现和计算机网络的发展，使计算机的应用渗透到社会的各个领域，有力地推动了信息社会的发展。按照采用的电子器件划分，计算机的发展经历了四个阶段。

1. 第一代计算机(1946—1957 年)——电子管计算机

如图 1-3 所示，第一代计算机的主要特征是逻辑器件使用电子管，用穿孔卡片机作为数据和指令的输入设备，用磁鼓或磁带作为外存储器，使用机器语言和汇编语言编写程序。第一代计算机体积大、运算速度低、存储容量小、可靠性低，几乎没有什么软件配置，主要用于科学计算，从事军事和科学研究方面的工作。第一代计算机的代表机型有：ENIAC、IBM650(小型机)、IBM709(大型机)等。

2. 第二代计算机(1958—1964 年)——晶体管计算机

如图 1-4 所示，第二代计算机的主要特征是使用晶体管代替了电子管，内存储器采用磁芯体，引入了变址寄存器和浮点运算硬件，利用 I/O 处理机提高了输入/输出能力，运行速度提高到每秒几十万次，体积大大减小，可靠性和内存容量也有较大提高。在软件方面配置了子程序库和批处理管理程序，并且推出了 Fortran、COBOL、ALGOL 等高级程序设计语言及相应的编译程序，降低了程序设计的复杂性。第二代计算机的代表机型有：IBM7090、IBM7094、CDC7600 等。

 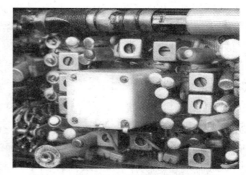

图 1-3　第一代计算机使用的电子管　　　　图 1-4　第二代计算机使用的晶体管

3. 第三代计算机(1965—1972 年)——集成电路计算机

如图 1-5 所示，第三代计算机的主要特征是使用半导体、小规模集成电路(Integrated Circuit，IC)作为元器件代替晶体管等分立元件，使用半导体存储器代替磁芯存储器，使用微程序设计技术简化处理机的结构，这使得计算机的体积和耗电量显著减小，而计算速度和存储容量却有较大提高，可靠性也大大加强。在软件方面则广泛地引入了多道程序、并行处理、虚拟存储系统和功能完备的操作系统，同时还提供了大量的面向用户的应用程序。计算机开始定向标准化、模块化、系列化，此时，计算机和通信密切结合起来，广泛地应用到科学计算、数据处理、事务管理、工业控制等领域。第三代计算机的代表机型有：IBM360系列、富士通 F230 系列等。

4. 第四代计算机(1972 年至今)——大规模和超大规模集成电路计算机

如图 1-6 所示，第四代计算机的主要特征是使用大规模和超大规模集成电路，存储器采用半导体存储器，外存储器采用大容量的软、硬磁盘，并开始引入光盘。在软件方面，操作系统不断发展和完善，同时发展了数据库管理系统、通信软件等。大规模、超大规模集成电路的出现，使计算机沿着两个方向飞速向前发展：一方面，利用大规模集成电路制造多种逻辑芯片，组装出大型、巨型计算机；另一方面，利用大规模集成电路技术，将运算器、控制器等部件集成在一个很小的集成电路芯片上，从而出现了微处理器。完善的系统软件、丰富的系统开发工具和商品化应用程序的大量涌现，以及通信技术和计算机网络的飞速发展，使得计算机进入了一个大发展的阶段。

图 1-5　第三代计算机使用的集成电路芯片　　图 1-6　第四代计算机使用的大规模和超大规模集成芯片

目前，新一代计算机正处在设想和研制阶段。新一代计算机是把信息采集、存储处理、通信和人工智能结合在一起的计算机系统，也就是说，新一代计算机由处理数据信息为主转向处理知识信息为主，如获取、表达、存储及应用知识等，并有推理、联想及学习(如理解能力、适应能力、思维能力)等人工智能方面的能力，能帮助人类开拓未知的领域和获取新的知识。

世界计算机的发展日新月异，我国 1957 年开始研制通用数字电子计算机，近年来发展迅猛。1983 年，国防科技大学研制成功"银河-Ⅰ"巨型计算机，运行速度达每秒一亿次。1992 年，国防科技大学计算机研究所研制的巨型计算机"银河-Ⅱ"通过鉴定，该机的运行速度为每秒 10 亿次。1997 年，我国又研制成功了"银河-Ⅲ"巨型计算机，运行速度已达到每秒 130 亿次，其系统的综合技术已达到当前国际先进水平，填补了我国通用巨型计算机的空白。

2013 年由国防科技大学研制的超级计算机"天河二号"，以峰值计算速度每秒 5.49 亿亿次、持续计算速度每秒 3.39 亿亿次双精度浮点运算的优异性能，在 2018 年 11 月 12 日发布的全球超级计算机 500 强榜单中位列第四名。由国家并行计算机工程技术研究中心研制，安装在国家超级计算无锡中心的超级计算机"神威·太湖之光"(见图 1-7)，安装了40 960 个中国自主研发的"申威 26010"众核处理器，该众核处理器采用 64 位自主神威指令系统，峰值性能为每秒 12.5 亿亿次，持续性能为每秒 9.3 亿亿次。2018 年 10 月 18 日，中国超算 Top100 榜单发布，"神威·太湖之光"以 125.43 PFLOPS 的计算水平位居第一位。2018 年 11 月 12 日，在全球超级计算机 500 强榜单中，"神威·太湖之光"排名第三。

图 1-7　"神威·太湖之光"超级计算机

　　计算机从出现至今经过四代的发展，其特点为体积越来越小，可靠性越来越高，电路规模越来越大，速度越来越快，功能越来越强大。计算机构成元件的发展如图 1-8 所示。

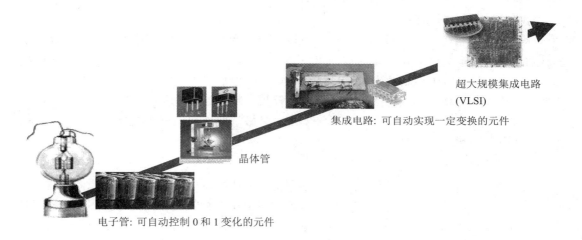

超大规模集成电路
(VLSI)

集成电路: 可自动实现一定变换的元件

晶体管

电子管: 可自动控制 0 和 1 变化的元件

图 1-8　计算机构成元件的发展

1.1.2　计算机的特点

　　计算机作为一种通用的信息处理工具，具有极高的处理速度、超强的存储能力、精确的计算和逻辑判断能力。其主要特点如下：

　　(1) 运算速度快。当今计算机系统的运算速度已达到每秒万亿次，微型计算机也可达到每秒亿次以上，由此使大量复杂的科学计算问题得以解决。例如：卫星轨道的计算、大型水坝的计算、24 小时天气预报的计算等，过去人工计算需要几年、几十年，而现在用计算机只需几天甚至几分钟就可以完成了。

　　(2) 计算精确度高。科学技术的发展，特别是尖端科学技术的发展，需要高度精确的计算。计算机控制的导弹之所以能准确地击中预定的目标，是与计算机的精确计算分不开的。一般计算机可以有十几位甚至几十位(二进制)有效数字，计算精度可由千分之几到百万分之几，这是任何其他计算工具都望尘莫及的。

(3) 具有记忆和逻辑判断能力。随着计算机存储容量的不断增大，可存储记忆的信息越来越多。计算机不仅能进行计算，而且能把参加运算的数据、程序以及中间结果和最后结果保存起来，以供用户随时调用，还可以对各种信息(如语言、文字、图形、图像、音乐等)通过编码技术进行算术运算和逻辑运算，甚至进行推理和证明。

(4) 自动化程度高，通用性强。计算机的内部操作是根据人们事先编好的程序自动控制进行的。用户根据解题需要，事先设计好步骤与程序后，计算机会十分严格地按程序规定的步骤操作，整个过程不需人工干预，因此计算机可广泛应用于各个领域。

1.1.3　计算机的应用领域

计算机的应用已渗透到社会的各个领域，正在改变着人们工作、学习和生活的方式，上至高、新的尖端技术，下至家庭生活与各种电器，计算机无所不在，无时不在。归纳起来，计算机的应用领域可分为以下几个方面。

1. 科学计算与科学研究

计算机最开始是为解决科学研究和工程设计中遇到的大量数学问题的科学计算而研制的计算工具。随着现代科学技术的进一步发展，科学计算在现代科学研究中的地位不断提高，在尖端科学领域中显得尤为重要。例如，人造卫星轨迹的计算，房屋抗震强度的计算，火箭、宇宙飞船的研究与设计等，都离不开计算机的精确计算。在工业、农业以及人类社会的各领域中，计算机的应用都取得了许多重大突破，就连我们每天收听、收看的天气预报也离不开计算机的科学计算。

2. 数据处理

数据处理是现代化管理的基础。在科学研究和工程技术中会得到大量的原始数据，其中包括大量图片、文字、声音等，数据处理就是对数据进行收集、分类、排序、存储、计算、传输、制表等操作。目前，计算机数据处理方面的应用已非常普遍，如应用于人事管理、库存管理、财务管理、图书资料管理、商业数据交流、情报检索、经济管理等。据统计，全世界计算机用于数据处理的工作量占全部计算机应用的 80%以上，可谓大大提高了人们的工作效率和管理水平。

3. 实时控制

实时控制要求计算机在一定时间内完成对信息(各种形式的数据)的收集、存储、加工与传输等一系列活动，它无需人工干预，能按人预定的目标和预定的状态进行过程控制。

目前，计算机被广泛用于操作复杂的钢铁企业、石油化工业、医药工业等的生产中。使用计算机进行自动控制可大大提高控制的实时性和准确性，提高劳动效率和产品质量，降低成本，缩短生产周期。

4. 计算机辅助系统

计算机辅助系统包括计算机辅助教学(CAI)、计算机辅助设计(CAD)、计算机辅助工程(CAE)、计算机辅助制造(CAM)、计算机辅助测试(CAT)、计算机集成制造(CIMS)等，目前已应用于飞机设计、船舶设计、建筑设计、机械设计、大规模集成电路设计等，大大缩短了设计时间，提高了工作效率，节省了人力、物力和财力，更重要的是提高了设计质量。有些国家已把计算机辅助设计、计算机辅助制造、计算机辅助测试及计算机辅助工程组成一个集成系统，使设计、制造、测试和管理有机地组成一体，形成高度的自动化系统，因此产生了自动化生产线和"无人工厂"。

计算机辅助教学是指用计算机来辅助完成教学计划或模拟某个实验过程。计算机可按不同要求，分别提供所需的教材内容，还可以对某个学生个别教学，及时指出该学生在学习中出现的错误，并根据该学生的测试成绩决定该学生的学习能否从一个阶段进入另一个阶段。CAI 不仅能减轻教师的负担，还能激发学生的学习兴趣，从而提高教学质量，为培养现代化高质量人才提供有效的方法。

5. 人工智能

人工智能(Artificial Intelligence，AI)是研究、开发用于模拟、延伸和扩展人的智能的理论、方法、技术及应用系统的一门新的技术科学。它是计算机应用的一个新的领域，这方面的研究和应用正处于发展阶段，具体有机器视觉、指纹识别、人脸识别、视网膜识别、虹膜识别、掌纹识别、专家系统、自动规划、智能搜索、定理证明、博弈、自动程序设计、智能控制、机器人学、语言和图像理解、遗传编程等。机器人是计算机人工智能的典型例子，如图 1-9 所示。机器人的核心是计算机，第一代机器人是示教再现型机器人；第二代机器人是带传感器的机器人，能够反馈外界信息，有一定的触觉、视觉、听觉；第三代机器人是智能机器人，具有感知和理解周围环境，使用语言、推理、规划和操纵工具的技能，可模仿人完成某些动作。近年来典型的代表就是阿尔法围棋(AlphaGo)，它是第一个击败人类职业围棋选手、第一个战胜围棋世界冠军的人工智能机器人，由谷歌(Google)旗下 DeepMind 公司戴密斯·哈萨比斯领衔的团队开发，其主要工作原理是深度学习。

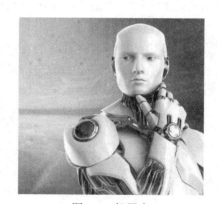

图 1-9　机器人

6. 云计算、大数据、物联网

云计算、大数据和物联网代表了计算机领域最新的技术应用趋势。物联网就是物物相连的互联网，只要嵌入一个感应芯片，就能变得智能化。如很多蓝牙产品都是内部添加了相应的蓝牙模块，最终实现人物"对话"、物物"交流"的功能，形成信息化、远程管理控制和智能化的网络。随着信息技术的发展，物联网目前已应用于交通、健康、家居、零售、办公等领域。大数据是指从海量信息数据中快速获得有价值信息的能力，从而具有更强的决策力和程序优化能力。云计算是指从网络资源按需获取所需要的服务内容，其中提供资源的网络被称为"云"，是基于互联网的相关服务的增加、使用和交付模式，并且可以随时扩展和获取。

物联网、云计算和大数据三者互为基础，物联网产生大数据，大数据需要云计算。物联网将物品和互联网连接起来，进行信息交换和通信，而在实现智能化识别、定位、跟踪、监控和管理的过程中将会产生大量数据，此时云计算就会解决万物互联带来的巨大数据量，所以三者互为基础，又相互促进。

1.1.4 计算机的发展趋势

随着计算机应用广泛和深入的发展，人们对计算机技术本身提出了更高的要求。当前，计算机的发展表现为四种趋向：巨型化、微型化、网络化和智能化。

1. 巨型化

巨型化是指计算机的运算速度更高、存储容量更大、功能更强。它是诸如天文、气象、地质、核反应堆等尖端科学所需要的，也是计算机朝着具有类似人脑的学习和复杂推理功能的发展所必需的。巨型机的发展集中体现了计算机科学技术的发展水平。如截至 2019 年 11 月，超级计算机 500 强第一名为我国的天河一号 A，其运算速度可以达到每秒 2570 万亿次(这意味着，它计算一天，相当于一台家用电脑计算 800 年)。

2. 微型化

微型化是指进一步提高集成度，利用高性能的超大规模集成电路研制质量更加可靠、性能更加优良、价格更加低廉、整机更加小巧的微型计算机。

3. 网络化

网络化是指把各自独立的计算机用通信线路连接起来，形成各计算机用户之间可以相互通信并能使用公共资源的网络系统。网络化能够充分利用计算机的宝贵资源并扩大计算机的使用范围，为用户提供方便、及时、可靠、广泛、灵活的信息服务，在未来的互联网中，通过网络化实现机—机相联、物—物相联、物—人相联、人—人相联。

4. 智能化

智能化是指让计算机具有模拟人的感觉和思维过程的能力。智能计算机具有解决问题、逻辑推理、知识处理、知识库管理等功能。人与计算机的联系是通过智能接口，用文字、声音、图像等与计算机进行自然对话的。目前，在已研制出的各种智能机器人中，有的能代替人进行劳动，有的能与人下棋，等等。智能化使计算机突破了"计算"这一初级的含义，从本质上扩充了计算机的能力，可以越来越多地代替人类脑力劳动。

1.1.5 信息与信息科学

信息是指音讯、消息、通信系统传输和处理的对象，泛指人类社会传播的一切内容。人通过获得、识别自然界和社会的不同信息来区别不同事物，得以认识和改造世界，这是我们适应外部世界并且感知外部世界的过程。从概率的角度看，信息是以消除不确定性的因素和数据处理的结果，以物质能量在时空某一不均匀分布的整体形式所表达的物质状态。

信息技术是指对信息进行采集、传输、存储、加工、表达的各种技术的总称，包括感测技术、通信技术、计算机技术和控制技术。感测技术是获取信息的技术，通信技术是传递信息的技术，计算机技术是处理信息的技术，而控制技术是利用信息的技术。

信息科学是研究信息运动规律和应用方法的科学，是由信息论、控制论、计算机理论、人工智能理论和系统论相互渗透、相互结合而形成的一门新兴综合性科学，其支柱为信息论、系统论和控制论。以信息作为主要研究对象，以信息的运动规律和应用方法为主要研究内容，以计算机技术为主要研究工具，这是信息科学区别于其他科学的最根本的特点之一，也是信息科学之所以能够成为一门独立学科的最根本的前提。

信息和控制是信息科学的基础和核心。20 世纪 70 年代以来，数据通信、遥感和生物医学工程的发展向信息科学提出大量的研究课题，如：信息压缩，增强图像处理和传输技术，信息特征的抽取、分类，识别模式，识别理论和方法，实用的图像处理和模式识别系统。

信息素养是全球信息化背景下需要人们具备的一种基本能力，包括文化素养(知识层面)、信息意识(意识层面)、信息技能(技术层面)三个层面，具体就是能够判断什么时候需要信息，并且懂得如何去获取信息，如何去评价和有效利用所需的信息。

1.2　信息表示与编码

现实世界的任何事物，若要由计算机系统进行计算，需将其进行符号化。《易经》即为非数学符号化的典型案例，其通过阴(用两短线或用"六"来标记)和阳(用一长线或用"九"来标记)来使用 0 和 1，一开始即把 0 和 1 赋予了语义，又进一步考虑了阴阳符号的位置和组合关系，如三画阴阳的一个组合形成了所谓的一卦，可表示一种语义。将语义表示为不同的符号，便可以采用不同的工具(或数学方法)进行计算；而将符号赋予不同语义，则能计算不同现实世界的问题。

计算机只能识别二进制编码的指令和数据，其他的如数字、字符、声音、图形、图像等信息，都必须转换成二进制的形式才能提供给计算机进行识别和处理。二进制只有两种状态，即 0 和 1，这正好与物理器件的两种状态相对应，而十进制电路需要用十种状态来描述，这将使电路变得十分复杂，处理也非常困难。因此，计算机采用二进制，在物理上实现了实现简单、运算简单、运行可靠。

1.2.1　信息表示和存储单位

计算机中存储数据的最小单位是位(bit，又称比特)，计算机中表示数据的单个 1 或 0 称为"位"。一个二进制位只能表示两种状态。

存储容量的基本单位是字节(Byte，简称 B)。8 个二进制位代表一个字节。字节是数据处理的基本单位，即以字节为单位解释信息。通常一个字节可存放一个西文字符或符号，两个字节存放一个汉字。此外，还有 KB、MB、GB、TB、PB 等，它们之间的换算关系是 $1\text{Byte} = 8\text{ bit}$，$1\text{ KB} = 2^{10}\text{ B} = 1024\text{ B}$，$1\text{ MB} = 2^{10}\text{ KB} = 1024\text{ KB}$，$1\text{ GB} = 2^{10}\text{ MB} = 1024\text{ MB}$，$1\text{ TB} = 2^{10}\text{ GB} = 1024\text{ GB}$，$1\text{ PB} = 2^{10}\text{ TB} = 1024\text{ TB}$。

1.2.2　数的进制

万事万物都可以被转换为符号作为过程的输入，通过符号变换，转换成另一种符号作为输出，并转换成自然状态的其他万事万物，这也是计算思维的过程。

数制也称计数制，是指用一组固定的符号和统一的规则来表示数值的方法。编码是采用少量的基本符号，选用一定的组合原则，以表示大量复杂多样的信息的技术。计算机是信息处理的工具，任何信息必须转换成二进制数据后才能由计算机进行处理、存储和传输。

日常生活中常用十进制、十二进制(时钟)，而在计算机内所有的数据都是以二进制代码的形式存储、处理和传送的，但是在输入/输出或书写时，为了用户的方便，也经常用到八进制、十进制和十六进制，具体表示如下：

(1) 二进制：由 0、1 组成，用 B(Binary)表示。

(2) 八进制：由 0、1、2、3、4、5、6、7 组成，用 O(Octal)表示。

(3) 十进制：由 0、1、2、3、4、5、6、7、8、9 组成，用 D(Decimal)表示。

(4) 十六进制：由 0、1、2、3、4、5、6、7、8、9、A、B、C、D、E、F 组成，用 H(Hexadecimal)表示。

任何一个 x 进制数 N 均可展开为

$$(N)_x = \sum_{i=-m}^{n-1} a_i \times x^i$$

其中：a_i 为数码(数字符号)，可以为 0，1，2，…，$x-1$ 中的任何一个数；x 为计数的基数，简称"基"或"底"(数码的个数)；x^i 为第 i 位上的权；n 为整数部分位数；m 为小数部分位数；

计数规则：逢基数进 1。

常见的数制表示方法有：

(1) 下标法。用小括号将所表示的数括起来，然后在右括号右下角写上数制的基，如 $(1110)_2$、$(27)_8$ 等。

(2) 字母法。在所表示的数的末尾写上相应的数制字母，如 1110B、27O 等。

各种进制的基、位权及基本符号如表 1-1 所示。

表 1-1　各种进制的基、位权及基本符号

进制名称	基数	位　权	基本符号	字母符号
十进制	10	…, 10^3, 10^2, 10^1, 10^0, 10^{-1}, 10^{-2}, 10^{-3}, …	0, 1, 2, …, 9	D
二进制	2	…, 2^3, 2^2, 2^1, 2^0, 2^{-1}, 2^{-2}, 2^{-3}, …	0, 1	B
八进制	8	…, 8^3, 8^2, 8^1, 8^0, 8^{-1}, 8^{-2}, 8^{-3}, …	0, 1, 2, …, 7	O
十六进制	16	…, 16^3, 16^2, 16^1, 16^0, 16^{-1}, 16^{-2}, 16^{-3}, …	0, 1, …, 9, A, B, C, D, E, F	H

1.2.3　不同进制之间的转换

在进位计数制中有数码、基数和位权三个要素。例如：二进制数的基数是 2，每位上所能使用的数码为 0 和 1。在数制中有一个规则，如果是 N 进制数，则必须是逢 N 进 1。对于多位数，处在某一位上的数值称为该位的位权。例如，二进制数第 2 位的位权为 2^1，第 3 位的位权为 2^2。一般情况下，对于 N 进制数，整数部分第 i 位的位权为 N^{i-1}，而小数部分第 j 位的位权为 N^{-j}。

1. 常用进位计数制

下面主要介绍与计算机有关的常用的几种进位计数制。

1) 十进制(十进位计数制)

十进位计数制具有 10 个不同的数码符号 0、1、2、3、4、5、6、7、8、9；基数为 10；逢 10 进 1；每位的权均是基数 10 的某次幂。例如：

$$(1001)_{10} = 1 \times 10^3 + 0 \times 10^2 + 0 \times 10^1 + 1 \times 10^0 = (1001)_{10}$$

2) 八进制(八进位计数制)

八进位计数制具有 8 个不同的数码符号 0、1、2、3、4、5、6、7；基数为 8；逢 8 进 1；每位的权均是基数 8 的某次幂。例如：

$$(1001)_8 = 1 \times 8^3 + 0 \times 8^2 + 0 \times 8^1 + 1 \times 8^0 = (513)_{10}$$

3) 十六进制(十六进位计数制)

十六进位计数制具有 16 个不同的数码符号 0、1、2、3、4、5、6、7、8、9、A、B、C、D、E、F；基数为 16；逢 16 进 1；每位的权均是基数 16 的某次幂。例如：

$$(1001)_{16} = 1 \times 16^3 + 0 \times 16^2 + 0 \times 16^1 + 1 \times 16^0 = (4097)_{10}$$

4) 二进制(二进位计数制)

二进位计数制具有两个不同的数码符号 0、1；基数为 2；逢 2 进 1；每位的权均是基数 2 的某次幂。例如：

$$(11001)_2 = 1 \times 2^4 + 1 \times 2^3 + 0 \times 2^2 + 0 \times 2^1 + 1 \times 2^0 = (25)_{10}$$

四种进制的对应关系如表 1-2 所示。

表 1-2 四种进制的对应关系表

十进制	二进制	八进制	十六进制	十进制	二进制	八进制	十六进制
0	0000	0	0	8	1000	10	8
1	0001	1	1	9	1001	11	9
2	0010	2	2	10	1010	12	A
3	0011	3	3	11	1011	13	B
4	0100	4	4	12	1100	14	C
5	0101	5	5	13	1101	15	D
6	0110	6	6	14	1110	16	E
7	0111	7	7	15	1111	17	F

2. 不同进制数之间的转换

用计算机处理十进制数，必须先把它转化成二进制数才能被计算机接受。同理，输出结果时，也要把计算中的二进制数转换成人们习惯的十进制数。这就产生了不同进制数之间的转换问题。

1) 二进制数、八进制数、十六进制数转换成十进制数

方法：按权相加。

将 K 进制数 $A_nA_{n-1}\cdots A_0.B_1B_2\cdots B_m$ 转换为十进制数，其数值为

$$A_n \cdot K^n + A_{n-1} \cdot K^{n-1} + \cdots + A_0 + B_1 \cdot K^{-1} + B_2 \cdot K^{-2} + \cdots + B_m \cdot K^{-m}$$

例如：

$$(111011)_2 = 1\times 2^5 + 1\times 2^4 + 1\times 2^3 + 0\times 2^2 + 1\times 2^1 + 1\times 2^0 = (59)_{10}$$

$$(136.4)_8 = 1\times 8^2 + 3\times 8^1 + 6\times 8^0 + 4\times 8^{-1} = (94.5)_{10}$$

$$(1F2A)_{16} = 1\times 16^3 + 15\times 16^2 + 2\times 16^1 + 10\times 16^0 = (7978)_{10}$$

2) 十进制数与二进制数之间的转换

(1) 十进制整数转换成二进制整数。

具体转换方法：把被转换的十进制整数反复地除以 2，直到商为 0，所得的余数(从末位读起)就是这个数的二进制表示。简单地说，就是"除 2 取余法"。

例如，将十进制整数 $(123)_{10}$ 转换成二进制整数的方法如下：

$$
\begin{array}{ll}
123/2 = 61 & (a_0 = 1) \\
61/2 = 30 & (a_1 = 1) \\
30/2 = 15 & (a_2 = 0) \\
15/2 = 7 & (a_3 = 1) \\
7/2 = 3 & (a_4 = 1) \\
3/2 = 1 & (a_5 = 1) \\
1/2 = 0 & (a_6 = 1)
\end{array}
$$

所以，$(123)_{10} = (1111011)_2$。

了解了十进制整数转换成二进制整数的方法后，那么，十进制整数转换成八进制整数或十六进制整数就很容易了。十进制整数转换成八进制整数的方法是"除 8 取余法"，十进制整数转换成十六进制整数的方法是"除 16 取余法"。

(2) 十进制小数转换成二进制小数。

具体转换方法：将十进制小数连续乘以 2，选取进位整数，直到整数为 0 或者满足精度要求为止，简称"乘 2 取整法"。

例如，将十进制小数 $(0.4567)_{10}$ 转换成二进制小数的方法如下：

$$
\begin{array}{ll}
0.4567 \times 2 = 0.9134 & (b_1 = 0) \\
0.9134 \times 2 = 1.8268 & (b_2 = 1) \\
0.8268 \times 2 = 1.6536 & (b_3 = 1) \\
0.6536 \times 2 = 1.3072 & (b_4 = 1)
\end{array}
$$

即，将十进制小数 0.4567 连续乘以 2，把每次所进位的整数，按从上往下的顺序写出。所以，$(0.4567)_{10} = (0.100)_2$，小数点后保留三位有效数字，则计算到第四位进行"四舍五入"。对于二进制来说，末位是 1 则进位，末位是 0 则不进位。

了解了十进制小数转换成二进制小数的方法，同理十进制小数转换成八进制小数或十

六进制小数就很容易了。十进制小数转换成八进制小数的方法是"乘 8 取整法"，十进制小数转换成十六进制小数的方法是"乘 16 取整法"。

　　3) 二进制数与八进制数之间的转换

　　二进制数与八进制数之间的转换十分简捷方便，由于 $2^3 = 8$，所以八进制数的每一位对应二进制数的三位。

　　(1) 二进制数转换成八进制数。

　　具体转换方法：将二进制数从小数点开始，整数部分从右向左 3 位一组，小数部分从左向右 3 位一组，不足三位用 0 补足即可。

　　例如，将二进制数 1111010.1011 转换成八进制数的方法如下：

$$001 \quad 111 \quad 010 \quad . \quad 101 \quad 100$$
$$\downarrow \quad\quad \downarrow \quad\quad \downarrow \quad\quad\quad \downarrow \quad\quad \downarrow$$
$$1 \quad\quad 7 \quad\quad 2 \quad . \quad 5 \quad\quad 4$$

所以，$(1111010.1011)_2 = (172.54)_8$。

　　(2) 八进制数转换成二进制数。

　　具体转换方法：以小数点为界，向左或向右每一位八进制数用相应的三位二进制数取代，然后将其连在一起即可。

　　例如，将 $(246.57)_8$ 转换为二进制数的方法如下：

$$2 \quad\quad 4 \quad\quad 6 \quad . \quad 5 \quad\quad 7$$
$$\downarrow \quad\quad \downarrow \quad\quad \downarrow \quad\quad\quad \downarrow \quad\quad \downarrow$$
$$010 \quad 100 \quad 110 \quad . \quad 101 \quad 111$$

所以，$(246.57)_8 = (10100110.101111)_2$。

　　4) 二进制数与十六进制数之间的转换

　　由于 $2^4 = 16$，所以十六进制数的每一位对应二进制数的四位。

　　(1) 二进制数转换成十六进制数。

　　具体转换方法：将二进制数从小数点开始，整数部分从右向左 4 位一组，小数部分从左向右 4 位一组，不足四位用 0 补足，每组对应一位十六进制数即可得到十六进制数。

　　例如，将二进制数 1110101011.100101 转换为十六进制数的方法如下：

$$0011 \quad 1010 \quad 1011 \quad . \quad 1001 \quad 0100$$
$$\downarrow \quad\quad\; \downarrow \quad\quad\; \downarrow \quad\quad\quad\; \downarrow \quad\quad\; \downarrow$$
$$3 \quad\quad\; A \quad\quad\; B \quad . \quad 9 \quad\quad\; 4$$

所以，$(1110101011.100101)_2 = (3AB.94)_{16}$。

　　(2) 十六进制数转换成二进制数。

　　具体转换方法：以小数点为界，向左或向右每一位十六进制数用相应的四位二进制数取代，然后将其连在一起即可。

　　例如，将 $(4B9E.E)_{16}$ 转换成二进制数的方法如下：

4	B	9	E	.	E
↓	↓	↓	↓		↓
0100	1011	1001	1110	.	1110

所以，$(4B9E.E)_{16} = (100101110011110.1110)_2$。

1.2.4　信息编码

计算机中的任何数据都是由"0"和"1"组合而成的，这些数据分为数值型和非数值型两类。

数值型数据：123、–532.3、$3.161×10^{-9}$ 等。

非数值型数据：符号、运算符、字母、汉字、图形、图像、声音、视频等。

计算机内表示的数值型数据分为整数和实数两大类。在计算机内部，数据是以二进制的形式存储和运算的。数的正负用高位字节的最高位来表示，定义为符号位，用"0"表示正数，"1"表示负数。

1. 整数的表示

计算机中的整数一般用定点数表示，定点数指小数点在数中有固定的位置。整数又可分为无符号整数(不带符号的整数)和整数(带符号的整数)。无符号整数中，所有二进制位全部用来表示数的大小。有符号整数用最高位表示数的正负号，其他位表示数的大小。如果用一个字节表示一个无符号整数，则其取值范围为 $0～255(2^8–1)$；表示一个有符号整数，则其取值范围为 $–128～+127(–2^7～+2^7–1)$。例如：如果用一个字节表示整数，则能表示的最大正整数为 01111111(最高位为符号位)，即最大值为 127，若数值大于 127，则"溢出"。计算机中的地址符号位用无符号整数表示，可以用 8 位、16 位或 32 位来表示。

2. 实数的表示

实数一般用浮点数表示，因为它的小数点位置不固定，所以称为浮点数。它是既有整数又有小数的数，纯小数可以看作实数的特例。例如：57.625、–1984.045、0.004 56 都是实数，这三个数又可以表示为

$$57.625 = 10^2 × (0.576\ 25)$$

$$–1984.045 = 10^4 × (–0.198\ 404\ 5)$$

$$0.004\ 56 = 10^{-2} × (0.456)$$

其中，指数部分用来指出实数中小数点的位置，括号内是一个纯小数。

二进制的实数表示也是这样，例如 110.101 可表示为

$$110.101 = 2^3 × 0.110101$$

在计算机中，一个浮点数由指数(阶码)和尾数两部分组成，其机内表示形式是：阶码用来指示尾数中的小数点应当向左或向右移动的位数；尾数表示数值的有效数字，其小数点约定在数符和尾数之间，在浮点数中数符和阶符各占一位，阶码的值随浮点数数值的大小而定，尾数的位数则依浮点数的精度要求而定。如：设字长为16位，其中阶符1位、阶码

4 位、尾符(即尾数的符号)1 位、尾数 10 位，如图 1-10 所示。要求将 X=101101.0101 写成规格化浮点补码数，阶码和尾数均用补码表示，则

$$X = -101101.0101 = -0.1011010101 \times 2^6$$

0	0110	1	0100101011
阶符	阶码	尾符	尾数

图 1-10　字长 16 位示意图

3. 二进制的原码、反码及补码表示

所有的数据在计算机中最终都以二进制数的方式存在，数值型信息指有大小关系的信息，包含无符号数和有符号数。一般用 "0" 表示正号，用 "1" 表示负号，符号位放在数的最高位。

例如：1000101B 和 −1100010B 表示为 01000101 和 11100010。

此方法称为原码表示法，此外常用的还有补码或反码表示法。例如：

$X = +105D$，$(X)_原 = 0\ 1101001$

$X = -105D$，$(X)_原 = 1\ 1101001$

正数的反码与原码相同，负数的反码表示除符号位外，其他位按位取反。例如：

$(+4)_反 = 0\ 0000100$

$(-4)_反 = 1\ 1111011$

$(+127)_反 = 0\ 1111111$

$(-127)_反 = 1\ 0000000$

$(+0)_反 = 0\ 0000000$

$(-0)_反 = 1\ 1111111$

大多数计算机采用补码表示数，正数的补码与原码相同，负数的补码由反码在最后位加 1 形成。例如：

$(-4)_原 = 1\ 0000100$

$(-4)_反 = 1\ 1111011$

$(-4)_补 = 1\ 1111100$

$(+127)_原 = 0\ 1111111$

$(-127)_原 = 1\ 1111111$

$(-127)_反 = 1\ 0000000$

$(-127)_补 = 1\ 0000001$

$(-0)_原 = 1\ 0000000$

$(-0)_反 = 1\ 1111111$

$(0)_补 = 0\ 0000000$(0 的补码只有一个)

对于正数，其原码、反码和补码是相同的，而对于负数则不同。在求负数反码的时候，除了符号位外，其余各位按位取反，即 "1" 都替换成 "0"，"0" 都替换成 "1"。负数的补码是其反码加 1。例如：

+75 的二进制表示：0 1001011

−75 表示成原码： 1 1001011

反码： 1 0110100

补码： 1 0110101

采用补码进行运算，所得的结果仍为补码。

机器中表示数据受到机器字长的限制。机器字长是指机器内部进行数据处理、信息传输等的基本单元所包含的二进制位数。机器字长通常是 8 位、16 位、32 位和 64 位。不同字长的基本单元，保存数据是有范围限制的，超出了范围，则被称为"溢出"。溢出是一种错误状态，高位数据会丢失。有溢出说明用于表达数据的字长满足不了要求，需要采用更大字长进行存储，如 8 位无符号整数表示的范围为 0～255，8 位有符号整数原码表示的范围为 −127～+127，补码表示的范围为 −128～+127。机器数可用原码、反码和补码来表示，不同表示方法有不同计算规则，在补码的计算中，符号位可直接参与计算。

4. 二进制数的运算

二进制的算术运算和十进制的算术运算相同，但运算法则更为简单。进行二进制数加法与减法运算时，只要注意按"逢 2 进 1"和"借 1 有 2"处理就可以。

1) 二进制数加法

根据"逢 2 进 1"规则，二进制数加法的法则为

$$0+0=0, \quad 0+1=1, \quad 1+0=1, \quad 1+1=10 \text{(进位为 1)}$$

2) 二进制数减法

根据"借 1 有 2"的规则，二进制数减法的法则为

$$0-0=0, \quad 1-1=0, \quad 1-0=1, \quad 10-1=1 \text{(借位为 1)}$$

例如：1011 和 1001 相加及其相减过程如下：

```
    1011              1011
 +  1001           -  1001
  -------           -------
   10100              0010
```

3) 二进制数乘法

二进制数乘法过程可仿照十进制数乘法进行，但二进制数只有 0 或 1 两种可能的乘数位，因此其乘法更为简单。二进制数乘法的法则为

$$0 \times 0 = 0, \quad 0 \times 1 = 0, \quad 1 \times 0 = 0, \quad 1 \times 1 = 1$$

例如：1011 和 1001 相乘的过程如下：

```
       1011
   ×   1001
   --------
       1011
   1011
   --------
   1100011
```

4) 二进制数除法

二进制数除法与十进制数除法类似。可先从被除数的最高位开始，将被除数(或中间余

数)与除数相比较,若被除数(或中间余数)大于除数,则用被除数(或中间余数)减去除数,商为 1,并得相减之后的中间余数,否则商为 0,再将被除数的下一位移下补充到中间余数的末位。重复以上过程,就可得到所要求的各位商数和最终的余数。

5) 二进制数的逻辑运算

生活中处处体现着逻辑,逻辑是指事物因果之间所遵循的规律,表现形式为命题与推理。命题为语句的含义,推理即根据简单命题的判断推导出复杂命题判断结论的过程。复杂命题的推理可被认为是关于命题的一组逻辑运算过程。基本的逻辑运算包含"或"运算、"与"运算、"非"运算、"异或"运算等。逻辑值只有逻辑"真"、逻辑"假"两种,逻辑"真"记为 1,逻辑"假"记为 0。逻辑运算主要包括三种基本运算:逻辑加法(又称"或"运算,用符号"|"表示)、逻辑乘法(又称"与"运算,用符号"∧"表示)和逻辑否定(又称"非"运算,用符号"~"表示)。此外,还有"异或"运算,用符号"⊕"表示。

具体运算规则如下:

(1) "或"运算:

$$0 \vee 0 = 0, \quad 0 \vee 1 = 1, \quad 1 \vee 0 = 1, \quad 1 \vee 1 = 1$$

(2) "与"运算:

$$0 \wedge 0 = 0, \quad 0 \wedge 1 = 0, \quad 1 \wedge 0 = 0, \quad 1 \wedge 1 = 1$$

(3) "非"运算:

$$\sim 0 = 1, \quad \sim 1 = 0$$

(4) "异或"运算:

$0 \oplus 0 = 0$ 0 同 0 异或,结果为 0

$0 \oplus 1 = 1$ 0 同 1 异或,结果为 1

$1 \oplus 0 = 1$ 1 同 0 异或,结果为 1

$1 \oplus 1 = 0$ 1 同 1 异或,结果为 0

即两个逻辑变量相异,输出才为 1。

例如:

```
      10111011              10111011              10111011
  ∨   11001001          ∧   11001001          ⊕   11001001
      11111011              10001001              01110010
```

5. 常见的信息编码

非数值信息可采用编码来表示。编码是以若干位数码或者符号的不同组合来表示信息的过程,它人为地给若干位数码或符号的每一种组合指定了一种唯一的含义,例如"用 1 代表男性,用 0 代表女性"。编码需满足三个主要特征:每种组合都有确定唯一的含义,即唯一性;编码应有一定的编码规则,便于计算机和人能识别和使用它,即规律性;不同组织和不同应用程序都承认这种编码规则,即公共性。

1) BCD 码(二—十进制编码)

BCD(Binary Code Decimal)码是用若干个二进制数表示一个十进制数的编码。BCD 码有多种编码方法,常用的有 8421 码。8421 码是将十进制数码 0~9 中的每个数分别用 4 位二进制编码表示，从左至右每一位对应的数是 8、4、2、1，这种编码方法比较直观、简要。例如，将十进制数 1209.56 转换成 BCD 码：

$$(1209.56)_{10} = (0001\ 0010\ 0000\ 1001.0101\ 0110)_{BCD}$$

8421 码与二进制编码之间的转换不是直接的，要先将 8421 码表示的数转换成十进制数，再将十进制数转换成二进制数。例如：

$$(1001\ 0010\ 0011.0101)_{BCD} = (923.5)_{10} = (1110011011.1)_2$$

2) ASCII 码

计算机中，对非数值的文字和其他符号进行处理时，要对文字和符号进行数字化处理，即用二进制编码来表示文字和符号。字符编码(Character Code)是用二进制编码来表示字母、数字以及专门符号的。在计算机系统中，有两种重要的字符编码方式：ASCII 和 EBCDIC。EBCDIC 主要用于 IBM 的大型主机，而 ASCII 用于微型机与小型机。下面我们简要介绍 ASCII 码。目前计算机中普遍采用的是 ASCII(American Standard Code for Information Interchange)码，即美国信息交换标准代码。ASCII 码有 7 位版本和 8 位版本两种，国际上通用的是 7 位版本，7 位版本的 ASCII 码有 128 个元素，只需用 7 个二进制位($2^7 = 128$)表示，其中控制字符 34 个，阿拉伯数字 10 个，大小写英文字母 52 个，各种标点符号和运算符号 32 个。在计算机中实际用 8 位表示一个字符，最高位为"0"。本书附录列出了全部 128 个符号的 ASCII 码。例如，数字 0 的 ASCII 码为 48，大写英文字母 A 的 ASCII 码为 65，空格的 ASCII 码为 32，等等(具体见书后附录)。

3) 汉字编码

汉字也是字符，与西文字符比较，汉字数量大、字形复杂、同音字多，因此给汉字在计算机内部的存储、传输、交换、输入、输出等带来了一系列的问题。若要直接使用西文标准键盘输入汉字，则必须为汉字设计相应的编码，以适应计算机处理汉字的需要。根据应用目的的不同，汉字编码分为机外码、区位码、国际码、机内码和字形码。其中，区位码是国标码的另一种表现形式。

(1) 机外码。机外码也叫输入码，是不在计算机内使用的汉字编码，是用来将汉字输入到计算机中的一组键盘符号。常用的机外码有拼音码、五笔字型码等。

(2) 区位码。1980 年我国颁布了《信息交换用汉字编码字符集·基本集》，代号为 GB 2312－80，是国家规定的用于汉字信息处理使用的代码依据，这种编码称为国标码。在国标码的字符集中共收录了 6763 个常用汉字和 682 个非汉字字符(图形、符号)，其中一级汉字 3755 个，以汉语拼音为序排列，二级汉字 3008 个，以偏旁部首进行排列。

国标 GB 2312－80 规定，所有的国标汉字与符号组成一个 94×94 的方阵，在此方阵中，每一行称为一个"区"(区号为 01～94)，每一列称为一个"位"(位号为 01～94)，该方阵实际组成了 94 个区，每个区内有 94 个位的汉字字符集，每一个汉字或符号在码表中都有一个唯一的位置编码，叫作该字符的区位码，一个汉字由区号和位号两个字节简单的组合在一起(每个字节只用低 7 位，最高位为 0)。使用区位码方法输入汉字时，必须先在表中查找汉字并找出对应的代码才能输入。区位码输入汉字的优点是无重码，而且输入码与内部编码的转换方便。

（3）国标码。国标码是不同汉字处理系统之间进行汉字交换时使用的编码。国标码与区位码的关系如下：

$$国标码高位字节 = (区号) + 20H$$
$$国标码低位字节 = (位号) + 20H$$

（4）机内码。汉字的机内码是计算机系统内部对汉字进行存储、处理、传输统一使用的代码，又称为汉字内码。由于汉字数量多，因此一般用 2 个字节来存放汉字内码。在计算机内，汉字字符必须与英文字符区别开，以免造成混乱。英文字符的机内码用一个字节来存放 ASCII 码，一个 ASCII 码占一个字节的低 7 位，最高位为"0"。为了区分，汉字机内码中两个字节的最高位均置"1"，即在计算机内部表示汉字的代码时，对于大多数计算机系统来说，一个汉字占两个字节，每字节的最高位均为 1(与 ASCII 区别)。汉字内码与区位码的关系如下：

$$汉字内码高位字节 = (区号) + A0H$$
$$汉字内码低位字节 = (位号) + A0H$$

例如："啊"的区位码，区号为 16，位号为 01(即 1001H)，则其国标码和机内码为

国标码：高字节 30H，低字节 21H (即 3021H)

机内码：高字节 B0H，低字节 A1H (即 B0A1H)

（5）字形码。每一个汉字的字形都必须预先存放在计算机内，例如 GB 2312 国标汉字字符集的所有字符的形状描述信息集合在一起，称为字形信息库，简称字库，通常分为点阵字库和矢量字库。目前汉字字形的产生方式大多使用点阵方式形成汉字，即使用点阵表示的汉字字形代码。根据汉字输出精度的要求，汉字字形点阵有不同密度的点阵，如 16×16 点阵、24×24 点阵、32×32 点阵等。汉字字形点阵中每个点的信息用一位二进制码来表示，"1"表示对应位置处是黑点，"0"表示对应位置处是空白。字形点阵的信息量很大，所占的存储空间也很大。例如 16×16 点阵，每个汉字就要占 32 个字节(16×16÷8 = 32)；24×24 点阵的字形码需要用 72 字节(24×24÷8 = 72)。因此，字形点阵只能用来构成"字库"，而不能用来替代机内码用于机内存储。字库中存储了每个汉字的字形码，不同的字体(如宋体、仿宋、楷体、黑体等)对应着不同的字库。在输出汉字时，计算机要先到字库中去找到它的字形描述信息，然后再把字形送去输出。

1.3　计算机硬件系统

一个完整的计算机系统是由硬件(Hardware)系统(简称硬件)和软件(Software)系统(简称软件)两大部分组成的，如图 1-11 所示。硬件系统是计算机各种物理设备的总称，是看得见、摸得着的实体，包括组成计算机的电子、机械、磁的或光的元器件或装置。软件是在硬件系统上运行的各类程序、数据及有关资料的总称。硬件是计算机系统的物质基础，软件是计算机系统的灵魂。没有硬件对软件的物质支持，则软件的功能无法发挥，硬件和软件两者相辅相成，缺一不可，只有硬件和软件相结合才能充分发挥计算机系统的功能。

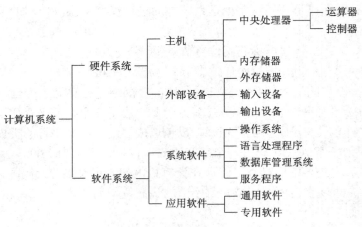

图 1-11　计算机系统组成

1.3.1　微型计算机硬件系统

计算机硬件的功能是接受计算机程序的控制来实现数据输入、运算、数据输出等一系列的操作。现代计算机的基本结构是由冯·诺依曼提出的，迄今为止，所有计算机仍采用冯·诺依曼型计算机的设计思想，即计算机硬件系统由控制器、运算器、存储器、输入设备、输出设备五大部件构成。图 1-12 所示为微型计算机硬件结构图。

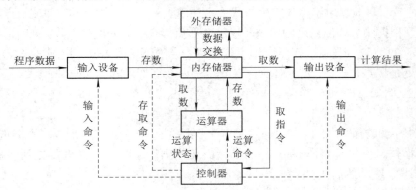

图 1-12　微型计算机硬件结构图

在图 1-12 中，实线表示数据流，虚线表示指令流，计算机各部件之间的联系就是通过这两股信息流来实现的。由此可见，输入设备负责把用户的信息(包括程序和数据)输入到计算机中；输出设备负责将计算机中的信息(包括程序和数据)传送到外部媒介，供用户查看或保存；存储器负责存储数据和程序，并根据控制命令提供这些数据和程序，它包括内存储器和外存储器；运算器负责对数据进行算术运算和逻辑运算(对数据进行加工处理)；控制器负责对程序所规定的指令进行分析，控制并协调输入、输出操作或对内存的访问。下面分别对计算机的各部件进行介绍。

1. 控制器

控制器是计算机的神经中枢，指挥计算机各个部件自动协调工作。在控制器的控制下，计算机能够自动按照程序设定的步骤进行一系列操作，以完成特定任务。控制器主要由指令寄存器、译码器、程序计数器、操作控制器等组成，具体介绍如下：

(1) 指令寄存器(Instruction Register，IR)：用以保存当前执行或即将执行指令的一种寄存器。指令内包含有确定操作类型的操作码和指出操作数来源或去向的地址。指令长度随不同计算机而异，指令寄存器的长度也随之而异。计算机的所有操作都是通过分析存放在指令寄存器中的指令后再执行的。

(2) 译码器：用来对指令的操作码进行译码，产生相应的控制电平，完成分析指令的功能。

(3) 程序计数器(Program Counter)：用来形成下一条要执行的指令的地址，又称指令计数器。通常，指令是顺序执行的，而指令在存储器中是顺序存放的，所以在一般情况下，下一条要执行的指令的地址可通过将现行地址加 1 形成。如果执行的是转移指令，则下一条要执行的指令的地址是要转移到的地址。该地址就在本转移指令的地址码字段，因此将该地址码字段送往指令计数器即可。

(4) 操作控制器：根据指令操作码和时序信号，产生各种操作控制信号，以便正确地建立数据通路，从而完成取指令和执行指令的控制。

控制器的工作过程如下：

(1) 取指令。控制器的程序计数器中存放当前指令的地址。执行一条指令的第一步就是把该地址送到存储器的地址驱动器，按地址取出指令，送到指令寄存器中。同时，程序计数器自动加 1，准备取下一条指令。

(2) 分析指令。一条指令由两部分组成：一部分称为操作码(Operation Code，OP)，用于指出该指令要进行什么操作；另一部分称为数据地址码，用于指出要对存放在哪个地址中的数据进行操作。在分析指令阶段，要将数据地址码送到存储器中取出需要的操作数到运算器，同时把 OP 送到指令译码部件，翻译成要对哪些部件进行哪些操作的信号，再通过操作控制逻辑，将指定的信号(时序信号)送到指定的部件。

(3) 发送操作控制信号。将有关的操作控制信号按照时序安排发送到相关部件，使有关部件在规定的节拍中完成规定的操作。

2. 运算器

运算器主要完成各种算术运算和逻辑运算，它是对信息加工和处理的部件，由算术逻辑单元(Arithmetic and Logic Unit，ALU)、状态寄存器、通用寄存器组等组成。算术逻辑单元的基本功能包括加、减、乘、除四则运算，与、或、非、异或等逻辑操作，以及移位、求补等操作。状态寄存器用来记录算术、逻辑运算或测试操作的结果状态，在程序设计中，这些状态通常用作条件转移指令的判断条件，所以又称为条件码寄存器。通用寄存器组主要用来保存参加运算的操作数和运算结果。

通常将运算器和控制器等集成在一块超大规模集成电路芯片上，该芯片称为中央处理器(Central Processing Unit，CPU)。CPU 是计算机系统的核心，CPU 品质的高低直接决定了计算机系统的档次。现在个人计算机(Personal Computer，PC)上使用的 CPU 的芯片主要是由 Intel 公司和 AMD 公司生产的。CPU 的外部结构如图 1-13 所示。

图 1-13　CPU 的外部结构

CPU 是计算机的核心部件。纵观全球，Intel、AMD 两大巨头占据了 PC 与服务器 CPU 的主要市场。在我国，以鲲鹏、飞腾、海光、龙芯、兆芯、申威等为代表的 CPU 厂商正奋力追赶，全力打造"中国芯"。鲲鹏芯片由华为自主研发和设计，包括服务器和 PC 处理器。目前华为大部分手机、平板电脑的芯片，也都使用的是其自主研制的麒麟芯片。申威处理器使用的是 Alpha 指令，主要用于超算处理器中。连续四次荣获全球超级计算机 500 强榜单冠军的神威·太湖之光就使用了申威的处理器。2020 年顺利升空的两颗新一代北斗导航卫星也首次 100%使用的是国产 CPU 芯片。尽管国产芯片实现了从无到有的进步，但是与国外相比，目前还存在一定的差距，未来还有很远的路要走。

3．存储器

存储器是计算机中用来存放程序和数据的记忆部件。对存储器而言，容量越大，存储速度越快。计算机存储器一般分为内存储器和外存储器两大类。

1）内存储器

内存储器也称为主存储器，简称内存。内存主要用于存放当前正在使用的或随时要使用的数据，供 CPU 直接读取。计算机中所有程序的运行都是在内存中进行的，因此内存储器的性能对计算机的影响非常大。内存的外观如图 1-14 所示。内存和 CPU 一起构成了计算机的主机部分。

图 1-14　内存的外观

(1) 内存地址。内存由许多存储单元组成，每一个存储单元可以存放若干位数据代码，该代码可以是指令，也可以是数据。为区分不同的存储单元，所有存储单元按照一定的顺序编号，称为内存地址。CPU 在存取存储器中的数据时是按地址进行的。

(2) 存储容量。存储容量是描述计算机存储能力的指标。系统对内存的识别是以字节(Byte)为单位的。每个字节由 8 位二进制位(bit)组成。通常用 KB、MB、GB、TB 和 PB 作为存储器容量的单位。它们之间的关系：$1\text{ KB} = 2^{10}\text{ B}$；$1\text{ MB} = 2^{10}\text{ KB}$；$1\text{ GB} = 2^{10}\text{ MB}$；$1\text{ TB} = 2^{10}\text{ GB}$；$1\text{ PB} = 2^{10}\text{ TB}$。显然，存储容量越大，能够存储的信息越多。内存容量的上

限一般由主板芯片组和内存插槽决定。

(3) 内存分类。内存储器按其工作方式的不同，可以分为随机访问存储器(Random Access Memory，RAM)和只读存储器(Read Only Memory，ROM)。

① RAM 又称读/写存储器，其内容可以随时根据需要读出，也可以随时重新写入新的信息。RAM 在计算机中主要用来存放正在执行的程序和临时数据。这种存储器又可以分为静态 RAM(Static RAM)和动态 RAM(Dynamic RAM)两种。静态 RAM 的特点是存取速度快，但价格也较高，一般用作高速缓存。动态 RAM 的特点是集成度高，存取速度相对于静态较慢，但价格较低，一般用作计算机的主存。不论是静态 RAM 还是动态 RAM，关机断电后，RAM 中保存的信息都将全部丢失，即具有易失性。

② ROM 是一种内容只能读出而不能写入和修改的存储器，其存储的信息是在制作该存储器时就被写入的。在计算机运行过程中，ROM 中的信息只能被读出，而不能写入新的内容。计算机断电后，ROM 中的信息不会丢失，因此常用来存放一些固定的程序、数据及系统软件等，如存储 BIOS 参数的 CMOS 芯片。只读存储器除了 ROM 外，还有 PROM、EPROM 及 EEPROM 等类型。

(4) 高速缓冲存储器。由于 RAM 的运行速度和 CPU 之间有一个数量级的差距，因此限制了 CPU 性能的发挥。为了解决 CPU 速度与 RAM 速度不匹配的问题，需要在 CPU 与内存之间设置一级或二级高速小容量存储器，即高速缓冲存储器(Cache)。高速缓冲存储器由静态存储芯片(SRAM)组成，容量比较小但速度比主存快很多，接近于 CPU 的速度。在计算机存储系统的层次结构中，高速缓冲存储器是介于中央处理器和主存储器之间的高速小容量存储器，它和主存储器一起构成一级存储器。高速缓冲存储器和主存储器之间信息的调度和传送是由硬件自动进行的。

2) 外存储器

内存由于技术及价格上的原因，容量有限，不可能容纳所有的系统软件及各种用户程序，因此，计算机系统都要配置外存储器。外存储器又称为辅助存储器，它的容量一般都比较大，而且大部分可以移动，便于不同计算机之间进行信息交流。目前计算机上常用的外存储器按照存储材料可分为磁存储器、光存储器、采用半导体材料的闪存以及云存储。

(1) 磁存储器。磁存储器用某些磁性材料薄薄地涂在金属铝或塑料表面作载体来存储信息。常见的磁存储器有硬盘、软盘、磁带等。

硬盘由一个或者多个铝制或者玻璃制的碟片组成，这些碟片外覆盖有铁磁性材料，被永久性地密封固定在硬盘驱动器中，如图 1-15 所示。由于都采用温切斯特(Winchester)技术，故硬盘被称为"温切斯特硬盘"，简称"温盘"。目前市场上广泛使用的硬盘品牌有 Maxtor(迈拓)、Seagate(希捷)、WD(西部数据)等。衡量硬盘性能的技术指标一般有存储容量、速度、访问时间及平均无故障时间等。

图 1-15　硬盘驱动器

(2) 光存储器。随着多媒体技术的发展，光盘以容量大、存取速度较快、不易受干扰等特点受到人们的欢迎，应用越来越广泛。光盘存储器主要由光盘、光盘驱动器(简称光驱)和光盘控制器组成，其外形如图 1-16 所示。光盘根据其制造材料和记录信息方式的不同一般分为三类，即只读光盘、一次写入型光盘和可擦写光盘。

图 1-16　光盘驱动器

① 只读光盘(CD-ROM，CD)，只能读出而不能写入，主要用于存储音频、视频、软件等。其制作成本低、信息存储量大、保存时间长，容量约为 650 MB。DVD(Digital Versatile Disc)是数字通用光盘，从外形上看和 CD-ROM 一样，但读盘速度比 CD-ROM 提高了近 4 倍，存储容量也大大增加了，一般在 4.7 GB 左右。

② 一次写入型光盘(CD-R)：一种可录式光盘，只能使用光盘刻录机写入一次，光盘的信息可多次读出。一次写入型光盘的存储容量一般为几百兆字节。

③ 可擦写光盘(CD-RW)：用户可自己写入信息，也可对自己记录的信息进行擦除和改写，就像使用磁盘一样可反复使用。可擦写光盘需插入特制的光盘驱动器进行读写操作，它的存储容量一般在几百兆字节至几个吉字节之间。

(3) 闪存。闪存(Flash Memory)是采用半导体材料的存储芯片，具有体积小、功耗低、不易受物理破坏的优点，是常用于移动数码产品的存储介质，常见的有 U 盘、CF 卡、SM 卡等。U 盘的全称为 USB 接口闪存盘(USB Flash Disk)，如图 1-17 所示。它是一种使用 USB 接口的无需物理驱动器的微型高容量移动存储产品，通过 USB 接口与电脑连接，实现即插即用。U 盘的特点是小巧、便于携带、存储容量大、价格便宜、性能可靠。一般的 U 盘容量有 2 GB、4 GB、8 GB、16 GB、32 GB、64 GB 等。U 盘中无任何机械式装置，抗震性能极强。另外，U 盘还具有防潮防磁、耐高低温等特性，安全可靠性很好。

图 1-17　U 盘

(4) 云存储。云存储是一种网上在线存储(Cloud Storage)模式，即把数据存放在通常由第三方托管的多台虚拟服务器上，而非专属的服务器上供人存取的一种新兴方案。云存储的概念与云计算类似，它是通过集群应用、网格技术或分布式文件系统等功能，使网络中大量不同类型的存储设备通过应用软件集合起来协同工作，共同对外提供数据存储和业务访问功能的一个系统，不仅可以保证数据的安全性，而且可以节约存储空间。使用者可以在任何时间，任何地方，通过任何可联网的装置连接到云上方便地存取数据。云存储实现了存储管理的自动化和智能化，提高了存储效率和存储空间的利用率，避免了资源浪费。

4. 输入设备

输入设备是向计算机输入信息的装置。在微型计算机系统中，输入设备有键盘、鼠标、扫描仪、光笔、摄像头、数码相机等，其中键盘和鼠标是最常用的输入设备。

1) 键盘

键盘是计算机中最常见的输入设备，由一组按阵列方式装配在一起的按键开关组成。目前，微型计算机配置的标准键盘有 101(或 104)个按键，包括数字键、字母键、符号键、控制键及功能键等，如图 1-18 所示。

图 1-18　键盘

2) 鼠标

鼠标也是一种常用的输入设备，它可以方便、准确地移动光标进行定位，如图 1-19 所示。常用的鼠标器有两种，即机械式鼠标和光电式鼠标。

3) 扫描仪

扫描仪(Scanner)是将各种形式的图像信息输入计算机的重要工具，是利用光电技术和数字处理技术，以扫描方式将图形或图像信息转换为数字信号的装置，如图 1-20 所示。

图 1-19　鼠标

图 1-20　扫描仪

4) 光笔

光笔是计算机的一种输入设备，其对光敏感，外形像一支圆珠笔，多用电缆与主机相连，与显示器配合使用，可以在屏幕上进行绘图等操作，如图 1-21 所示。

5) 摄像头

摄像头是一种被广泛运用的视频输入设备，人们可以通过摄像头在网络进行有影像、有声音的交谈和沟通，也可用于视频会议、远程医疗及实时监控等方面，如图 1-22 所示。

图 1-21　光笔

图 1-22　摄像头

6) 数码相机

数码相机(Digital Camera，DC)是集光学、机械、电子于一体的产品。数码相机与普通照相机在胶卷上靠溴化银的化学变化来记录图像的原理不同，数码相机的传感器是一种光感应式的电荷耦合器件(CCD)或互补金属氧化物半导体(CMOS)，图像在传输到计算机以前，通常会先储存在数码存储设备中(如闪存)。数码相机集成了影像信息的转换、存储和传输等部件，具有数字化存取模式，与电脑交互处理及实时拍摄等特点，如图 1-23 所示。

图 1-23　数码相机

除此之外，还有大家熟悉的触摸屏、语音输入设备等。另外随着计算机技术的发展，各种新的输入手段也层出不穷，如 VR 技术中的力反馈手套、数据手套、数据衣等。

5. 输出设备

输出设备是将计算机处理的结果以能使人或其他设备所接受的形式输出的设备的总称。在微型计算机中，最常用的输出设备有显示器、打印机和绘图仪。

1) 显示器

显示器是微型计算机不可缺少的输出设备，用于显示计算机的程序、数据等信息及经过微型计算机处理后的结果等，具有显示直观、速度快、无工作噪声、使用方便灵活、性能稳定等特点。显示器由监视器和显示控制适配卡(简称显卡)组成。显示器与主机之间需要通过显示器适配卡连接，适配卡通过信号线控制屏幕上的字符及图形的输出。目前主流的显卡一般是 AGP(图形加速端口)接口的，能够满足三维图形和动画的显示要求。

在微型计算机系统中主要有阴极射线管显示器(CRT)和液晶显示器(LCD)两类，如图 1-24 和图 1-25 所示。

图 1-24　CRT

图 1-25　LCD

(1) CRT。CRT 是靠电子束激发屏幕内表面的荧光粉来显示图像的，具有可视角度大、无坏点、色彩还原度高、色度均匀、可调节的多分辨率模式等优点。CRT 的主要技术指标有：

① 点距：荧光屏上两个同样颜色荧光点之间的距离。在任何相同分辨率下，点距越小，图像越清晰。常见的点距规格有 0.31 mm、0.28 mm、0.2 mm 等。

② 屏幕分辨率：屏幕上像素的数目。像素是组成图像的最小单位。比如，640×480 的分辨率指在水平方向上有 640 个像素，垂直方向上有 480 个像素。每种显示器均有多种供选择的分辨率模式，能达到较高分辨率的显示器的性能较好。

③ 刷新频率：每秒钟屏幕刷新的次数，通常以赫兹(Hz)表示。电子束必须在荧光屏上

做周期性扫描，将只有很短暂的发光时间的荧光点不断的重新点亮，我们才能感受到持续稳定的画面，这个过程称为屏幕刷新。如果一秒钟对一个画面扫描 60 次，则称该显示器的刷新频率为 60 Hz。刷新频率越高，画面闪烁越小。分辨率较高的画面其刷新频率需要在 75 Hz 以上才能保证不闪烁。

④　显示面积：显像管可见部分的面积。显像管的大小通常以对角线的长度来衡量，以英寸为单位，常见的有 15 英寸、17 英寸、20 英寸等。

(2) LCD。LCD 的工作原理是利用液晶的物理特性，当通电时导通，排列变的有秩序，使光线容易通过；不通电时排列混乱，阻止光线通过。让液晶如闸门般地阻隔或让光线穿透，就能在屏幕上显示出图像。LCD 具有机身薄，耗电低，辐射低，画面柔且不伤眼等特点。

2) 打印机

微型计算机另一种常用的输出设备是打印机。常用的打印机有针式打印机、喷墨打印机和激光打印机。此外，还有新兴的 3D 打印机。

(1) 针式打印机。针式打印机属于击打式打印机的一种，其通过打印头中的 24 根针击打复写纸实现字符的打印。它的工作原理是：由于打印的字符由点阵组成，因此当动作的针头在接触色带击打纸面时会形成一个墨点，而不动的针在相应位置留下的是空白，如此移动若干列后，便可以打印出字符了。针式打印机的优点是耗材成本低，可打印蜡纸；缺点是速度较慢，打印质量较差，噪声较大。

(2) 喷墨打印机。喷墨打印机利用控制指令控制打印头上的喷墨管，将特制的墨水通过喷墨管射到打印纸上，形成文字或图像，如图 1-26 所示。喷墨打印机的优点是价格较低，噪声较低，印字质量较好，可彩色打印；缺点是耗材成本较高，寿命较短。

(3) 激光打印机。激光打印机是将激光扫描技术和电子照相技术相结合的打印输出设备，如图 1-27 所示。激光打印机的优点是打印速度快，分辨率高，无击打噪声；缺点是价格较高，普通的激光打印机是单色的。

图 1-26　喷墨打印机

图 1-27　激光打印机

(4) 3D 打印机。近年来流行的 3D 打印机是快速成形技术的一种机器，它是一种以数字模型文件为基础，运用特殊蜡材、粉末状金属或塑料等可黏合材料，通过逐层打印黏合材料来制造三维的物体。3D 打印的优点是无需机械加工或模具，就能直接从计算机图形数据中生成任何形状的物体，从而极大地缩短了产品的生产周期，提高了生产率。3D 打印机及其打印物如图 1-28 所示。

图 1-28　3D 打印机及其打印物

3) 绘图仪

绘图仪是用于产生直方图、地图、建筑图纸以及三维图
表的专用输出设备，如图 1-29 所示。绘图仪在绘图软件的支
持下可绘制出复杂、精确的图形，它是各种计算机辅助设计
不可缺少的工具。常用的绘图仪有笔式绘图仪、喷墨绘图仪、
静电绘图仪、直接成像绘图仪等。

根据各种应用的需要，在微型计算机上还可以配置其他
的输入和输出设备，如网卡、声卡、音箱等。

图 1-29　绘图仪

1.3.2　主板和 BIOS

主板(Mainboard)又称系统板(Systemboard)或母板(Motherboard)，它安装在机箱内，是
微型计算机最基本的也是最重要的部件之一，可以说，主板的类型和档次决定着整个微型
计算机系统的类型和档次。

主板一般为矩形电路板，是连接 CPU 和其他部件的平台。典型的主板主要由芯片组、
CPU 插座、内存插槽、PCI(Peripheral Component Interconnect)插槽、AGP 插槽、电源插口、
CMOS 电池、BIOS 芯片及外部接口等组成，如图 1-30 所示。

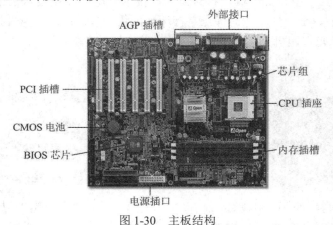

图 1-30　主板结构

CPU 插座就是主板上安装处理器的地方。CPU 插座主要分为 Socket 和 Slot 两种。如
Socket 478 用于安装 Pentium4 处理器，而 Socket A(Socket 462)支持的则是 AMD 的毒龙与
速龙等处理器。

芯片组是主板的核心组成部分，按照在主板上的排列位置的不同，通常分为北桥芯片
和南桥芯片。北桥芯片主要负责实现与 CPU、内存、AGP 接口之间的数据传输，同时还通

过特定的数据通道和南桥芯片相连接，其通常在主板上靠近 CPU 插槽的位置。南桥芯片主要负责和 IDE 设备、PCI 设备、声音设备、网络设备以及其他的 I/O 设备的沟通，其在靠近 PCI 槽的位置。

内存插槽是主板上用来安装内存的地方。目前常见的内存插槽为 SDRAM 内存、DDR 内存插槽。不同内存插槽的引脚、电压、性能、功能都是不尽相同的，不同的内存在不同的内存插槽上不能互换使用。

PCI(Peripheral Component Interconnect)插槽是基于 PCI 局部总线元件扩展接口的扩展插槽。其位宽为 32 位或 64 位。它为显卡、声卡、网卡、电视卡、MODEM 等设备提供了连接接口。

AGP(Accelerated Graphics Port，图形加速端口)插槽是在 PCI 总线基础上发展起来的，主要针对图形显示方面进行了优化，专门用于图形显卡。它将显卡与主板的芯片组直接相连，进行点对点传输。随着显卡速度的提高，AGP 插槽已经无法满足显卡传输数据的速度，目前 AGP 显卡已经逐渐被 PCI-EXPRESS 插槽取代。

外部接口包括键盘鼠标、串行接口、并口接口、集成显卡接口、USB 接口、集成网卡及声卡接口等，如图 1-31 所示。SATA 硬盘接口用于连接 SATA 硬盘。IDE 接口用于连接 IDE 口的硬盘或光驱。PS/2 圆口用于连接键盘和鼠标，一般情况下，鼠标的接口为绿色，键盘的接口为紫色。COM 接口(串口)的作用是连接串行鼠标和外置 Modem 等设备。LPT 接口(并口)一般用来连接打印机或扫描仪。USB 接口是如今最为流行的接口，最大可以支持 127 个外设，并且可以独立供电，支持热插拔，真正做到了即插即用。USB 接口多为扁平状，可连接 U 盘、光驱、扫描仪等 USB 接口的外设。

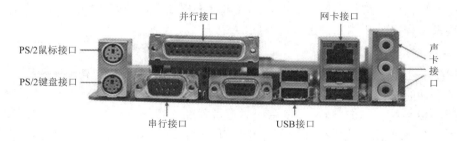

图 1-31　常用外部接口

基本输入输出系统(Basic Input/Output System，BIOS)的全称是只读存储器基本输入/输出系统(ROM-BIOS)，它是一组固化到计算机主板上一个 ROM 芯片上的程序，它保存着计算机最重要的基本输入输出程序、开机后自检程序和系统自启动程序。其主要功能是为计算机提供最底层、最直接的硬件设置和控制。BIOS 设置程序一般都被厂商整合在芯片中，在开机时通过特定的按键就可进入 BIOS 设置程序，方便对系统进行设置。BIOS 设置程序所设置的参数与数据存储在 CMOS 中，因此 BIOS 设置有时也被叫作 CMOS 设置。

说明：CMOS 是 Complementary Metal Oxide Semiconductor(互补金属氧化物半导体)的缩写，它是电脑主板上的一块可读写的 RAM 芯片。由于其具有可读写的特性，所以在电脑主板上用来保存 BIOS 的硬件配置和用户对某些参数的设定。CMOS 内存是一种只需要极少电量就能存放数据的芯片。由于耗能极低，CMOS 内存可以由集成到主板上的一个小电池供电，这种电池在计算机通电时还能自动充电。因为 CMOS 芯片可以持续获得电量，所以即使在关机后，也能保存有关计算机系统配置的重要数据。

1.3.3　I/O 接口和系统总线

1. I/O 接口

I/O(Input/Output)接口是指输入/输出接口。由于计算机的外部设备(简称外设)品种繁多且工作方式各不相同，因此，主机在与外设进行数据交换时会存在速度不匹配、时序不匹配、信息格式不匹配等问题。为此，在主机与外设进行数据交换时，需要引入相应的逻辑部件解决两者之间的同步与协调、数据格式转换等问题，这个逻辑部件即 I/O 接口。I/O 接口是主机与外设进行信息交换的纽带。主机通过 I/O 接口与外部设备进行数据交换，如图 1-32 所示。

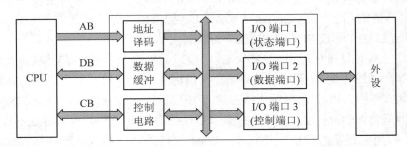

图 1-32　接口电路的典型结构

接口的类别很多，按数据传输宽度可分为并行接口和串行接口；按操作节拍可分为同步接口和异步接口；按数据传送的控制方式可分为程序直接控制的输入输出接口、程序查询控制接口、程序中断输入输出接口、DMA 接口等。

2. 总线

总线(Bus)是计算机各种功能部件之间传送信息的公共通路。微型计算机是以总线结构来连接各个功能部件，实现各部件间的信息交换的。系统总线在微型计算机中的地位如同人的神经中枢系统，CPU 通过系统总线对存储器的内容进行读写，同样通过总线实现将CPU 内数据写入外设，或由外设读入 CPU，如图 1-33 所示。

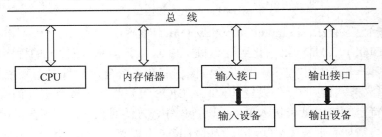

图 1-33　微型计算机系统硬件组成

总线分为内部总线、系统总线和通信总线。内部总线指芯片内部连接各元件的总线。系统总线指连接计算机各部件的总线。通信总线则是指计算机系统之间或计算机系统与其他系统之间进行通信的总线。在目前的微型计算机系统中，总线采用层次结构，以满足不同速度的部件，从内到外分为 CPU 内部总线、存储总线、系统总线(I/O 总线)和外部总线，它们的速度依次减慢。

系统总线按照传递信息的功能，可分为数据总线(Data Bus，DB)、地址总线(Address Bus，AB)和控制总线(Control Bus，CB)。

数据总线用于传送数据信息。数据总线是双向三态形式的总线，即它既可以把 CPU 的数据传送到存储器或 I/O 接口等其他部件，也可以将其他部件的数据传送到 CPU。数据总线的位数是微型计算机的一个重要指标，通常与微处理器的字长相一致。例如，微处理器字长为 64 位，则其数据总线的宽度也是 64 位。

地址总线是专门用来传送地址信息的，由于地址只能从 CPU 传向外部存储器或 I/O 端口，所以地址总线总是单向三态的。地址总线的位数决定了 CPU 可直接寻址的内存空间大小，如：80286 的地址总线只有 24 位，所以 286 机允许的最大内存只能是 2^{24} B，即 16 MB。一般来说，若地址总线为 n 位，则可寻址空间为 2^n B。

控制总线专门用来传送控制器的各种控制信号和时序信号，其中包括 CPU 送往内存和输入/输出接口电路的读、写信号等，以及其他部件送到 CPU 的时钟信号、中断请求信号等。因此，控制总线的传送方向由具体控制信号而定，一般是双向的，控制总线的位数要根据系统的实际控制需要而定。

3. 常用总线

工业标准体系(Industrial Standard Architecture，ISA)总线是 IBM 公司 1984 年为推出 PC/AT 而建立的系统总线标准，所以也叫 AT 总线，它是对 XT 总线的扩展，以适应 8/16 位数据总线的要求，在 80286 至 80486 时代应用非常广泛，以至于奔腾机中还保留有 ISA 总线插槽。ISA 总线有 98 只引脚。

外围部件互连(Peripheral Component Interconnect，PCI)总线是当前最流行的总线之一，它是由 Intel 公司推出的一种局部总线，定义了 32 位数据总线，且可扩展为 64 位。PCI 总线主板插槽的体积比原 ISA 总线插槽还小，其功能比 VESA、ISA 有极大的改善，支持突发读写操作，最大传输速率可达 132 MB/s，可同时支持多组外围设备。PCI 局部总线不能兼容现有的 ISA、EISA、MCA(Micro Channel Architecture)总线，但它不受制于处理器，是基于奔腾等新一代微处理器而发展的总线，可连接显卡、声卡、网卡、电视卡等。

PCI-Express(Peripheral Component Interconnect Express，PCIE)总线是一种高速串行计算机扩展总线标准，采用了目前业内流行的点对点串行连接，比起 PCI 以及更早期的计算机总线的共享并行架构每个设备都有自己的专用连接，不需要向整个总线请求带宽，而且可以把数据传输率提高到一个很高的频率，达到 PCI 所不能提供的高带宽。PCIE 属于高速串行点对点双通道高带宽传输，所连接的设备分配独享通道带宽，不共享资源，主要支持主动电源管理、错误报告、端对端的可靠性传输、热插拔以及服务质量(QOS)等功能。它主要用来和一些需要高速通信的外部板卡设备控制器连接，例如显示卡、网卡、声卡等。相对于老的并行的 PCI 总线，PCIE 具有针脚少、速度快、更好的电源管理等优点。

通用串行总线(Universal Serial Bus，USB)是一个外部总线标准，用于规范电脑与外部设备的连接和通信。它基于通用连接技术，实现外设的简单快速连接，达到方便用户、降低成本、扩展 PC 连接外设范围的目的。USB 接口支持设备的即插即用和热插拔功能。

1.3.4　计算机主要技术指标

评价计算机性能的指标有很多，通常从计算机的字长、时钟频率、运算速度、内存容量、输入/输出最高速率等方面来评价。

1. 字长

字长是指计算机能直接处理的二进制信息的位数。计算机字长从 4 位、8 位、16 位、32 位到 64 位不等。字长越长，可以表示的有效位数就越多，运算精确度就越高，处理速度就越快。

2. 时钟频率

时钟频率是指在单位时间(秒)内发出的脉冲数，即人们常说的主频。由于 CPU 和计算机内部的逻辑电路均以时钟脉冲作为同步信号触发电子器件工作，所以主频在很大程度上决定了计算机的工作速度。主频以 MHz 或 GHz 为单位。主频越高，微型计算机的运算速度就越快。

3. 运算速度

运算速度一般用每秒能执行多少条指令来表示，主频越高，速度越快。但主频并不是决定运算速度的唯一因素。常用来标识计算机运算速度的单位是 MIPS(Million Instructions Per Second)和 BIPS(Billion Instructions Per Second)。

4. 内存容量

内存容量主要是指随机存储器存储容量的大小，常以字节为单位表示。内存容量越大，能存储的信息越多，计算机的功能就越强。

5. 输入/输出最高速率

主机与外部设备之间交换数据的速率也是影响计算机工作速度的重要因素。由于各种外部设备的工作速度不同，故常以主机能支持的数据输入/输出的最大速率来表示。

1.4　计算机软件系统

计算机的各种物理设备构成了计算机的硬件。但是只有硬件，计算机是无法完成任何计算的。要使计算机能正确地运行以解决各种问题，就必须配置或安装计算机软件。计算机软件是指在硬件设备上运行的各种程序以及有关资料。通常，人们把不装备任何软件的计算机称为硬件计算机或裸机。裸机由于不装备任何软件，所以只能运行机器语言程序，这样的计算机，它的功能显然不会得到充分有效的发挥。普通用户面对的一般不是裸机，而是在裸机之上配置若干软件之后构成的计算机系统。正是由于软件的丰富多彩，可以出色地完成各种不同的任务，才使得计算机的应用领域日益广泛。当然，计算机硬件是支撑计算机软件工作的基础，没有足够的硬件支持，软件也就无法正常工作。实际上，在计算机技术的发展进程中，计算机软件随硬件技术的迅速发展而发展；反过来，软件的不断发展与完善又促进了硬件的新发展，两者的发展密切地交织着，缺一不可。

计算机软件系统可分为系统软件和应用软件两大类。

1.4.1　系统软件

系统软件是指控制和协调计算机及其外部设备、支持应用软件的开发和运行的软件。它的主要功能是帮助用户管理计算机、维护资源、执行用户命令和控制系统调度等。系统软件一般包括操作系统、语言处理程序、数据库管理系统及系统服务程序等。

1. 操作系统

操作系统是软件系统的核心，是位于硬件层之上、所有软件层之下的一个必不可少的、最基本又是最重要的一种系统软件。从用户的角度看，它是用户与计算机硬件系统的接口；从资源管理的角度看，它是计算机系统资源的管理者。操作系统一般包括处理器管理、存储管理、设备管理、文件管理及作业管理等功能。用户与计算机系统各层次之间的关系如图 1-34 所示。

操作系统的种类繁多，按照操作系统的性质来划分，可分为批处理操作系统、分时操作系统、实时操作系统、网络操作系统等；而按照同时管理用户的多少来划分，可分为单用户操作系统和多用户操作系统。

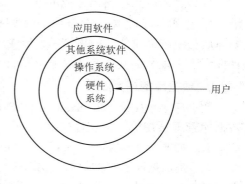

图 1-34　用户与计算机系统各层次之间的关系

目前常用的操作系统有 Windows 系统(WinXP、Win7、Win8、Win10 等)、UNIX 系统、Linux 系统、Mac OS 操作系统等。

2. 语言处理程序

程序设计语言是用于书写计算机程序的语言，它使得人们能够与计算机进行交流。程序设计语言的种类繁多，按照其发展历程可分为机器语言、汇编语言和高级语言。

机器语言又称为面向机器的语言，是用二进制代码表示的计算机能直接识别和执行的一种机器指令的集合。用机器指令编写的程序称为机器语言程序，它是能够直接被 CPU 执行的程序。机器语言程序的优点是所占空间少，执行速度快；缺点是难以阅读和理解，编写和修改都比较困难，通用性较差。

汇编语言也称为符号语言。在汇编语言中，使用指令助记符来代替机器指令的操作码。使用汇编语言编写的程序就称为汇编语言程序。汇编语言程序比机器语言程序容易阅读理解且便于修改。

机器语言和汇编语言都是面向机器的语言，一般称为低级语言。高级语言是一种比较接近于自然语言的编程语言，使用人们易于接受的文字来表示，从而使程序编写更容易，有较高的可读性，而且可移植性强。目前已经出现了多种类型的高级语言，并且语言的类型还在不断地出现和升级。常见的高级语言有 C、C++、Java、C#、Python 等。

用汇编语言或者高级语言编写的程序统称为源程序。用机器指令编写的程序称为机器语言程序，或称为目标程序，这是计算机能够直接执行的程序。源程序需要翻译成计算机能够识别的机器语言才能执行。将计算机不能直接执行的非机器语言源程序翻译成能直接执行的机器语言的语言翻译程序总称为语言处理程序。语言处理程序可分为汇编程序、解释程序和编译程序。

从汇编语言源程序到机器指令程序的翻译程序称为汇编程序。

按照源程序中指令或语句的动态执行顺序，逐条翻译并立即执行相应功能的翻译程序称为解释程序。解释方式不产生目标代码，不能脱离其语言环境独立执行，通常效率低，运行速度慢。例如，早期的 BASIC 语言采用的就是解释方式。

从高级语言到机器语言或汇编语言的翻译程序称为编译程序。编译方式是将整个高级语言程序(源程序)作为一个整体来处理的，首先将程序源代码翻译成目标代码(机器语言)，编译后与系统提供的代码库链接，形成一个完整的可执行的机器语言程序(目标程序代码)。目标程序可以脱离其语言环境独立执行，使用比较方便，效率较高。

3. 数据库管理系统

数据库系统(Database System，DBS)是用于支持数据管理和存取的软件，它包括数据库、数据库管理系统等。数据库(Database，DB)是指以一定的组织方式存储的相互关联的数据的集合。数据库管理系统(Database Management System，DBMS)是对数据库进行管理的软件系统，是数据库系统的核心。DBMS 位于计算机系统中操作系统与用户或应用程序之间，主要功能包括数据定义、数据操纵、数据组织、存储和管理、数据库的建立和维护、数据通信接口等。目前常用的数据库管理系统有 MySQL、SQL Server、Oracle、Access 等。

4. 系统服务程序

服务性程序是指为了帮助用户使用与维护电脑，提供服务性手段并支持其他软件开发而编制的一类程序，主要有工具软件、编辑程序、软件调试程序以及诊断程序等几种。

1.4.2 应用软件

应用软件是指为特定领域开发，并为特定目的服务的一类软件。应用软件是直接面向用户需要的，可以直接帮助用户提高工作质量和效率，甚至可以帮助用户解决某些难题。应用软件一般也可分为两类：通用软件和专用软件。通用软件通常是为解决某一类问题而设计的一种工具软件，比如文字处理软件 Word、用于辅助设计的 AutoCAD、杀毒软件金山毒霸、下载工具迅雷等。专用软件是为特定需要开发的实用软件，如财务管理软件、会计核算软件、教育辅助软件等。

本 章 小 结

本章主要介绍计算机的相关基础知识，包括计算机的发展史、计算机的特点和分类、

信息与信息科学、数值数据的表示和运算、非数值数据的表示、计算机硬件系统的组成、计算机软件系统的作用及分类等。

通过本章学习，读者应该了解信息、信息技术的基本概念，了解计算机的发展、特点和应用，了解计算机中信息的存储方式及编码方法，掌握微型计算机系统的基本组成。

习题

1. 简述计算机的发展阶段及其主要特征。

2. 计算机有哪些主要的用途？

3. 简述计算机有哪些特点。

4. 数字、字符、图片、声音、视频在计算机中如何表示？

5. 将十进制数 34.56 转换为二进制数、八进制数和十六进制数。(结果小数点后保留两位有效数字)

6. 将八进制数 23.04 转换为二进制数、十进制数和十六进制数。(结果小数点后保留一位有效数字)

7. 数据 7725、1011、8086、23F5 分别可能是几进制数？

8. 一个字节表示有符号的整数原码，则能表示的整数的十进制范围为多少？

9. 简述微型计算机硬件系统的组成及各组成部分的功能。

10. 简述 RAM 和 ROM 的特点。

11. 什么是 Cache？

12. 计算机的主要性能指标有哪些？

13. 什么是 BIOS？

14. 微型机的系统总线包括哪几种？

15. 简述计算机软件系统的分类，列出常用的系统软件和应用软件。

第2章

Windows 7 操作系统

 本章导读

操作系统是一种特殊的用于控制计算机硬件的系统软件，负责管理、调度、指挥计算机的软硬件资源使其协调工作，若没有操作系统，计算机将无法正常工作。Windows 7 操作系统是目前 PC 中最为主流的操作系统。本章主要介绍了操作系统的相关知识、Windows 7 操作系统常用的一些基本操作、文件管理及磁盘管理、Windows 7 系统设置及 Windows 7 附件中常用应用程序的使用方法。另外，还对中文输入法进行了简要介绍。

本章知识纲要

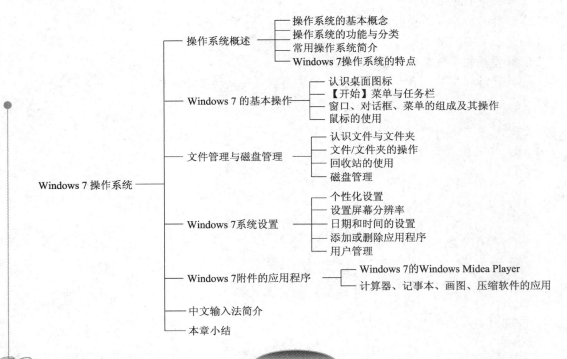

2.1　操作系统概述

计算机系统是由硬件系统和软件系统组成的。计算机在没有安装任何软件的情况下，是无法运行与工作的，俗称"裸机"。要想让计算机正常工作，就必须在机器上安装软件。而操作系统(Operating System，OS)是计算机系统最重要、最基本的一种系统软件，一方面，它在用户和计算机之间起着"桥梁"的作用；另一方面，它控制和管理整个计算机系统的所有资源，并且计算机内部的工作流程也是由它统一组织的。

2.1.1　操作系统的基本概念

由于每个人看待操作系统的角度不同，使用操作系统的目的不同，因此所看到的操作系统也就表现出不同的特征。比如从资源管理的角度来看，操作系统可以被视为资源管理与资源分配器；从用户观点看，操作系统是用户与计算机硬件系统之间的接口；从机器扩充角度看，操作系统是一个专门用来隐藏硬件的实际工作细节，并提供一个可以读写的、简洁的命名文件视图的软件层次。

综上所述，我们把操作系统定义为：一组控制与管理计算机硬件和软件资源，合理组织计算机工作流程，并为其他软件提供支持，使计算机系统所有的资源最大限度地发挥作用，改善人机界面，方便用户使用计算机的最基本的系统软件。

2.1.2　操作系统的功能与分类

操作系统的主要任务是：管理好计算机的软、硬件资源，以便程序能够有序、高效地执行，尽可能地提高计算机系统资源的利用率和响应速度，也能保证用户使用灵活、方便。

1. 操作系统的功能

从资源管理的角度来分析，操作系统主要有五大基本功能，分别是处理器管理、存储器管理、设备管理、文件管理和作业管理。

1) 处理器管理

处理器(CPU)的分配和运行都是以进程为基本单位的，所以处理器管理又称进程管理。处理器管理的主要功能是：为作业创建进程，撤销已结束的进程，以及控制进程在运行过程中的状态转换；对进程的运行进行调节，实现进程之间的信息交换；按照一定的算法把处理器分配给进程。

2) 存储器管理

存储器管理指的是对内存储器的资源进行分配和管理。其主要任务就是将各种存储器件统一管理，为多道程序提供良好的运行环境，提高内存利用率，并能从逻辑上扩充内存。存储器管理具有内存分配与回收、内存保护、地址映射及虚拟内存等功能。

3) 设备管理

设备管理的主要任务是使用统一的方式控制、管理和访问种类繁多的外围设备。根据设备管理模块的功能要求，可以将设备管理的功能分为设备分配、缓冲管理、设备处理、虚拟设备等。

4) 文件管理

程序运行所需的代码和数据以文件形式存储在外部介质上，只有在程序运行需要时才通过文件管理机制调入内存。该机制能有效保护文件安全，提高资源利用率，为用户提供快速检索和使用文件的手段，其是操作系统不可或缺的组成部分。因此，文件管理应具有对文件存储空间的管理、文件的读/写管理、目录管理及文件的共享与保护等功能。

5) 作业管理

在操作系统中，我们把用户在一次解题或一个事务处理过程中要求计算机系统所做的全部工作称为作业。系统要在许多作业中按一定的算法选取若干个作业，为它们分配必要的资源，让它们能够同时执行。作业管理的功能包括：作业如何输入到系统中去，当作业被选中后如何去控制它的执行，作业执行过程中出现故障后又应怎样处理，怎样控制计算结果的输出，等等。

2. 操作系统的基本特征

操作系统具有以下基本特征：

(1) 并发性。并发性是指两个或多个事件在同一时间间隔内发生。

(2) 共享性。共享性是指系统中的资源可供内存中多个并发执行的进程(线程)共同使用。

(3) 虚拟性。虚拟性是指通过某项技术把一个物理实体变为若干个逻辑上的对应物。

(4) 异步性。异步性是由于操作系统允许多个并发进程共享资源，导致每个进程在运行的过程中受到其他进程制约，使进程的执行不是一气呵成，而是以停停走走的方式运行。

其中共享和并发是操作系统两个最基本的特征。

3. 操作系统的分类

操作系统种类繁多，很难用单一标准统一分类，下面我们从几个不同的角度对其进行分类。

1) 按系统的功能来划分

(1) 批处理操作系统。批处理是指用户将程序、数据、文档等组成的作业一批批提交给操作系统后，由操作系统控制它们自动运行，而用户无法再进行干预。该系统由于缺少交互性，目前已不多见。

(2) 分时操作系统。由于用户需要与他人争抢时间，因此希望可以独享一台机器，以便集中完成自己的工作，也希望能够随时与机器交互，以便能够及时调整自己的工作。分时操作系统是一种联机的多用户交互式操作系统，即首先在一台主机上连接多个带有显示器和键盘的终端，每个用户可以通过自己的终端向系统发出各种操作控制命令，完成作业的运行。分时操作系统的主要特点是将 CPU 的时间划分成若干个时间片，每个用户轮流使用这些时间片，如果分配给用户的时间片不够用，则它只能暂停，等待下次时间片的到来。由于计算机运算具有高速性能，使每个用户根本感觉不到别人也在使用这台计算机，因此让每个用户以为是自己在"独占"这台计算机。典型的分时系统有 UNIX、Linux 等。

(3) 实时操作系统。实时操作系统应能及时获取用户请求,并在指定时间内开始或完成规定任务,同时还要保证所有任务协调一致地工作。实时操作系统有硬实时和软实时之分,硬实时要求在规定的时间内必须开始或完成操作,如导弹发射系统、飞机的自动驾驶系统等;软实时要求不是十分严格,偶尔可以超出时限,对系统正确性和安全性不会有太大的影响,如网页页面的更新,航空订票系统等。

(4) 网络操作系统。为了能够实现资源共享和信息交流,我们把地理上分散的计算机通过通信线路连接在一起构成计算机网络。管理计算机网络资源和实现网络通信协议等软件称为网络操作系统,它是网络用户和计算机网络之间的接口。网络用户通过本地的计算机请求网络为它提供各种服务。

2) 按所支持的用户数来划分

(1) 单用户操作系统。单用户操作系统是指一台计算机在同一时间只能由一个用户使用,一个用户独自享用系统的全部硬件和软件资源,如 MS DOS、Windows 等。

(2) 多用户操作系统。多用户操作系统是指在同一时间允许多个用户同时使用计算机,如 UNIX、Linux 等。

3) 按同时管理作业的数目来划分

(1) 单任务操作系统。单任务操作系统是指用户一次只能提交一次任务,等该任务完成后才能提交下一次任务,如早期的 MS DOS。

(2) 多任务操作系统。多任务操作系统是指用户一次可以提交多个任务,如 Windows、UNIX 等。

2.1.3　常用操作系统简介

1. Windows 操作系统

微软操作系统(Microsoft System)是美国微软公司开发的 Windows 系列可视化操作系统。目前其服务器的最高版本为 Windows Server 2019,个人版的最高版本为 Windows 10。微软操作系统个人版因其用户界面生动、形象,操作方法十分简便,成为目前最普遍最常用的一种操作系统。

常见的 Windows 操作系统有 Windows XP、Windows 7、Windows 8、Windows 10、Windows Server 系列、Windows NT 等。

2. Mac OS 操作系统

Mac OS 操作系统是美国 Apple 公司为其开发的 Macintosh(简称 Mac)计算机所设计的操作系统。Mac 计算机率先采用 GUI 图形用户界面、多媒体应用等,在桌面排版、教育及影视制作等领域有着广泛的应用,但由于其与 Windows 操作系统兼容性差,所以应用不普及。

3. UNIX 操作系统

UNIX 操作系统是一个强大的多用户、多任务操作系统。UNIX 为用户提供了一个分时的系统以控制计算机的活动和资源,并且操作界面能够交互,也比较灵活,是一个具有较高的安全性、可靠性和可移植性的操作系统。

4. Linux 操作系统

Linux 是一套免费使用和自由传播的类 UNIX 操作系统。它可以自由安装并任意修改软件的源代码，支持多用户、多任务，且提供了良好的用户界面及丰富的网络功能，是一个安全、可靠的操作系统。

5. Android 操作系统

安卓是(Android)一种基于 Linux 内核(不包含 GNU 组件)的自由及开放源代码的操作系统，主要用于移动设备(智能手机和平板电脑)。它由美国 Google 公司和开放手机联盟领导及开发。

6. 华为鸿蒙系统

华为鸿蒙系统是一款全新的面向全场景的分布式操作系统。它创造了一个超级虚拟终端互联的世界，将人、设备、场景有机地联系在一起，实现了消费者在全场景生活中接触的多种智能终端的极速发现、极速连接、硬件互助和资源共享，用最合适的设备提供了最佳的场景体验。

2.1.4 Windows 7 操作系统的特点

Windows 7 系统具有如下特点：

(1) Windows 7 简化了许多设计，如快速最大化、窗口半屏显示、跳转列表、系统故障快速修复等。

(2) Windows 7 让搜索和使用信息更加简单，包括了本地、网络和互联网搜索功能，直观的用户体验也更加高级，还整合了自动化应用程序提交和交叉程序数据透明性。

(3) Windows 7 中，系统集成的搜索功能非常强大，只要用户打开开始菜单并输入搜索内容，无论是查找应用程序，还是文本文档等，搜索功能都能自动运行，为用户的操作带来极大的便利。

(4) Windows 7 的小工具没有了 Windows Vista 中有的边栏，这样小工具可以单独在桌面上放置了。

(5) Windows 7 系统资源管理器的搜索框在菜单栏的右侧，可以灵活调节宽窄，并能快速搜索 Windows 中的文档、图片、程序、Windows 帮助甚至网络等信息。Windows 7 系统的搜索是动态的，当用户在搜索框中输入第一个字时，Windows 7 的搜索就已经开始工作了，从而大大提高了搜索效率。

2.2 Windows 7 的基本操作

2.2.1 认识桌面图标

桌面就是在安装好 Windows 7 操作系统后，启动计算机登录到系统呈现在用户面前的整个屏幕，它是用户和计算机进行交流的窗口，如图 2-1 所示。

图标 →
桌面背景
开始菜单 →
任务栏

图 2-1　桌面

图标是桌面上排列的小图像。它包含图形符号、说明文字两部分，主要包括常用图标和快捷方式图标两种。常用的图标及其作用如表 2-1 所示。

表 2-1　常用图标及其作用

图标	作　　　用
	打开该图标可以查看计算机上的所有文件及文件夹
	可以查看网络连接的情况并设置网络
	用于暂时存放被删除的文件。回收站的文件可被恢复到原来它们在系统中存放的位置

快捷方式图标的左下角有一个箭头 。快捷方式是 Windows 提供的一种快速启动程序、打开文件或文件夹的方法，对经常使用的程序、文件和文件夹非常有用。

当安装软件或用户给文件或文件夹添加桌面快捷方式时，桌面上的图标随之增多。这时可对桌面图标进行管理。

1．设桌面图标

如果桌面图标太过凌乱，则可对图标进行重新排列，具体操作方法如下：

(1) 在桌面的空白位置处单击鼠标右键。

(2) 在弹出的快捷菜单中找到【排序方式】或【查看】。

(3) 在子菜单中可根据【名称】、【大小】、【项目类型】、【修改日期】进行排列，也可以选择【自动排列图标】或【将图标与网格对齐】进行排列，如图 2-2 所示。

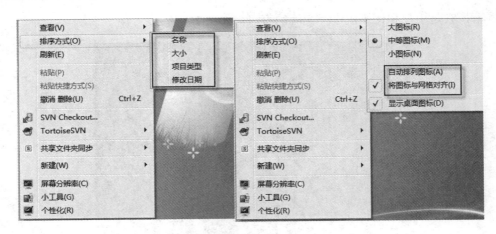

图 2-2 排列桌面图标

2. 设置桌面图标

桌面图标的大小并不是固定不变的,可以根据自己的习惯设置图标大小,具体操作步骤如下:

(1) 在桌面的空白位置处单击鼠标右键。

(2) 在弹出的快捷菜单中找到【查看】。

(3) 在子菜单中选择【大图标】、【中等图标】或【小图标】来设置桌面图标的大小,如图 2-3 所示。

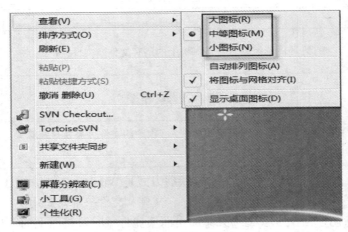

图 2-3 设置桌面图标

2.2.2 【开始】菜单与任务栏

1.【开始】菜单

【开始】菜单按钮是执行应用程序的关键通道,通过该按钮,可以打开各种应用程序,打开文档,可以搜索文件,可以关闭系统,等等。单击【开始】菜单按钮或按下键盘中的 Wins 键,即可打开【开始】菜单,如图 2-4 所示。

图 2-4　【开始】菜单

【开始】菜单中包含以下内容：

(1) 部分程序列表：根据用户的使用习惯，显示使用较为频繁的应用程序。这个列表中的内容会随着时间的推移有所变化。该列表中最多显示 10 个应用程序，超过 10 个后，将会按照时间的先后顺序依次替换。

(2) 所有程序：单击【所有程序】会在左边窗格显示计算机中安装的所有程序，同时【所有程序】变成【返回】。

(3) 搜索框：主要对计算机中的文件、文件夹或应用程序进行搜索。在搜索框中输入需要查询的文件名并按 Enter 键即可对文件进行搜索。

(4) 【关机】按钮：当单击【关机】按钮时，系统会先把本次开机的有关设置保存到硬盘中，然后自动关闭计算机。当光标移至【关机】按钮右边的三角形时，会弹出如图 2-5 所示的选项。

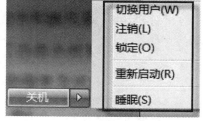

图 2-5　关机选项

① 【切换用户】：不退出和关闭当前用户程序，返回登录界面选择其他用户登录。

② 【注销】：退出并关闭当前用户程序，返回登录界面选择其他用户登录。

③ 【锁定】：对计算机进行锁屏，返回登录界面，但计算机处于开机状态。一般在用户离开一会儿但又不希望别人看自己的电脑时才用锁屏。

④ 【重新启动】：关闭用户程序和操作系统，返回开机自检状态，然后启动操作系统。

⑤ 【睡眠】：系统关闭除了内存外所有设备的供电，按任意键或是移动鼠标，系统会被唤醒，恢复到睡眠前打开的程序及状态。

2. 任务栏

任务栏就是位于桌面最下方的小长条，主要由快速启动栏、应用程序区、通知区域、显示桌面四部分组成，如图 2-6 所示。

图 2-6 任务栏

(1) 快速启动栏：等同于快捷方式，但可以在不显示桌面的情况下方便的使用。其显示在任务栏上，可节省桌面的资源。

(2) 应用程序区：多任务工作时的主要区域之一，可以存放大部分正在运行的程序窗口。

(3) 通知区域：显示正在运行的一些后台程序，如系统时间、输入法、网络连接、声音控制图标等。

(4) 显示桌面：在桌面右下角靠近时钟的一块透明的矩形区域。当鼠标移过这块区域时，所有打开的窗口都变成透明的，只剩个框架。单击一次，桌面上所有运行的窗口将全部消失，再单击一次，又将全部出现。

2.2.3 窗口、对话框、菜单的组成及其操作

1. 窗口的组成及其操作

不同的应用程序其窗口布局不同，功能也不同。下面以常见的【记事本】窗口为例介绍其组成部分及其操作，如图 2-7 所示。

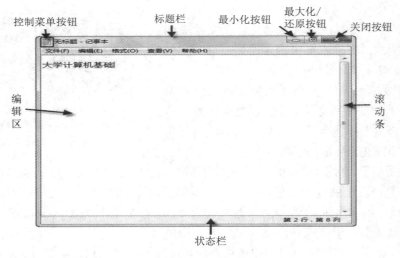

图 2-7 【记事本】窗口

1) 最小化、最大化、还原和关闭

(1) 单击最小化按钮，窗口被缩小为一个按钮，放在任务栏上。

(2) 单击最大化按钮，窗口放大至整个桌面，此时最大化按钮变成还原按钮；单击还原按钮，窗口还原至原来尺寸。

(3) 关闭窗口有以下几种方法：

① 单击关闭按钮。

② 单击菜单中的【文件】|【关闭】。

③ 按 Alt + F4 组合键。

2) 改变窗口大小

将光标移到窗口的边框或四个角的位置，当光标变成双向箭头时，按住鼠标左键拖动边框，即可改变窗口的大小。

3) 移动窗口

将光标放至窗口的标题栏，按住鼠标左键拖动窗口即可移动窗口的位置。

4) 切换窗口

当用户打开多个应用程序时，后打开的窗口会叠在其他窗口之上，位于最上层的窗口称为活动窗口，标题栏呈深色，其他窗口标题栏呈灰色。用户只能对活动窗口进行处理。要把其他窗口变成活动窗口有以下几种方式：

(1) 单击某窗口的任意地方。

(2) 单击任务栏上对应该窗口的图标按钮。

(3) 按 Alt + Tab 组合键切换窗口。

(4) 按 Win + Tab 组合键会呈现 3D 效果切换窗口。

5) Windows 7 新增窗口操作

Windows 7 跟之前版本不一样的地方是新增了一些窗口操作，如：

(1) 将光标移至窗口标题栏，按住鼠标右键拖动窗口至屏幕上方边缘可使窗口最大化。

(2) 将光标移至窗口标题栏，按住鼠标左键拖动窗口至屏幕左侧或右侧可使窗口靠边停靠。

(3) 将光标移至窗口标题栏，按住鼠标左键左右晃动窗口可使其他当前打开中的窗口最小化。

2. 对话框的组成及其操作

在 Windows 操作系统中对话框是比较常见的。对话框与窗口不同，用户可以改变窗口的大小，可以对窗口进行最小化、最大化、还原操作，而对话框的大小一般是固定的，不能改变。

例如，【页面设置】对话框一般由以下元素组成，如图 2-8 所示。

(1) 选项卡：当一个对话框的内容较多时，往往会以选项卡的形式进行分类。选项卡上写明了标签，以便于进行区分。

(2) 文本框：用户可在文本框中输入信息。

(3) 下拉列表框：用户单击下拉列表框右侧的小三角形按钮，会显示一个下拉列表，用户可在下拉列表框中选择其中一个对象。如果列表框容纳不下所显示的对象，则列表框还会有滚动条。

(4) 命令按钮：如图 2-8 中所示的【确定】、【取消】等按钮，单击这些按钮可对相应的操作进行确认。

(5) 单选按钮：用来在一组可选项中选择其中一个。

(6) 复选框：在一组复选框中，用户可以在众多选项中任意选择一个或多个。当用户选中后，在正方形中间会出现一个绿色的"√"标志。

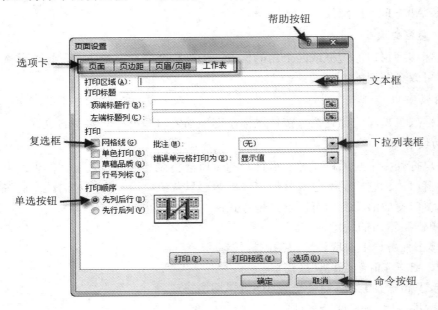

图 2-8　【页面设置】对话框

3. 菜单的组成及其操作

菜单是一组操作命令的集合，通过菜单，用户可以轻松地与计算机进行交互，如图 2-9 所示。

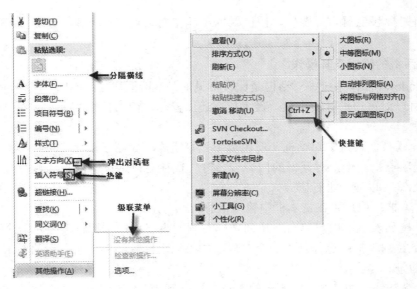

图 2-9　菜单选项

菜单一般由以下元素组成。

(1) 分隔横线：把菜单命令分成若干个功能相近的菜单选项组。

(2) 灰色菜单命令：在目前状态下该命令不可操作。

(3) 省略号"…"：选择该命令后会显示一个对话框，要求输入某种信息或改变某些设置。

(4) 选择符"√"：在该分组菜单中可选中多个选项，被选中的选项前面带有"√"。

(5) 选择符"."：在该分组菜单中只能选中一个选项，被选中的选项前面带有"."。

(6) 级联菜单：菜单命令右侧带有箭头，表示还有下一级子菜单。

(7) 热键：位于菜单命令名右边，用带有下划线的一个字母标识，表示用键盘选择该菜单项时，只需按一下该字母。

(8) 快捷键：按下该快捷键与选取该菜单选项效果一样。

2.2.4　鼠标的使用

鼠标是 Windows 环境下最常用的输入设备，利用鼠标可以很方便地进行各种操作。

1. 鼠标指针(光标)及其含义

常用常见的光标有：

(1) 正常选择光标(也叫指向光标)：移动它可以指向任一个操作对象。

(2) 文字选择光标(也叫插入光标)：出现该光标时才能输入或选择文字。

(3) 精确选择光标(也叫十字光标)：出现该光标时才能绘制各种图形。

(4) 忙或后台忙光标(也叫等待光标)：出现该光标说明系统正在运行程序，需等候，此时不要操作鼠标与键盘。

(5) 链接光标(也叫手指光标)：出现该光标时才能链接到网页或对象。

2. 鼠标的基本操作

(1) 定位：移动鼠标，使光标指向某一对象。

(2) 单击：快击一下鼠标左键后马上释放。

(3) 双击：快击两下鼠标左键后马上释放。

(4) 右击：快击一下鼠标右键后马上释放。

(5) 拖放：按住鼠标一个键不放，将选定的对象拖到目的地后释放。

2.3　文件管理与磁盘管理

2.3.1　认识文件与文件夹

1. 文件

文件是存储在计算机中的一组相关信息的集合，如图片、文档、视频等。每个文件都有自己的文件名。文件名由文件主名和扩展名两部分组成，中间用分隔符"."隔开，格式为"文件主名.扩展名"，如"大学计算机基础.docx"。

主文件名一般由用户自己定义，但要注意以下几点：

(1) 可由字母、数字、空格、下划线、汉字及特殊符号组成，但不能使用以下字符：\、/、：、、*、？、"、<、>、|。

(2) 最长可达 256 个字符。

(3) 文件名不区分大小写，即 setup.exe 和 SETUP.EXE 指的是同一个文件。

(4) 在同一文件夹中文件名不允许重名。

文件的扩展名标识了文件的类型，一般由 1～4 个字符组成。常见的扩展名及其含义如表 2-2 所示。

表 2-2　常见的扩展名及其含义

扩展名	文件类型	扩展名	文件类型
.docx	Word 文档	.rar	压缩文件
.xlsx	Excel 文档	.html	Web 网页
.pptx	PowerPoint 演示文稿	.exe	可执行文件
.txt	文本文档	.mov	视频文件

2. 文件夹

文件夹是存放文件的容器。一个文件夹中可以包含若干个文件和子文件夹。文件夹的命名规则与文件相同，不过一般情况下文件夹名不使用扩展名。

Windows 采用树型目录结构，文件夹树的最高层称为根文件夹，一般是计算机中的磁盘，树枝则是各级子文件夹，而树叶则是文件。每个文件或文件夹的路径是一个地址，表示文件或文件夹的存放位置。计算机中的路径以反斜杠"\"表示。例如，E 盘的"movie"文件夹下的"cartoon"子文件夹中有一个名为"frozen.mov"的文件，则路径为"E:\movie\cartoon\frozen.mov"。

2.3.2　文件/文件夹的操作

计算机中的文件种类繁多，有系统自动生成的，也有用户自己创建的。如果不能对文件进行有效的管理，有秩序的存放，则查找某些文件需要耗费很多的时间。对文件和文件夹基本的操作主要有：查看、搜索、新建、复制、移动、删除、重命名等。

1. 查看文件/文件夹

【计算机】窗口是 Windows 7 提供的对计算机文件进行管理的非常重要的一个入口，如图 2-10 所示。导航栏以树形目录结构的方式显示计算机的所有资源，包括【收藏夹】、【库】、【计算机】、【网络】等。【工作区】显示的是【导航栏】中所选定的内容。

2. 文件/文件夹的视图方式

文件和文件夹的视图方式指的是【计算机】窗口中显示文件和文件夹图标的方式。打开【计算机】窗口，单击【查看】菜单，Windows 7 提供了【超大图标】、【大图标】、【中等图标】等多种视图方式，如图 2-11 所示。

图 2-10　【计算机】窗口

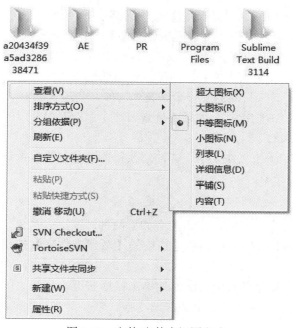

图 2-11　文件/文件夹视图方式

3. 修改其他查看选项

打开【计算机】窗口，选择【工具】|【文件夹选项】菜单命令，打开【文件夹选项】

对话框，单击【查看】选项卡，如图 2-12 所示，可设置是否显示文件或文件夹，是否隐藏已知文件的扩展名等操作。

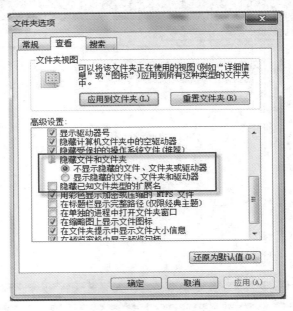

图 2-12　【文件夹选项】对话框

4. 搜索文件/文件夹

在 Windows 7 操作系统中，查找文件/文件夹有以下两种方式：

(1) 单击【开始】菜单，在【搜索程序和文件】中输入要查找的文件/文件夹名。

(2) 打开【计算机】窗口或打开某个文件夹，在搜索框中输入要查找的文件/文件夹名。

如果搜索时不知道确切的文件名，则可以使用通配符"*"或"？"。其中"*"可以通配 0 到多个字符，"？"只能通配一个字符。例如，要搜索以 B 开头的 JPG 文件，则可以在【搜索】框中输入"B*.JPG"，如果要搜索第三个字符是 B 的 JPG 文件，则可以在【搜索】框中输入"??B*.JPG"。

除此之外，还可以添加文件大小、文件修改日期等条件进行筛选查找文件/文件夹。

5. 新建文件/文件夹

1) 新建文件夹

创建文件夹可以有多种方式，常用的有如下两种：

(1) 打开【计算机】窗口，单击菜单栏中的【新建文件夹】按钮，即可快速创建一个文件夹。

(2) 在桌面或其他文件夹的空白位置处单击鼠标右键，从弹出的快捷菜单中选择【新建】|【文件夹】命令，即可创建一个文件夹。

2) 新建文件

创建文件的方式也有很多，具体的操作步骤：在桌面或其他文件夹的空白位置处单击鼠标右键，从弹出的快捷菜单中选择【新建】命令，选择所要创建的文件类型。

3) 创建桌面快捷方式

双击快捷方式图标可以快速启动与之关联的应用程序，不用一层一层地去打开目录，再从一大堆文件中找到正确的可执行文件。快捷方式对经常使用的程序、文件和文件夹非常有用，具体的操作步骤如下：

(1) 找到要创建快捷方式的文件/文件夹/应用程序。

(2) 右键单击文件/文件夹/应用程序，弹出一个如图 2-13 所示的快捷菜单。

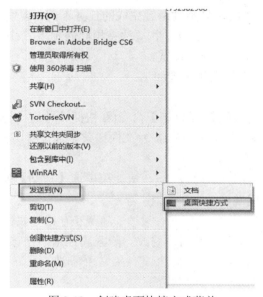

图 2-13　创建桌面快捷方式菜单

(3) 选择【发送到】|【桌面快捷方式】命令，在桌面上就可以看到该文件/文件夹/应用程序的快捷方式图标了。

6. 选择文件/文件夹

一般来说，如果要对文件/文件夹进行复制、移动和删除等操作之前，必须先选定要操作的文件/文件夹。选定文件/文件夹的方式有以下几种：

(1) 选定单个文件/文件夹：单击要选定的文件/文件夹即可。

(2) 选定多个连续的文件/文件夹：先单击要选定的第一个文件/文件夹，按住 Shift 键，再单击最后一个文件/文件夹。

(3) 选定多个不连续的文件/文件夹：先单击第一个文件/文件夹，按住 Ctrl 键，再依次单击要选择的其他文件/文件夹。

(4) 选定所有文件/文件夹：选择菜单栏中的【编辑】|【全选】菜单命令，或按 Ctrl+A 快捷键。

(5) 反向选择文件/文件夹：可先选择不需要的文件(夹)，然后选择菜单栏中的【编辑】|【反向选择】菜单命令。

7. 文件/文件夹重命名

更改已有文件/文件夹的名称有以下几种方式：

(1) 选中文件/文件夹，单击菜单栏中的【文件】|【重命名】，输入名称后按回车键或鼠标在其他空白处单击。

(2) 右键单击该文件/文件夹，在弹出的快捷菜单中选择【重命名】。

(3) 鼠标单击文件/文件夹后，再次单击该文件/文件夹。注意不是双击。

(4) 选中文件/文件夹，按 F2 功能键。

8. 复制和移动文件/文件夹

复制和移动操作基本相同，只不过两者完成的任务不同。复制是在原来的位置保留原文件/文件夹，在新位置保存一个与原文件/文件夹相同的副本。移动就是把原文件/文件夹从原来的位置移走，保存在一个新的位置。

复制或移动文件/文件夹的操作步骤如下：

(1) 选取文件或文件夹。

(2) 复制时单击菜单【编辑】|【复制】命令(在快捷菜单选【复制】或按 Ctrl + C 组合键)，移动时单击菜单【编辑】|【剪切】命令(在快捷菜单选【剪切】或按 Ctrl + X 组合键)。

(3) 移至目标位置。

(4) 单击菜单【编辑】|【粘贴】命令(在快捷菜单选【粘贴】或按 Ctrl + V 组合键)。

9. 设置文件/文件夹属性

在 Windows 7 环境下，文件/文件夹有只读、隐藏和存档等属性。只读属性指的是该文件/文件夹只允许用户读，而不允许用户修改。隐藏属性指的是该文件/文件夹在常规显示中将不被看到。存档属性是为了标记文件/文件夹是否需要备份。

改变一个文件/文件夹属性的步骤如下：

(1) 右键单击要改变属性的文件/文件夹。

(2) 在弹出的快捷菜单中选择【属性】。

(3) 选择要设定的属性，如果要设置存档、压缩等属性，则可选择【高级】按钮，在弹出的对话框中进行相应选择。

(4) 单击【确定】按钮完成。

10. 删除文件/文件夹

对于一些没用的文件，可将它们从磁盘中删除，以节省磁盘空间。删除文件/文件夹的步骤如下：

(1) 选择要删除的文件/文件夹。

(2) 单击菜单栏中的【文件】|【删除】命令(或按 Delete 键)，则弹出如图 2-14 所示的对话框。

图 2-14　删除文件对话框

(3) 单击图 2-14 中的【是】按钮，则将文件删除到回收站中。如果删除的是文件夹，则它所包含的子文件和文件将一并被删除。

特别值得一提的是,从 U 盘、网络驱动器上删除的文件/文件夹将不会被移动到回收站,因此也无法恢复。

2.3.3　回收站的使用

回收站是 Windows 7 用于存储硬盘上被删除文件、文件夹的场所,是硬盘上的一块区域。它为用户提供了一个恢复误删除的机会,一旦回收站被清空,则其中的内容将无法被还原。

如果要还原,则需选中要还原的文件/文件夹,单击菜单栏下的【还原此项目】,或单击右键,在弹出的快捷菜单中选择【还原】。

如果要删除,则需选中要删除的文件/文件夹,单击右键,在弹出的快捷菜单中选择【删除】。如果选择【清空回收站】,则将删除所有文件。

2.3.4　磁盘管理

Windows 7 提供了很多简单易用的系统工具,可用于对磁盘进行管理,包括查看磁盘属性、磁盘清理、磁盘碎片整理等。

1. 查看磁盘属性

打开【计算机】窗口,右键单击要查看的磁盘驱动器,在弹出的快捷菜单中选择【属性】命令,打开【属性】对话框,在其【常规】选项卡中显示了该分区的卷标名、磁盘类型、文件系统、磁盘容量,以及已用空间和可用空间的大小,如图 2-15 所示。

图 2-15　查看磁盘属性

2. 磁盘清理

计算机在工作时会产生许多临时文件,回收站里也存有很多被删除的文件,另外上网时还会留下许多的 Internet 临时文件,这些文件都占用了磁盘空间,而磁盘清理可以识别硬盘里没有用的碎片和垃圾文件，以此提高系统运行速度。

磁盘清理的步骤如下：

(1) 打开【计算机】窗口。

(2) 右键单击要清理的磁盘，在弹出的快捷菜单中选择【属性】。

(3) 在弹出的对话框中选择【常规】选项卡中的【磁盘清理】，如图 2-16 所示。

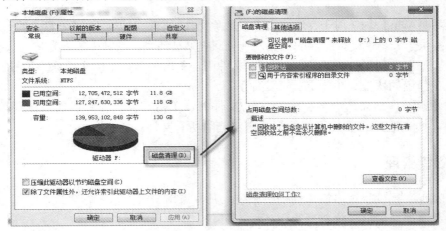

图 2-16　磁盘清理

3. 磁盘碎片整理

计算机使用一段时间后，由于不断地对文件进行存储和删除操作，很多文件就会被零散地放在许多地方，而不是保存在一个连续的磁盘空间中，这些零散的文件被称作磁盘碎片。碎片会降低整个 Windows 的性能。磁盘碎片整理则是把这些零散的碎片排放整齐，尽量使同一个文件的内容存储在连续的磁盘空间中，以提高文件的读写速度。

磁盘碎片整理的步骤如下：

(1) 打开【计算机】窗口。

(2) 右键单击要碎片整理的磁盘，在弹出的快捷菜单中选择【属性】。

(3) 在弹出的对话框中选择【工具】选项卡中的【立即进行碎片整理】，如图 2-17 所示。

图 2-17　磁盘碎片整理

4. 磁盘查错

用户在进行文件的移动、复制、删除，以及安装、删除程序等操作后，可能会出现坏的磁盘扇区，这时可执行磁盘查错程序，以修复文件系统的错误、修复坏扇区等。

磁盘查错的步骤如下：

(1) 打开【计算机】窗口。

(2) 右键单击要查错的磁盘，在弹出的快捷菜单中选择【属性】。

(3) 在弹出的对话框中选择【工具】选项卡中的【开始检查】，如图 2-18 所示。

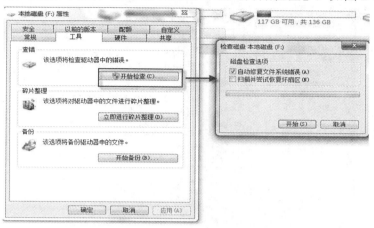

图 2-18　磁盘查错

2.4　Windows 7 系统设置

控制面板是对系统各种属性进行设置和调整的一个工具集。用户可以根据自己的喜好设置显示、键盘、鼠标、桌面等对象，还可以添加或删除程序，进行用户管理等。

启动控制面板的方法很多，较为简单的方法是选择【开始】菜单中的【控制面板】，如图 2-19 所示。

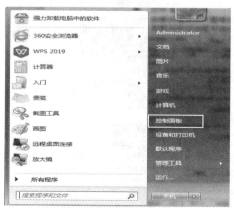

图 2-19　选择【控制面板】

2.4.1 个性化设置

在【控制面板】窗口中选择【外观和个性化】，出现如图 2-20 所示的【外观和个性化】窗口。

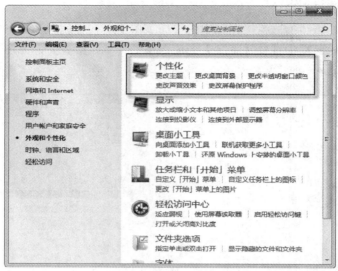

图 2-20 【外观和个性化】窗口

1. 主题

在【外观和个性化】窗口中，单击【个性化】|【更改主题】选项，此时用户可以选择一个新的主题，如图 2-21 所示。主题决定了桌面的总体外观，一旦选择了一个新的主题，桌面背景、屏幕保护程序、外观、显示选项卡中的设置也会随之改变。

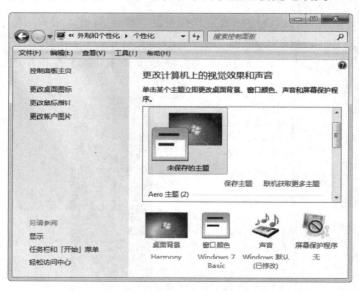

图 2-21 主题设置窗口

2. 桌面背景

在【外观和个性化】窗口中，单击【个性化】|【更改桌面背景】选项，此时用户可以选择自己喜欢的桌面背景，设置桌面的颜色，自定义桌面，如图 2-22 所示。除了系统提供的背景之外，用户还可以单击【浏览】按钮，选择自己喜欢的图片或文档(包括 BMP、GIF、JPEG、DIB、PNG、HTML 等)作为背景。作为背景的图片或 HTML 文档在桌面上的排列方式有填充、适应、拉伸、平铺及居中等方式。

图 2-22　【桌面背景】窗口

3. 屏幕保护程序

一段指定的时间内没有使用计算机时，屏幕保护程序会在屏幕上显示移动的图片。使用屏幕保护程序可以减少屏幕的损耗并保障系统的安全。同时，在用户离开计算机时，可以防止无关人员窥视屏幕。此外，屏幕保护程序还可以设置密码保护，只有用户本人才能恢复屏幕的内容。

在【更改桌面背景】窗口中，单击【个性化】|【更改屏幕保护程序】选项，如图 2-23所示。用户可以通过下列选项对屏幕保护程序进行设置。

(1) 屏幕保护程序：在【屏幕保护程序】下拉框中选择一种屏幕保护程序，如彩带、气泡等。

(2) 设置：对当前选择的屏幕保护程序进行设置。

(3) 预览：使屏幕进入保护程序并观察设置和选择的效果。

(4) 在恢复时显示登录屏幕：选择此选项使得用户在退出屏幕保护时必须输入密码。

(5) 等待：计算机的闲置时间达到指定的数值时，屏幕保护程序将自动启动。

(6) 更改电源设置：可设置屏幕亮度、关闭显示器时间、更改计算机睡眠时间等。

图 2-23　【屏幕保护程序】对话框

2.4.2　设置屏幕分辨率

屏幕分辨率是指屏幕上有多少行扫描线，每行有多少个像素点。例如，分辨率为 1920×1080 表示屏幕上共有 1920×1080 个像素。分辨率越高，屏幕上的项目越小，因此相对增大了桌面上的空间。

在【外观和个性化】窗口中，单击【显示】|【调整屏幕分辨率】选项，即可进入【屏幕分辨率】窗口，如图 2-24 所示。此时用户可选择 800×600～1920×1080 之间的分辨率。在这里用户还可以设置显示器的基本性能，其中颜色质量和屏幕分辨率的设置依据显示适配器类型的不同而有所不同。

图 2-24　【屏幕分辨率】窗口

2.4.3　日期和时间的设置

在【控制面板】窗口中选择【时钟、语言和区域】|【设置日期和时间】，出现如图 2-25 所示的【日期和时间】对话框，此时用户可以对日期和时间进行更改。

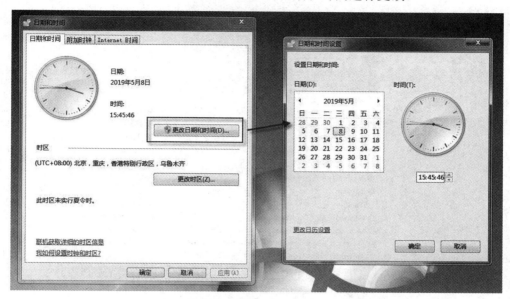

图 2-25　【日期和时间】对话框

2.4.4　添加或删除应用程序

在使用计算机的过程中，常常需要添加或删除已有的应用程序。

1. 添加应用程序

一般有以下几种途径添加应用程序：

(1) 以光盘形式提供应用程序，当在 CD 驱动器或 DVD 驱动器中插入光盘时，系统会立即自动运行安装程序。

(2) 直接运行安装盘中的安装程序(通常是 setup.exe 或 install.exe)。

(3) 若应用程序是从 Internet 上下载的，通常整套软件被捆绑成一个 exe 文件，用户只要直接运行该文件即可。

2. 删除应用程序

应用程序一般不要直接从文件夹中删除，一方面，这种方式不可能删除干净，有些应用程序的 DLL 文件安装在 Windows 主目录中；另一方面，这种方式很可能会删除某些其他程序也需要的 DLL 文件，从而破坏其他依赖这些 DLL 的程序。

删除或卸载程序步骤：单击【控制面板】|【卸载程序】选项，弹出如图 2-26 所示的【卸载或更改程序】窗口，在该窗口中选中要卸载的应用程序，单击【卸载/更改】|【卸载】，即可将选中的已注册的应用程序彻底删除。

图 2-26   【卸载或更改程序】窗口

2.4.5   用户管理

计算机用户账户为用户或计算机提供安全凭证,包括用户名和用户登录所需要的密码,以及用于登录到网络并访问域资源的权利和权限。Windows 7 为用户提供三种类型的账户,不同类型的账户有不同的控制级别。

- 标准账户:用于日常计算机用户。
- 管理员账户:可以对计算机进行最高级别的控制,但只在必要时才使用。
- 来宾账户:主要针对需要临时使用计算机的用户。

1. 创建用户账户

创建一个名为"user"的新账户的操作步骤:单击【控制面板】|【添加或删除用户账户】,弹出如图 2-27 所示的【管理账户】窗口,单击【管理账户】|【创建一个新账户】,弹出如图 2-28 所示的【创建新账户】窗口,在【创建新账户】窗口中输入"user"后单击【创建账户】按钮,则在计算机中出现名为"user"的标准账户。

2. 对用户创建密码

选择账户名,单击【创建密码】,在"新密码"框中输入要设置的密码,然后在"确认新密码"框中输入同一密码后单击【创建密码】。

图 2-27　【管理账户】窗口

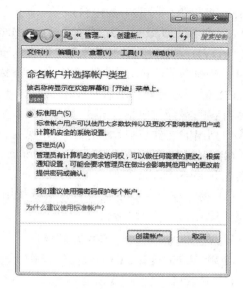

图 2-28　【创建新账户】窗口

3. 删除用户账户

选择要删除的账户名，单击【删除账户】|【删除文件】|【删除账户】，就可删除该账户及所属的所有信息了。

4. 更改用户账户

选择要更改的账户名，单击【更改账户名称】(或更改密码、更改图片、更改账户类型)，在【新账户名】框中输入新的账户名，最后单击【更改名称】。

2.5　Windows 7 附件的应用程序

2.5.1　Windows 7 的 Windows Media Player

多媒体是当今最引人注目的技术。多媒体技术不仅改变了计算机的使用方式，促进了信息技术的发展，而且使计算机的应用深入前所未有的领域，开创了计算机的新时代。

Windows Media Player 是一个把收音机、视频播放器、CD 播放机和信息数据库集合在一起的应用程序。Windows Media Player 是一个通用的媒体播放器，可用于接受以当前最流行格式制作的音频、视频、混合型数字媒体文件。它不仅可以播放本地媒体，而且可以播放流式媒体。本地媒体是指必须下载并存储在计算机上才能播放的数字媒体。流式媒体是指在流入计算机的同时播放的数字媒体内容，它支持常见的 AVI、WAV、MPEG、MIDI、MP3、MOV 等文件格式。

1. Windows Media Player 的功能

(1) 查找和收听广播：在 Windows Media Player 中，可以查找、收听以流媒体方式在

Internet 上提供信号的广播电台。

(2) 使用 CD 或 DVD：在 Windows Media Player 中，可以播放 CD(DVD)；可以将曲目从 CD(DVD)复制(翻录)到媒体库；也可以查看有关 CD(DVD)的信息；还能够跳到 DVD 特定的标题和章节，进行慢速播放、使用特殊功能以及切换音频和字幕语言。

(3) 组织数字媒体文件：Windows Media Player 有一个媒体库，它是计算机上所有数字媒体内容的集合，包括计算机上的所有数字媒体文件以及指向以前播过的内容的链接。媒体库中列出的文件将自动按照音频、视频、播放列表和收音机调谐器预置类别分组。

(4) 查找 Internet 上的 Windows Media 文件：使用"媒体指南"功能，可以查找 Internet 上的 Windows Media 文件。

(5) 将文件复制到便携设备：可以使用"复制到 CD 或设备"功能将音频和视频文件从媒体库复制到便携设备中。

2. Windows Media Player 的使用

使用 Windows Media Player 的操作步骤如下：

(1) 选择【开始】|【所有程序】|【Windows Media Player】，弹出如图 2-29 所示的【Windows Media Player】窗口。

(2) 选择要播放的多媒体文件，可双击媒体库中要播放的多媒体文件，也可把要播放的多媒体文件直接拖放到播放列表框中。

(3) 单击播放按钮。

(4) 选择播放速度、音量、暂停、停止等控制播放。

(5) 播放完关闭 Windows Media Player 应用程序。

图 2-29　【Windows Media Player】窗口

2.5.2　计算器、记事本、画图、压缩软件的应用

1. 计算器的使用

计算器是 Windows 7 在附件中提供的一个办公用的小程序，用户如果需要进行有关的计算，则可以随时调用 Windows 7 的计算器。选择【开始】|【所有程序】|【附件】|【计算器】，即可打开如图 2-30 所示的标准型【计算器】窗口，在此窗口中可进行简单的算术运算。

单击标准型【计算器】窗口中【查看】|【科学型】，切换到如图 2-31 所示的科学型【计算器】窗口，在此窗口中除了可进行简单的算术运算外，还可以进行三角函数、对数、指数、取模等运算。

图 2-30　标准型【计算器】窗口　　　　　　图 2-31　科学型【计算器】窗口

单击标准型【计算器】窗口中【查看】|【程序员】，切换到程序员【计算器】窗口，在此窗口可实现整数的十、二、十六、八进制之间的转换，以及各种逻辑运算等功能。

除此之外，计算器还有统计信息、数字分组、单位转换、日期计算等功能。

2. 记事本的使用

记事本是一个非常便捷、精炼的文本编辑工具，占用的内存很少，能够快速启动。它只能打开和保存纯文本文件，常用于编辑一些文本的内容。具体操作步骤如下：

(1) 启动记事本应用程序。单击【开始】|【所有程序】|【附件】|【记事本】，打开如图 2-32 所示的【记事本】窗口。用户也可以双击文本文件(扩展名为 txt)启动记事本，并自动打开该文件。

(2) 输入文本文件内容。在记事本的文本区输入文本。

(3) 保存和退出记事本应用程序。

① 保存：在完成一个纯文本文件的编辑工作之后，选择【文件】|【保存】或【另存为】命令进行存盘。

② 退出：单击关闭按钮即可退出。

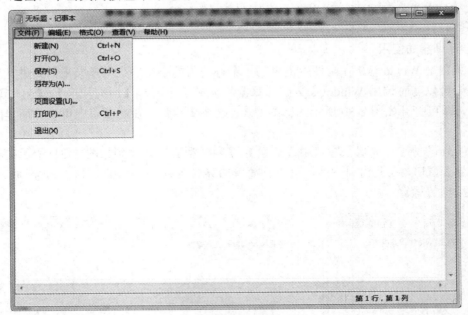

图 2-32　【记事本】窗口

3. 画图程序的应用

画图程序是一个简单易用而又功能强大的绘图程序，通过它用户可以随心所欲地在计算机屏幕上绘出各种颜色、粗细线条和几何图形，还可以在图形中加入文字，并根据需要产生各种特殊效果。使用画图程序绘图的步骤如下：

(1) 启动画图应用程序。单击【开始】|【所有程序】|【附件】|【画图】，或双击某个文件夹中的位图文件图标，即可进入如图 2-33 所示的【画图】应用程序窗口。

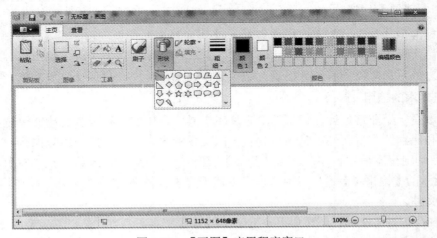

图 2-33　【画图】应用程序窗口

在【画图】应用程序窗口中，标题栏下方有文件下拉菜单和【主页】、【查看】两个标签。

① 文件下拉菜单：与其他编辑软件的文件下拉菜单类似，主要包括新建、打开、保存、另存为、打印等菜单项。

② 【查看】标签：包括缩放、显示或隐藏、显示。

③ 【主页】标签：如图 2-33 所示，包括剪贴板、图像、工具、形状、颜色等选项。

【画图】应用程序窗口的中间区域是工作区，里面有一个空白的画布，这是进行画图的区域，拖动水平和垂直滚动条可移动绘图工作区。

【画图】应用程序窗口的底端是状态栏，提供图的像素、鼠标指针位置等帮助信息。

(2) 绘制、编辑位图文件。打开或新建一个位图文件后，即可在【主页】标签的【工具箱】、【颜色】、【图像】、【剪贴板】等中选择相应的选项进行绘图编辑。

例如，在图 2-33 中单击【形状】，【画图】应用程序窗口就会提出多种形状供用户选择绘图所需的基本图形元素。

此外，还可以进行改变绘图区的大小、选择线宽、选择颜色、绘图图形、填充颜色、在图片中输入文字、选择图形、擦除图形、撤销等操作。

(3) 保存与退出画图应用程序。要保存编辑图形，选择文件下拉菜单中的【保存】(或【另存为】)菜单项，弹出如图 2-34 所示的【另存为】对话框。在导航栏中选择存放图形文件的位置(如选【库】中【图片】文件夹)，然后在【保存类型】下拉框中选择文件保存的类型(如 .jpg)，最后在【文件名】框中输入文件的名称(如"画图 1")。这样编辑的图形以"画图 1.jpg"为文件名保存在【库】|【我的资料】文件夹中。

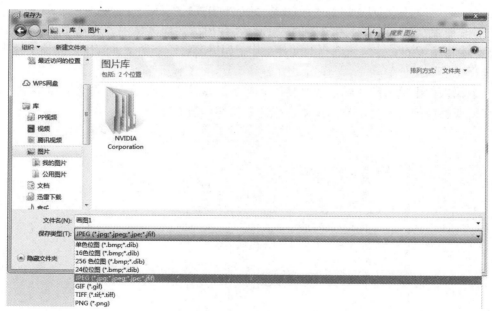

图 2-34　【另存为】对话框

4. 压缩软件 WinRAR 的使用

WinRAR 的文件压缩就是将文件进行处理，使其减少磁盘空间的占用，以利于在盘中保存和在网络中发送、下载，并在解压缩时又能恢复文件的原样。WinRAR 压缩/解压缩速度快，功能强，操作简单，与 Windows 7 整合良好。

(1) 压缩文件或文件夹。选定要压缩的文件或文件夹后右击，在弹出的快捷菜单中选择【添加到压缩文件】命令，弹出如图 2-35 所示的 WinRAR 应用程序的【压缩文件名和参数】对话框。

① 在【常规】选项卡可选择压缩文档的类型(RAR、RAR4、ZIP)，设置压缩文件名。

② 如果在压缩的同时需要加密，则可选择【设置密码】按钮来完成。

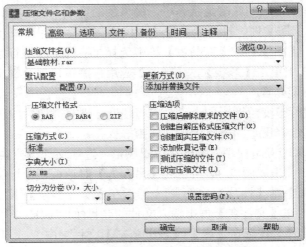

图 2-35　【压缩文件名和参数】对话框

(2) 解压缩文件。右击要解压缩的文件，在弹出的快捷菜单中若选择【解压到当前文件夹】，就将压缩的文件解压到当前文件夹中。如果要将压缩的文件解压到其他文件夹中，则可选择【解压文件】命令，弹出如图 2-36 所示的【解压路径和选项】对话框，在【目标路径】输入框中输入解压缩后的文件所要存放的盘及文件夹，或在右边的窗格中选择解压缩后所要存放的文件夹，然后单击【确定】按钮即可。

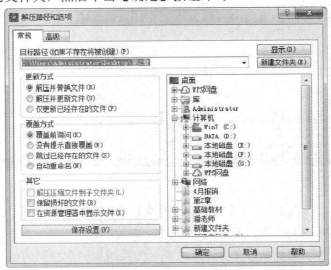

图 2-36　【解压路径和选项】对话框

2.6　中文输入法简介

1．中文输入状态的选择

Windows 7 提供了多种中文输入法：智能 ABC、微软拼音、全拼、郑码等。中文输入法选定后，屏幕上会出现一个中文输入法状态框。如图 2-37 所示为智能 ABC 输入法状态框，各按钮功能如下：

图 2-37　智能 ABC 输入法状态框

(1) ![按钮] 按钮用于打开或关闭中文输入法，也可以使用 Ctrl+Space(空格)键来启动或关闭中文输入法。

(2) ![标准] 按钮用于输入法切换：也可以使用 Ctrl+Shift 键在英文及各种中文输入法之间进行切换。

(3) ![按钮] 按钮用于全角和半角字符的切换。英文字母、数字字符和键盘上出现的其他非控制字符有全角和半角之分。全角字符就是占一个汉字位置。

(4) ![按钮] 按钮用于中文和西文标点符号的切换。如果通过键盘输入中文标点，则状态框必须处于中文标点输入状态，即 ![按钮] 按钮右边的逗号和句号应是空心的。

2．智能 ABC 输入法简介

智能 ABC 输入法功能十分强大，不仅支持全拼输入、简拼输入，还提供混拼输入、笔形输入、音形混合输入、双打输入等多种输入法。此外，智能 ABC 输入法还具有一个约 6 万词条的基本词库，且支持动态词库。智能 ABC 输入法提供了一个使用非常方便且智能的中文输入环境，因此我们重点介绍。

智能 ABC 输入法有两种汉字输入方式：标准和双打。在标准方式下，用户既可以全拼输入，也可以简拼输入，甚至混拼输入。双打方式是智能 ABC 为专业录入人员提供的一种快速输入方式，一个汉字在双打方式下，只需要击键两次：奇次为声母，偶次为韵母。如果单击【标准】按钮，则切换到【双打】方式，如图 2-38 所示。

图 2-38　智能 ABC 输入法的两种汉字输入方式

在这里重点介绍全拼输入，只要用户熟悉汉语拼音，就可以使用全拼输入法。全拼输入法按规范的汉语拼音输入外码，即用 26 个小写英文字母作为 26 个拼音字母的输入外码。

例如，若要输入汉字"上"，只要键入小写字母"shang"，接着按 Space 键，再按数字键"1"即可输入汉字"上"字。而如要输入汉字"殇"，但是当前页没有出现"殇"，则通过单击【■】按钮显示下一页，当看到"殇"字时，按该字左边的序号"3"，即可输入"殇"字，如图 2-39 所示。其他同音字的输入方法与此一样，不再赘述。

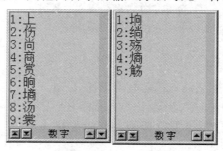

图 2-39　智能 ABC 输入法输入"殇"

本 章 小 结

本章重点介绍了 Windows 操作系统，包括 Windows 7 的基本操作(窗口、菜单、对话框的组成及其操作)、文件管理和磁盘管理(文件/文件夹的命名规则、磁盘的清理备份及格式化等操作)、Windows 7 的系统设置(主题、桌面背景、屏幕保护程序、用户管理等)以及附件中的各种应用程序(记事本、计算器、画图等)。通过这一章知识的讲解，可以达到帮助用户掌握 Windows 7 操作系统的目的，并且为后续章节知识进一步的学习打下良好的基础。

习题　

1．什么是操作系统?

2．操作系统有哪些功能?

3．Windows 7 操作系统有哪些特点?

4．如何排列桌面的图标?

5．窗口和对话框有什么区别?

6．菜单一般由哪些元素组成?

7．鼠标有哪些基本操作?

8．文件名的命名规则是什么?

9．简述常用的扩展名及其含义。

10．如何显示已知文件的扩展名?

11．如何更换桌面背景?

12．如何设置系统的日期和时间?

13．如何卸载程序?

第 3 章

Word 2016 文字处理

本章导读

　　Word 2016 是 Microsoft 公司开发的 Office 2016 办公组件之一，主要用于文字处理工作，可运行于 Windows 系列、Mac OS 等操作系统环境(建议 Windows 10)。Word 2016 旨在提供最好的文档编辑和排版设置工具，利用它可更轻松、高效地组织和编写文档内容，包括：文字、表格、图形、多媒体等。本章通过一个综合文档案例的制作，详细介绍 Word 2016 的各项功能。

本章知识纲要

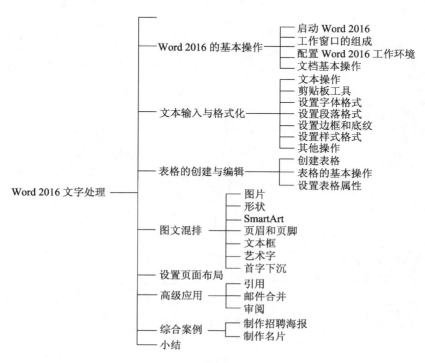

3.1　Word 2016 的新特性

相比之前的版本，Word 2016 增加了许多新特性，主要包括以下几点。

1. 协同工作功能

Word 2016 增加了协同工作的功能，即只要通过共享功能选项发出邀请，就可以与其他使用者一同编辑文件，而且每个使用者编辑过的地方，都会出现提示，让所有人都可以看到哪些段落被编辑过。对于需要合作编辑的文档，这项功能非常方便实用。

2. 搜索框功能

打开 Word 2016，在界面右上方，可以看到一个【告诉我您想要做什么…】的搜索框，在搜索框中输入想要搜索的内容，搜索框会显示相关命令，这些都是标准的 Office 命令，直接单击命令即可执行该命令。对于使用 Word 不熟练的用户来说，将会方便很多。例如在搜索框中输入"段落"可以看到与段落相关的命令，如果要进行段落设置则单击【段落设置】选项，这时会弹出【段落】对话框，可以对段落进行设置，非常方便，如图 3-1 所示。

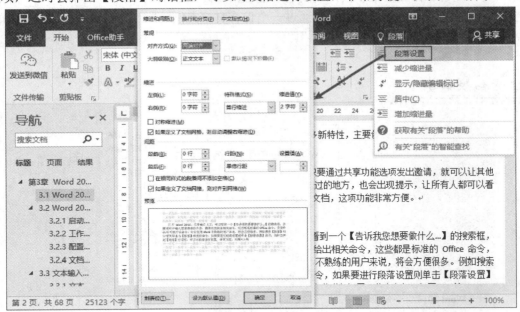

图 3-1　段落设置

3. 云模块与 Office 融为一体

Office 2016 中的云模块已经很好地与 Office 融为一体。用户可以指定"云"作为默认存储路径，也可以继续使用本地硬盘存储。值得注意的是，由于"云"同时也是 Windows 10 的主要功能之一，因此 Office 2016 实际上是为用户打造了一个开放的文档处理平台，通过手机、iPad 或是其他客户端，用户即可随时存取刚刚存放到"云"端上的文件，如图 3-2 所示。

图 3-2　选择"云"作为存储路径

4. 插入菜单增加了【加载项】标签

Office 2016 的插入菜单增加了一个【加载项】标签，里面包含【应用商店】【我的加载项】两个选项，其中主要是微软和第三方开发者开发的一些应用 app，类似于浏览器扩展，是为 Office 提供一些扩充性的功能。比如用户可以下载一款检查器，帮助检查文档的断字或语法问题等，如图 3-3 所示。

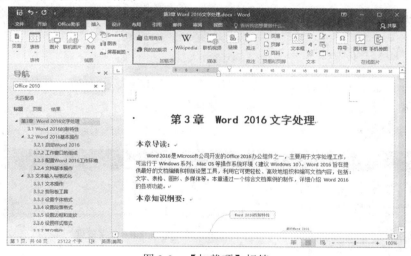

图 3-3　【加载项】标签

3.2　Word 2016 的基本操作

3.2.1　启动 Word 2016

Word 2016 的启动方法很多，常用的启动方法有以下 3 种。

(1) 通过 Windows 开始菜单：选择【开始】|【所有程序】|【Word 2016】，启动 Word 2016，并打开 Word 2016 启动页，如图 3-4 所示。

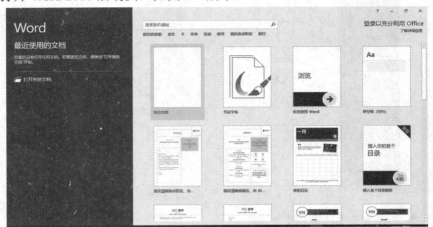

图 3-4　Word 2016 启动页

(2) 通过 Word 2016 快捷方式：在桌面上选中 Word 2016 的快捷方式图标，按 Enter 键或双击鼠标左键即可启动 Word 2016，并进入如图 3-4 所示的 Word 2016 启动页。

(3) 通过 Word 2016 关联文件图标(文件扩展名为 .docx)：选中已经保存过的 Word 2016 文件，按 Enter 键或双击鼠标左键即可启动 Word 2016，并打开该 Word 文档内容。

3.2.2　工作窗口的组成

启动 Word 2016 后，工作窗口的主要元素包括：标题栏、选项卡、功能区、导航窗格、标尺、编辑区、滚动条、状态栏等，如图 3-5 所示。

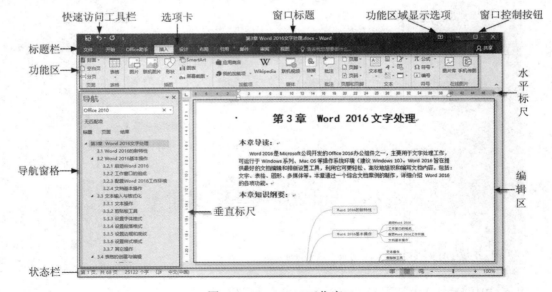

图 3-5　Word 2016 工作窗口

下面对工作窗口中的部分主要元素进行说明。

1. 标题栏

标题栏位于 Word 2016 窗口的最顶端，包含以下 4 个部分：

(1) 快速访问工具栏：提供默认的命令按钮或用户添加的命令按钮，可以使用户能够快速使用对应的命令。

(2) 窗口标题：在快速访问工具栏右侧显示文档名和应用程序名(Word)。

(3) 功能区域显示选项：用于设置功能区域的显示和隐藏，包括【自动隐藏功能区】、【显示选项卡】、【显示选项卡和命令】3 个命令功能。

(4) 窗口控制按钮：包含了【最小化】、【最大化(还原)】和【关闭】3 个命令按钮。

2. 选项卡及功能区

Word 2016 采用选项卡的方式取代了传统 Word 的菜单栏，每个选项卡即是对 Word 2016 各项功能的分类，集成了 Word 2016 的所有操作，主要包括：【文件】、【开始】、【Office 助手】、【插入】、【设计】、【布局】、【引用】、【邮件】、【审阅】、【视图】等，如图 3-6 所示。

图 3-6　Word 2016 选项卡及功能区

选择选项卡(除了文件选项卡)后，即可打开该选项卡相应的功能区，每个功能区又分为若干功能组，每个功能组提供该选项卡常用的命令按钮或列表框。

(1)【文件】选项卡。

选择【文件】选项卡，在弹出的菜单中包含【信息】、【新建】、【打开】、【保存】、【另存为】、【打印】、【共享】、【导出】、【关闭】、【账户】、【选项】等命令。

(2)【开始】选项卡功能区。

选择【开始】选项卡，在打开的功能区中包含【文件传输】功能组、【剪贴板】功能组、【字体】功能组、【段落】功能组、【样式】功能组、【编辑】功能组，如图 3-7 所示。

图 3-7　【开始】选项卡功能区

(3)【Office 助手】选项卡功能区。

选择【Office 助手】选项卡，在打开的功能区中包含【账户】功能组、【整套模板】功能组、【素材】功能组和【工具】功能组，如图3-8所示。

图3-8　【Office助手】选项卡功能区

(4)【插入】选项卡功能区。

选择【插入】选项卡，在打开的功能区中包含【页面】功能组、【表格】功能组、【插图】功能组、【加载项】功能组、【媒体】功能组、【链接】功能组、【批注】功能组、【页眉和页脚】功能组、【文本】功能组、【符号】功能组和【在线图片】功能组，如图3-9所示。

图3-9　【插入】选项卡功能区

(5)【设计】选项卡功能区。

选择【设计】选项卡，在打开的功能区中包含【文档格式】功能组和【页面背景】功能组，如图3-10所示。

图3-10　【设计】选项卡功能区

(6)【布局】选项卡功能区。

选择【布局】选项卡，在打开的功能区中包含【页面设置】功能组、【稿纸】功能组、【段落】功能组和【排列】功能组，如图3-11所示。

图3-11　【布局】选项卡功能区

(7)【引用】选项卡功能区。

选择【引用】选项卡，在打开的功能区中包含【目录】功能组、【脚注】功能组、【引文与书目】功能组、【题注】功能组、【索引】功能组和【引文目录】功能组，如图3-12所示。

图 3-12　【引用】选项卡功能区

(8)【邮件】选项卡功能区。

选择【邮件】选项卡，在打开的功能区中包含【创建】功能组、【开始邮件合并】功能组、【编写和插入域】功能组、【预览结果】功能组和【完成】功能组，如图 3-13 所示。

图 3-13　【邮件】选项卡功能区

(9)【审阅】选项卡功能区。

选择【审阅】选项卡，在打开的功能区中包含【校对】功能组、【见解】功能组、【语言】功能组、【中文简繁转换】功能组、【批注】功能组、【修订】功能组、【更改】功能组、【比较】功能组、【保护】功能组和【OneNote】功能组，如图 3-14 所示。

图 3-14　【审阅】选项卡功能区

(10)【视图】选项卡功能区。

选择【视图】选项卡，在打开的功能区中包含【视图】功能组、【显示】功能组、【显示比例】功能组、【窗口】功能组、【宏】功能组和【SharePoint】功能组，如图 3-15 所示。

图 3-15　【视图】选项卡功能区

3. 标尺

标尺包括水平和垂直两种，标尺除了显示文字所在的实际位置、页边距尺寸外，还可以用于排版时设置对齐、缩进、制表位等。

4. 状态栏

状态栏位于 Word 工作窗口的最底端，是用于提供页码、字数统计、拼音语法检查、改写、视图方式、缩放比例调整等辅助功能的区域，实时地为用户显示当前 Word 的工作信息。

3.2.3　配置 Word 2016 工作环境

启动 Word 2016 后，在工作窗口就可以对工作环境进行配置，主要有以下 3 个方面。

(1) 修改自动保存时间间隔。

Word 2016 默认情况下每隔 10 分钟自动保存一次文件，可以根据实际情况设置自动保存时间间隔。

选择【文件】|【选项】命令，弹出【Word 选项】对话框，选择左侧【保存】命令，在右侧【保存自动恢复信息时间间隔】编辑框中设置合适的数值，并单击【确定】按钮。

(2) 设置文件的默认保存路径。

我们在保存新建的 Word 2016 文件时，其默认的保存路径是【我的文档】。其实，该默认路径是可以自己设置的。

选择【文件】|【选项】命令，弹出【Word 选项】对话框，选择左侧【保存】命令，单击右侧【默认本地文件位置】|【浏览】按钮，选择一个存储路径，然后单击【确定】按钮。【自定义文档保存方式】对话框如图 3-16 所示。

图 3-16　【自定义文档保存方式】对话框

(3) 取消自动更正。

在输入和编辑过程中，Word 2016 默认带有一些自动更正功能，例如：输入"1."并按

Enter 键后，将在下一行出现 "2."，并且这两行将变为编号格式；输入直引号将自动变为弯引号等。严重的情况下，自动更正会让用户无法完成操作，因此应根据需要取消一些默认的自动更正。

选择【文件】|【选项】命令，弹出【Word 选项】对话框，选择左侧【校对】命令，单击右侧【自动更正选项】按钮，弹出【自动更正】对话框，选择【自动套用格式】和【键入时自动套用格式】选项卡，可以根据需要取消一些自动更正的复选框选项。

【自动套用格式】选项卡对话框如图 3-17 所示，【键入时自动套用格式】选项卡对话框如图 3-18 所示。

图 3-17　【自动套用格式】选项卡对话框

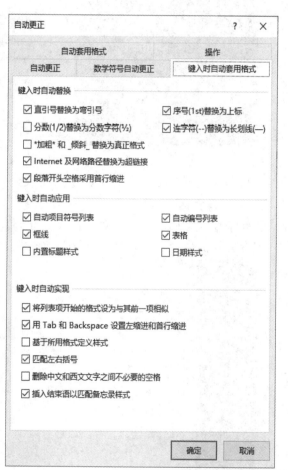

图 3-18　【键入时自动套用格式】选项卡对话框

3.2.4　文档基本操作

1. 创建文档

启动 Word 2016 后，在窗口左侧显示最近使用的文档，可直接选择并打开文档，在窗口右侧显示账户信息以及新建空白文档的选择项，也可以在搜索框中搜索模板并创建基于模板的文档, 如图 3-19 所示。

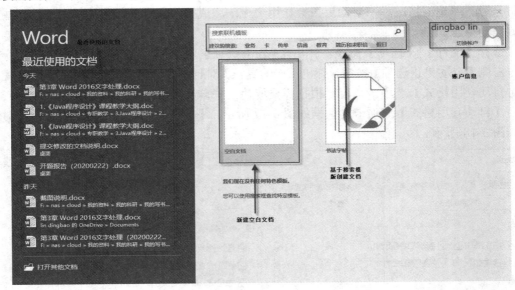

图 3-19 【新建】文档

另外, 还可以利用快捷键 Ctrl + N 新建一个空白文档。

2. 保存文档

对于新建文档, 选择【文件】|【另存为】命令, 显示【另存为】页面, 在该页面中选择保存文档的位置, 可以是云存储、本地存储或其他位置存储, 如图 3-20 所示。

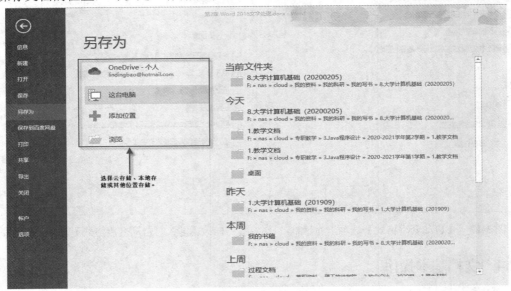

图 3-20 【另存为】文档

如果对已经存盘过的 Word 2016 文档不修改保存路径也不修改文件名进行保存时, 只需单击快速访问工具栏中的【保存】命令█, 或选择【文件】|【保存】命令即可。

3. 打开文档

选择【文件】|【打开】命令，显示【打开】页面，在该页面中可选择最近使用的文档打开，也可以选择云或本地存储中的指定位置文档打开，打开后即可以对该文档进行编辑排版，如图 3-21 所示。

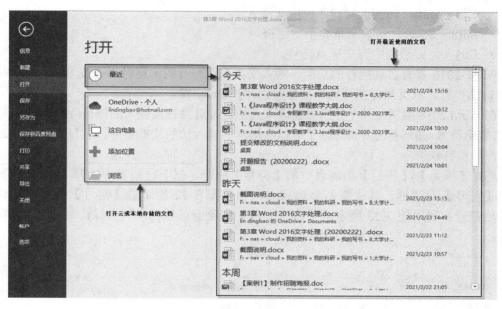

图 3-21　【打开】文档

4. 关闭文档

关闭 Word 2016 文档的方法主要包括以下几种：

(1) 选择【文件】|【关闭】命令。

(2) 单击 Word 2016 窗口右上角【窗口控制按钮】中的【关闭】按钮 。

(3) 将鼠标指针移至 Windows 操作系统任务栏的 处，在预览窗口中单击【关闭】按钮 。

(4) 右键单击 Windows 操作系统任务栏的 处，在打开的快捷菜单中选择【关闭窗口】命令，如需关闭当前所有打开的文档，则选择【关闭所有窗口】命令。

(5) 使用组合快捷键 Alt + F4 关闭当前打开并激活的文档。

3.3　文本输入与格式化

3.3.1　文本操作

文本编辑有两种情况：一种是新建一个文档，输入有关文本的内容，再进行编辑；另一种是打开已有的文档，然后进行修改。在文本编辑的过程中需要掌握以下知识。

1. 输入文本

在 Word 2016 文档中，英文和数字可直接输入，如果输入汉字，应选择一种中文输入法。可以使用快捷键切换各种输入法、中英文标点符号以及全角和半角字符。

- Ctrl + Space：切换中英文输入法。
- Ctrl + Shift：切换英文和各种中文输入法。
- Shift + Space：切换全角和半角字符。
- Ctrl + . ：切换中英文标点符号。

Word 2016 具有自动换行的功能，输入文本到达一行的末尾时不必按 Enter 键，Word 2016 自动换行，只有当需要开始新段落时，才按 Enter 键。

在 Word 2016 编辑过程中，当需要输入无法通过键盘直接输入的符号(如希腊文、日文字符、数学符号、图形符号等)时，除了可以使用汉字输入法的软键盘外，还可使用 Word 2016 中的符号和特殊符号。

选择【插入】|【符号】功能组中的【符号】命令，在下拉列表中选择【其他符号】，出现【符号】对话框，其中有两个选项卡，利用图 3-22 所示的【符号】选项卡可以插入各种符号；利用图 3-23 所示的【特殊字符】选项卡可以插入™(商标)、©(版权)等特殊符号。

图 3-22　【符号】选项卡　　　　　　图 3-23　【特殊字符】选项卡

在使用键盘输入文本时，如果状态栏中显示为【改写】，表示是在光标后面插入文本，则插入的文本将覆盖光标后面的内容；若单击状态栏中的【改写】，则切换为【插入】状态，此时是在光标前面插入文本，且插入的文本不会覆盖光标后的内容。

2. 选择文本

选择文本的目的是能够更方便地执行文本的移动、删除、复制、格式设置等编辑工作。可以使用鼠标、键盘或功能键来选择文本，使用鼠标和键盘功能键选择文本的常见操作如表 3-1 所示。

表 3-1　使用鼠标和键盘功能键选择文本的常见操作

序号	选定内容	操作方法
1	任意大小的文本区	从开头到结尾：将光标置于要选择的文字前，按下鼠标左键向后拖曳，直至所选定的文本区的最后一个文字松开鼠标左键； 从结尾到开头：按上述操作反方向进行
		从开头到结尾：鼠标左键单击选定区域开始处，按住 Shift 键，再配合垂直滚动条或键盘方向键移至选定区域的末尾，然后单击鼠标左键； 从结尾到开头：按上述操作反方向进行
2	一个词	在一个词内或文字上双击鼠标左键，可选择整个词和文字
		首先将光标放置在适当位置，根据以下选择方向进行操作： 从开头到结尾：Ctrl + Shift + → 从结尾到开头：Ctrl + Shift + ←
3	不连续的文本区	先选择一块文本区，按住 Ctrl 键不动，继续使用鼠标选择其他文本区
4	一个句子	按住 Ctrl 键，将光标移到所要选择的句子的任意处单击鼠标左键
5	一行文本	将光标置于选定行的左侧，当鼠标指针呈 ⌐ 形状时，单击鼠标左键
6	一个段落	在一段文本内连续三次单击鼠标左键，或将鼠标指针移到所要选定段落的左侧，当鼠标指针呈 ⌐ 形状时，双击鼠标左键，均可选取整个段落文字
7	矩形区域的文本	将鼠标指针移到所选区域的左上角，按住 Alt 键，拖动鼠标直到区域的右下角，松开鼠标
8	整个文档	将鼠标指针移到文档左侧，当鼠标指针呈 ⌐ 形状时，连续三次单击鼠标左键；或使用组合快捷键 Ctrl+A 选择全文

3. 删除文本

选择文本后，按下键盘上 Delete 删除键或 Backspace 退格键，也可以单击【开始】选项卡中的【剪贴板】功能组的剪切按钮，即可完成对选定文本内容的删除操作。

3.3.2　剪贴板工具

1. 剪切(移动)

最常见的移动文本内容的方法是粘贴法和拖动法。

(1) 剪切-粘贴法。

选定要移动的文本，使用快捷键 Ctrl + X 或单击鼠标右键，在弹出的菜单中选择【剪切】，将选定文本移到粘贴板上，然后将插入点移动到目标位置，使用快捷键 Ctrl + V 或单击鼠标右键，在弹出的菜单中选择【粘贴】，即可将选定的文本(包含文本格式)移到指定的位置。

如果只想复制文本内容而不复制文本的格式，单击【开始】|【剪贴板】功能组中的【粘贴】按钮，打开【粘贴选项】窗口，如图 3-24 所示，可选择保留源格式、合并格式和只保留文本。如果需要设置更多的选项，可选择【选择性粘贴】命令，在弹出的【选择性粘贴】

对话框中选择需要的形式。

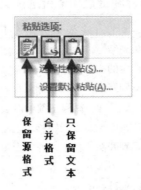

图 3-24 【粘贴选项】窗口

(2) 拖动法。

选定要移动的文本，鼠标指针指向选定的文本区，当鼠标指针变成 ⌀ 形状时，按住鼠标左键，将该文本块拖动(鼠标指针形状变为 ⌀)到目标位置，然后释放鼠标，选定的文本(包含文本格式)便从原来的位置移到指定的位置。

2. 复制

最常见的复制文本内容的方法是粘贴法、拖动法以及使用 Office 剪贴板的内容。

(1) 复制-粘贴法。

选定要复制的文本，使用快捷键 Ctrl+C 或单击鼠标右键，在弹出的菜单中选择【复制】，将选定文本复制到粘贴板上，然后将插入点移动到目标位置，使用组合快捷键 Ctrl + V 或单击鼠标右键，在弹出的菜单中选择【粘贴】，即可将选定的文本(包含文本格式)复制到指定的位置。

如果只想复制文本内容而不复制文本的格式，单击【开始】|【剪贴板】功能组中的【粘贴】按钮，打开【粘贴选项】窗口，可选择保留源格式、合并格式和只保留文本，如图 3-24 所示。如果需要设置更多的选项，可选择【选择性粘贴】命令，在弹出的【选择性粘贴】对话框中选择需要的形式。

(2) 拖动法。

选定要复制的文本，鼠标指针指向选定的文本区，当鼠标指针变成 ⌀ 形状时，按住键盘上的 Ctrl 键同时按住鼠标左键，将该文本块拖动(鼠标指针形状变为 ⌀)到目标位置，然后释放鼠标，选定的文本(包含文本格式)便从原来的位置被复制到指定的位置。

(3) Office 剪贴板。

Office 剪贴板允许从 Office 文档或其他程序复制多个文本和图形项目，并将其粘贴到另外一个 Office 文档中。在 Office 中，每次使用【复制】或【剪切】命令，在剪贴板任务窗格中将显示一个包含代表源程序的图标和对应被复制或剪切的内容，Office 剪贴板可容纳 24 次被复制或剪切的内容。

显示 Office 剪贴板任务窗格的操作步骤为单击【开始】|【剪贴板】功能组右下方的对话框启动器按钮 ⌀，如图 3-25 所示，将在窗口左侧显示 Office【剪贴板】任务窗格，如图 3-26 所示。

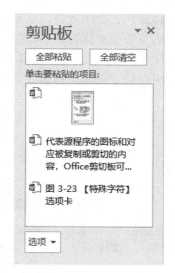

图 3-26　【剪贴板】任务窗格

图 3-25　【剪贴板】功能组

从【剪贴板】任务窗格中粘贴需要的内容的操作方法：先单击插入点，然后在【剪贴板】任务窗格中单击要粘贴的项目即可。

如果使用组合快捷键 Ctrl + V 或单击鼠标右键，在弹出的菜单中选择【粘贴】，或直接单击【剪贴板】功能组上的【粘贴】按钮，则粘贴的是最后一次放入【剪贴板】任务窗格中的内容。

3. 格式刷

使用【开始】选项卡中【剪贴板】功能组的【格式刷】命令，可以把被选中内容的格式复制到其他内容上。简单来说，格式刷的主要作用就是复制格式。

(1) 用格式刷复制格式。

选择要复制格式的内容(文本或图形等)，如果要复制的是文本的格式，则选择段落的一部分内容；如果要复制文本和段落的格式，则选择整个段落，包括段落标记。然后单击【开始】|【剪贴板】功能组中的【格式刷】命令，当鼠标指针形状变为 ▲ 时，在目标内容区域内拖动鼠标，当释放鼠标后即可将格式应用到目标内容上。

(2) 连续使用格式刷。

一般选择【格式刷】命令后是不能连续应用到目标内容上的，如果需要连续使用格式刷，则在选择要复制格式的内容后，双击【格式刷】命令即可连续使用格式刷复制格式到其他内容上。

(3) 取消格式刷。

单击【格式刷】命令，当鼠标指针形状变为 ▲Ⅰ 时，即可使用【格式刷】工具复制格式，如果需要取消该状态，则可直接按下键盘上的 Esc 键，或再次单击【格式刷】命令。

3.3.3　设置字体格式

选定要设置格式的文本，在【开始】选项卡的【字体】功能组中可以对文本设置字体、字号、字形、字体颜色、文字效果、下划线、上标、下标、字符边框、字符底纹等，单击【字体】功能组右下方的对话框启动器按钮，打开【字体】对话框。在【字体】选项卡中，可以同时对西文字体、下划线颜色以及着重号等进行具体设置，如图3-27所示；在【高级】选项卡中，可以对字符间距的缩放、间距和位置等进行设置，如图3-28所示。

图3-27　【字体】选项卡　　　　　　　　　　图3-28　【高级】选项卡

单击【字体】对话框中的【高级】|【文字效果】按钮，打开【设置文本效果格式】对话框，可以对文本填充、文本边框、阴影、映像等文本效果格式进行设置，如图3-29所示。

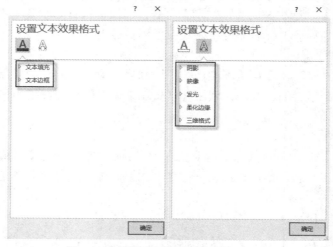

图3-29　【设置文本效果格式】对话框

3.3.4　设置段落格式

1. 段落

选定目标段落，选择【开始】|【段落】功能组，单击右下方的对话框启动器按钮 ，打开【段落】对话框，如图 3-30 所示。在【段落】对话框中的【缩进和间距】选项卡中可以对段落的左侧和右侧缩进、特殊格式(包含"首行缩进"和"悬挂缩进")、段前和段后间距以及行距进行设置。

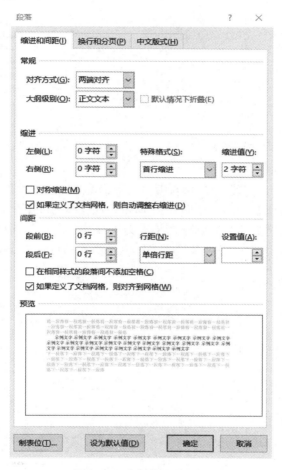

图 3-30　【段落】对话框

2. 项目符号

选中需要设置项目符号的段落，单击【开始】|【段落】功能组中的"项目符号"下拉按钮，弹出【项目符号库】页面，如图 3-31 所示，在【项目符号库】中选择一种项目符号。

如果需要选择其他符号，则可以选择【定义新项目符号】命令，弹出【定义新项目符号】对话框，如图 3-32 所示，单击【符号】按钮，打开如图 3-22 所示的对话框，选择需要的符号。

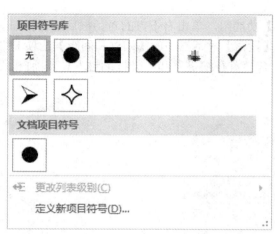

图 3-31　【项目符号库】页面

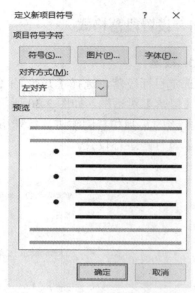

图 3-32　【定义新项目符号】对话框

3. 编号

在很多文档编辑中，常常会用到项目编号，单击【开始】|【段落】功能组中的"编号"下拉按钮，弹出【编号库】页面，如图 3-33 所示，在【编号库】中选择一种编号。

如果需要修改或自定义编号，则选择【定义新编号格式】命令，打开【定义新编号格式】对话框，如图 3-34 所示，可对编号样式、编号格式和对齐方式进行设置。

图 3-33　【编号库】页面

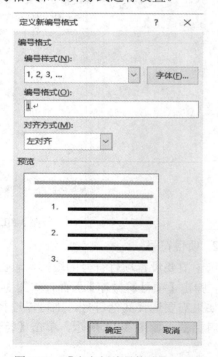

图 3-34　【定义新编号格式】对话框

3.3.5　设置边框和底纹

1. 文字边框与底纹

(1) 设置文字边框。

选中目标文字，选择【开始】|【字体】功能组中的"字符边框"命令 Ⓐ，可为选定文本添加固定的黑色单实线边框。如果要设定其他边框，可以打开上述图 3-29 所示的【设置文本效果格式】对话框进行设置。

(2) 设置文字底纹。

选中目标文字，选择【开始】|【字体】功能组中的"字符底纹"命令 Ⓐ，可为选定文本添加固定的灰色底纹。如果要设定不同颜色或图案的底纹，可以打开图 3-29 所示的【设置文本效果格式】对话框进行设置。

文字的边框与底纹还可以通过下面讲解的段落边框与底纹的方法来设置，只需将【应用于】下拉列表中选择的"段落"改选为"文字"即可。

2. 段落边框与底纹

选中目标段落，单击【开始】|【段落】功能组中的"边框"下拉按钮，选择【边框和底纹】命令，如图 3-35 所示。

图 3-35　【边框】下拉列表

(1) 设置段落边框。

在打开的【边框和底纹】对话框中，选择【边框】选项卡，如图 3-36 所示，在左边的【设置】一栏可以选择不同的边框，在中间一列可分别对线型样式、颜色与宽度进行设置，在【预览】窗口预览设置的效果，在【应用于】下拉列表中选择"段落"，即可为段落添加边框，选择"文字"则为文字添加边框。

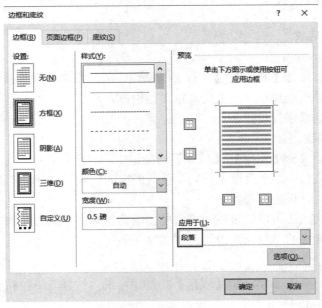

图 3-36　【边框】选项卡

(2) 设置段落底纹。

在打开的【边框和底纹】对话框中，选择【底纹】选项卡，如图 3-37 所示，同样可为文字或段落设置底纹填充颜色或图案样式。在右边的【预览】窗口下可以显示设置底纹后的效果，在【应用于】下拉列表中可以选择是对文字还是对段落应用底纹格式。

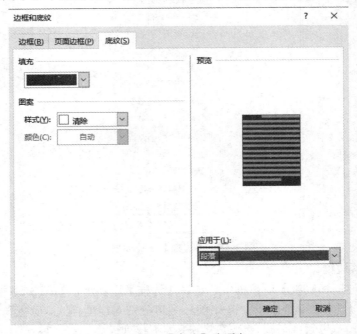

图 3-37　【底纹】选项卡

3.3.6　设置样式格式

1. 定义标题样式

书籍、毕业论文等都需要用到目录。创建目录前必须先规划各级标题样式，规划样式后，就可以非常方便地应用 Word 2016 所提供的自动创建目录的功能来创建目录。定义标题样式步骤如下：

(1) 选择【开始】|【样式】功能组，右击【标题 1】样式，在弹出的快捷菜单中选择【修改】命令，打开【修改样式】对话框，如图 3-38 所示。

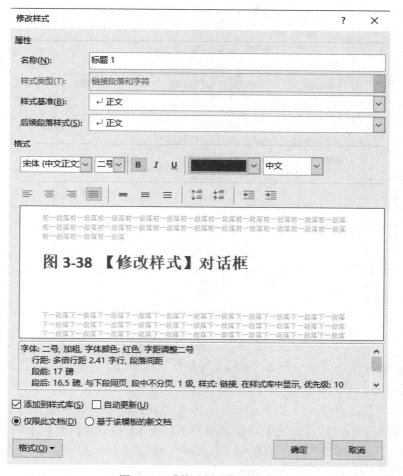

图 3-38　【修改样式】对话框

(2) 在【修改样式】对话框中对"标题 1"样式的字体格式(字体、字号、字形、对齐方式、字体颜色等)进行设置。

(3) 单击左下角的【格式】按钮，在弹出的菜单中选择【段落】命令，打开【段落】对话框，在该对话框中选择【大纲级别】为"1 级"，如图 3-39 所示，再根据前面所学知识对段落的缩进、特殊格式、段间距以及行距等格式进行设置。

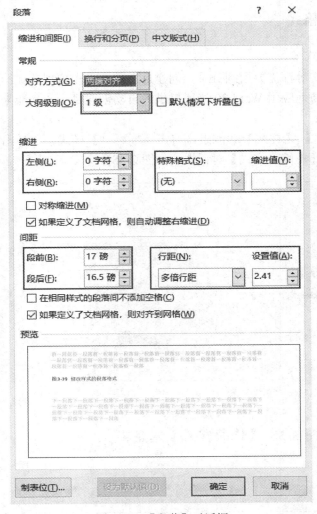

图 3-39 【段落】对话框

采用同样的方法可以对标题 2、标题 3 等样式进行修改。

2. 应用样式

首先选中需要设置样式的文本，如图 3-40 中的标题，即 "第 3 章 Word 2016 文字处理"，然后选择【开始】|【样式】功能组中的【标题 1】样式，就可以把修改好的【标题 1】样式应用于文档的第一行，即标题。按照和设置标题 1 样式同样的步骤操作，可以容易地将【标题 2】样式应用于【3.2 Word 2016 的基本操作】等二级目录，将【标题 3】样式应用于【3.2.1 启动 Word 2016】等三级目录。

也可以将 Word 的视图切换到大纲视图，切换步骤：选择【视图】|【视图】功能组中的【大纲视图】命令。然后将 "第 3 章 Word 2016 文字处理" 设置为 "1 级"，"3.1Word 2016 的新特性" "3.2 Word 2016 的基本操作" 等二级目录设置为 "2 级"，"3.2.1 启动 Word 2016" "3.2.2 工作窗口的组成" 等三级目录设置为 "3 级"，如图 3-41 所示。

图 3-40　应用标题样式

图 3-41　在大纲视图下设置标题级别

3.3.7　其他操作

1. 撤销与恢复

在编辑文档的过程中，如果对先前所做的工作不满意，可以使用撤销与恢复操作，Word 2016 支持多级撤销和多级恢复。

(1) 撤销。

常见的撤销操作方法有以下几种：

单击快速访问工具栏上的撤销按钮 🔙 (或使用组合快捷键 Ctrl + Z)，可取消对文档的最后一次操作。

多次单击快速访问工具栏上的撤销按钮 🔙 (或多次使用组合快捷键 Ctrl + Z)，可依次从后向前取消对文档所做的多次操作。

单击快速访问工具栏上的撤销按钮右侧的下拉箭头，打开可撤销的操作列表，可选择其中某次操作，此时将一次性撤销此操作及之后的所有操作(即该操作列表选中操作上方的所有操作)。

(2) 恢复。

在撤销某操作后，如果想恢复被撤销的操作，可单击快速访问工具栏上的恢复按钮 ⏻。如果不能恢复上一项操作，该按钮将变为灰色，即无法恢复。

2. 查找与替换

Word 2016 有强大的查找和替换功能，既可以查找和替换文本，也可以查找和替换文本的各种形式，而且还可以使用通配符简化查找。

选择【开始】|【编辑】功能组中的【替换】命令，打开如图 3-42 所示的【查找和替换】对话框，在【查找内容】文本框中输入要查找的文本，【替换为】处输入要替换的文本，单击【查找下一处】按钮开始查找指定内容；单击【替换】按钮替换当前选定文本；

单击【全部替换】按钮可完成选定文本区或全文替换。在图 3-42 所示的选项卡中，单击【更多】按钮还可以对查找内容进行格式条件设置，也可以对替换内容的格式进行设置，如图 3-43 所示。

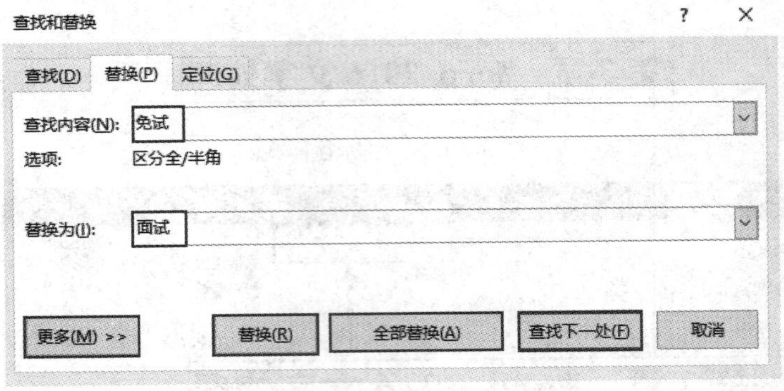

图 3-42　【查找和替换】对话框

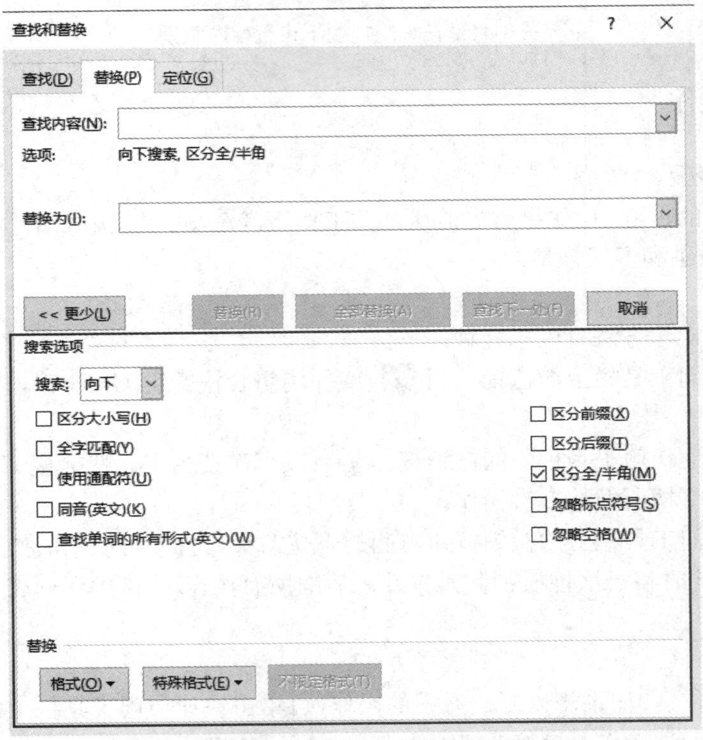

图 3-43　【查找和替换】|【更多】对话框

3.4　表格的创建与编辑

表格具有简洁明了、排列规整的特点，在 Word 文档中可以使用表格方便地组织和编排文字、图像等内容，甚至可以进行排序、统计等基本的数据操作，所以说表格是文档处理中最常见的一种工具。

3.4.1　创建表格

要创建或插入表格，可以使用以下几种方法：

(1) 使用功能区的命令按钮创建表格。

① 将光标定位到文档中要插入表格的位置。

② 单击【插入】|【表格】功能组中的【表格】命令按钮，打开如图 3-44 所示的网格示意图。

③ 在网格示意图中向右下方移动鼠标(网格上方显示当前插入的表格所具有的"行数×列数")，确定需要插入表格的行数和列数后单击鼠标左键，即可在插入点位置插入选定规格的表格。

(2) 使用【插入表格】命令插入表格。

① 将光标定位到文档中要插入表格的位置。

② 选择图 3-44 所示的【插入表格】命令，打开【插入表格】对话框，如图 3-45 所示。

③ 在弹出的【插入表格】对话框中，根据需要输入行数、列数以及选择【"自动调整"操作】，并单击【确定】按钮，即可在插入点插入表格。

图 3-44　插入表格的网格示意图

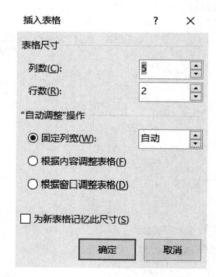

图 3-45　【插入表格】对话框

(3) 绘制自由表格。

① 选择图 3-44 所示的【绘制表格】命令，鼠标指针形状变为 ⬗。

② 拖动鼠标在目标区域内进行绘制表格，绘制后在标题栏位置中出现【表格工具】并出现【设计】和【布局】选项卡，如图 3-46 所示。

③ 使用图 3-46 所示的【设计】选项卡功能区中的功能，可以对所绘制的表格样式进行设置，使用【布局】选项卡功能区中的功能可以对所绘制的表格布局进行设置，按下 Esc 键可退出绘制状态。

图 3-46　表格工具

(4) 文本转换成表格。

Word 2016 支持将按照固定分隔符(如段落标记、逗号、空格、制表符等)组成的多行文本内容转换成表格，也可以反向将表格转换成为具有固定分隔符的多行文本的内容。具体操作如下：

① 选定文档中含有固定分隔符的多行文本内容。

② 选择【插入】|【表格】功能组中的【文本转换成表格】命令，如图 3-47 所示，在弹出的【将文字转换成表格】对话框中进行表格参数设置(如图 3-48 所示)，然后单击【确定】按钮，即可生成包含有选定文本内容的表格，如图 3-49 所示。

图 3-47　【文本转换成表格】命令

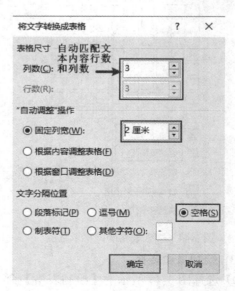

图 3-48　【将文字转换成表格】对话框

学号 姓名 成绩
1001 张三 71
1002 李四 85
学号 姓名 成绩
1001 张三 71
1002 李四 85

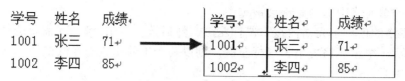

图 3-49　文字转换成表格

3.4.2　表格的基本操作

表格是一个由单元格所构成的行和列的组合，单元格作为承载表格内容的容器，表格所包含的内容(文字、图形等)都是放在单元格内的，对表格的各种操作都是针对单元格、行或列进行的。

1. 在表格中移动光标

要在表格中的单元格内进行相应的操作，首先需将光标移动到对应的单元格内，在表格中移动光标主要有以下几种方法：

(1) 在对应的单元格区域内单击鼠标左键可将光标定位到该单元格中。

(2) 使用键盘方向键可在不同的单元格内移动光标位置。

(3) 按 Tab 键可以将光标由左向右依次切换至每一行的单元格；当光标处于某一行的最后一个单元格时，继续按 Tab 键，可将光标切换至下一行的第一个单元格；当光标处于最后一行的最后一个单元格时，继续按 Tab 键，将在表格最后添加一行，并将光标切换至新行的第一个单元格位置。

(4) 按 Shift + Tab 键可以将光标由当前单元格切换至左边单元格；当光标处于某一行的第一个单元格时，继续按 Shift + Tab 键，可将光标切换至上一行的最后一个单元格。

2. 选择表格

与设置文本格式一样，在设置表格、单元格与表格内容格式前，也需要将其选中，下面分别介绍单元格、行、列和整个表格的选择操作。

(1) 选择单个单元格。

① 移动鼠标指针到要选定的单元格的左侧边框线内附近位置，待指针变为 ➚ 时单击鼠标左键即可选定该单元格，如图 3-50 所示。

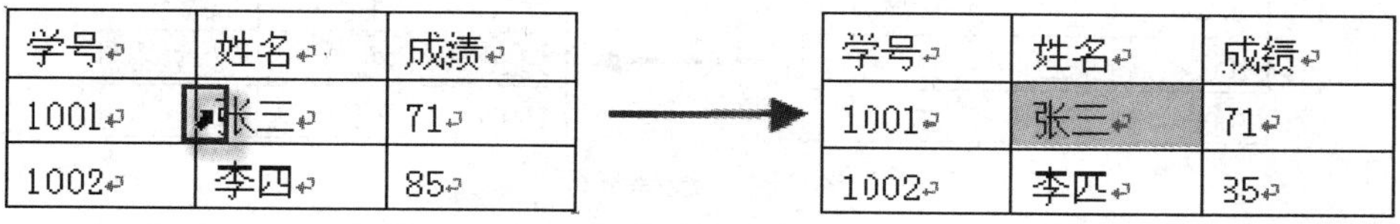

学号 姓名 成绩
1001 张三 71
1002 李四 85
学号 姓名 成绩
1001 张三 71
1002 李四 85

图 3-50　选择单个单元格

② 将光标移动到要选定的单元格内，此时【表格工具】下方增加了【设计】和【布局】两个选项卡。选择【表格工具】|【布局】|【选择】功能组中的【选择单元格】命令，也可以选定该单元格。

(2) 选择多个连续的单元格。

① 在表格的任一单元格内按下鼠标左键，然后往左、往上或往右、往下方向拖动鼠标，

则鼠标拖过的单元格中的内容都会被选中。

② 在表格的任一单元格内按下鼠标左键，然后按下 Shift 键，在需要选择的连续多个单元格的最后一个单元格内单击鼠标左键，则以两个单元格为对角线的矩形区域内的单元格都会被选中。

(3) 选择多个非连续单元格。

要选择多个非连续的单元格，首先需要选中一个单元格，然后按住 Ctrl 键，按照选择一个单元格的方式依次用鼠标左键单击其他单元格的左端线，即可选中多个非连续的单元格。

如果在按住 Ctrl 键后，在其他单元格中按住鼠标左键拖动，也可以继续选择多个非连续的单元格，如图 3-51 所示。

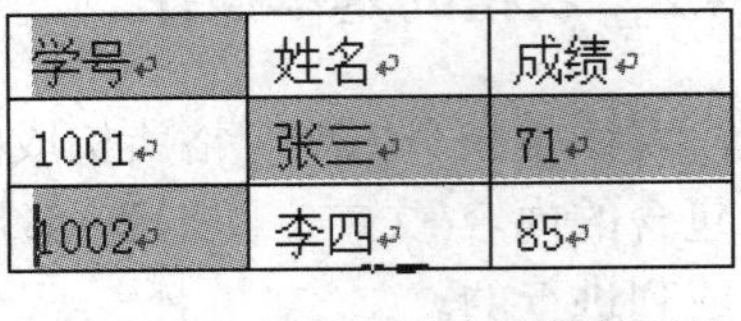

学号	姓名	成绩
1001	张三	71
1002	李四	85

图 3-51　选择多个非连续的单元格

(4) 选择整列。

要选择表格中整列的单元格，可以按照以下方法操作：

① 将鼠标指针移动到表格顶部的边框线上，当指针形状变为黑色的向下箭头时，单击鼠标左键，即可选中整列，如图 3-52 所示。

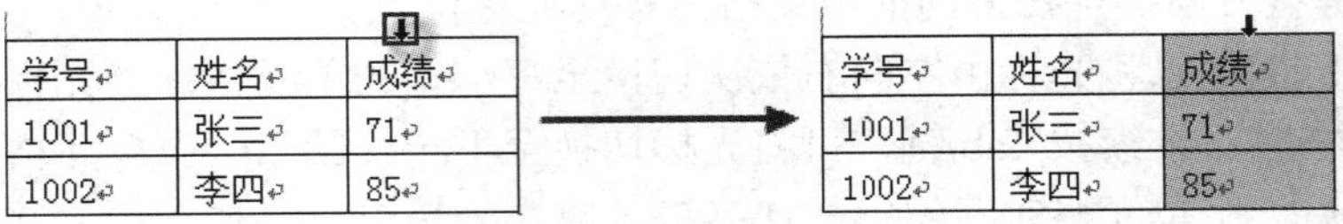

学号	姓名	成绩
1001	张三	71
1002	李四	85

→

学号	姓名	成绩
1001	张三	71
1002	李四	85

图 3-52　选择整列

② 如果选中某一整列后，继续按住鼠标左键向左或向右拖动鼠标，在鼠标移动过程中经过的所有列都会被选中。

③ 将光标移动到表格中任一单元格内，选择【表格工具】|【布局】|【选择】功能组中的【选择列】命令，也可以选定该单元格所在的列。

(5) 选择整行。

要选择表格中整行的单元格，可以按照以下方法操作：

① 将鼠标指针移动到要选择的行的左侧(表格外)，当鼠标指针形状变为指向右上角的白色箭头时，单击鼠标左键，鼠标指针所处的行将被选中，如图 3-53 所示。

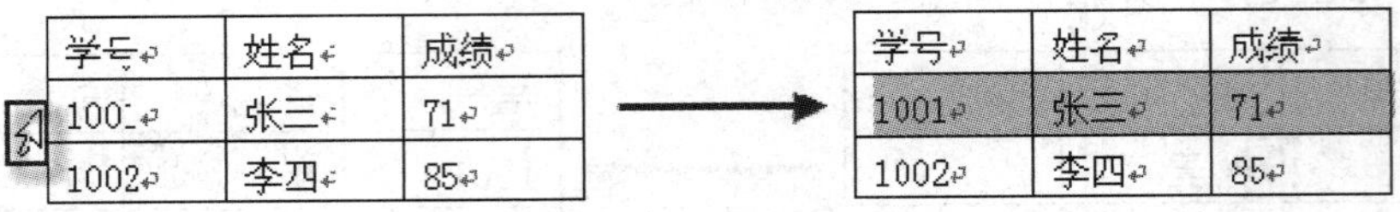

学号	姓名	成绩
1001	张三	71
1002	李四	85

→

学号	姓名	成绩
1001	张三	71
1002	李四	85

图 3-53　选择整行

② 如果选中某一整行后，继续按住鼠标左键向上或向下拖动鼠标，在鼠标移动过程中经过的所有行都会被选中。

③ 将光标移动到表格中任一单元格内，选择【表格工具】|【布局】|【选择】功能组中的【选择行】命令，也可以选定该单元格所在的行。

(6) 选择整个表格。

要选择整个表格，可以按照以下方法操作：

① 将鼠标指针移动到表格范围内时,表格的左上角出现一个按钮 ✛,同时表格的右下角也出现一个小正方形按钮 ☐,单击这两个按钮任意一个,整个表格都会被选中, 如图 3-54 所示。

② 将光标移动到表格中任一单元格内,选择【表格工具】|【布局】|【选择】功能组中的【选择表格】命令,也可以选择整个表格。

学号	姓名	成绩
1001	张三	71
1002	李四	85

图 3-54　选择整个表格

3. 插入单元格

插入单元格是指将表格中原有的某个单元格替换为新的单元格,并将原有的活动单元格向右或向下移动,可以按照以下方法操作:

将光标移动到表格中要插入单元格的位置,然后单击【表格工具】|【布局】|【行和列】功能组右下角对话框启动器按钮 ☐ ,或单击鼠标右键|【插入】|【插入单元格】命令,打开【插入单元格】对话框,如图 3-55 所示。

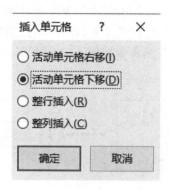

图 3-55　【插入单元格】对话框

(1) 活动单元格右移:选择此项时, 会在当前的位置插入单元格,并将原有的单元格向右侧移动,以图 3-49 所示的表格为例,单元格右移后结果如图 3-56 所示。

(2) 活动单元格下移:选择此项时, 会在当前的位置插入单元格,并将原有的单元格向下移动,以图 3-49 所示的表格为例,单元格下移后结果如图 3-57 所示。

学号	姓名	成绩	
1001		张三	71
1002	李四	85	

图 3-56　活动单元格右移

学号	姓名	成绩
1001		71
1002	张三	85
	李四	

图 3-57　活动单元格下移

(3) 整行插入:选择此项时,会在当前光标所在位置的上方插入一整行单元格。

(4) 整列插入:选择此项时,会在当前光标所在位置的左侧插入一整列单元格。

说明:在完成插入单元格的操作后,表格中增加的单元格数量与选定的单元格数量是相同的。

4. 插入行和列

(1) 插入行。

要在表格中插入行，可以按照以下方法操作：

① 将光标移动到表格中某一个单元格的位置，右击鼠标，在弹出的快捷菜单中选择【插入】|【在上方插入行】或【在下方插入行】命令。

② 将光标移动到表格中某一个单元格的位置，选择【表格工具】|【布局】|【行和列】功能组中的【在上方插入】或【在下方插入】命令按钮。

③ 将光标移动到表格某一行右侧的段落标记前，按 Enter 键即可在当前行的下方插入一行，如图 3-58 所示。

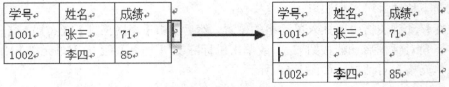

图 3-58　行右侧段落标记前按 Enter 键插入行

④ 将光标移动到表格最左侧边框线位置，在离光标最近的行边框线上出现插入行的命令按钮，如图 5-59 所示，单击左侧命令按钮⊕，即可在该位置插入一行(该方法不能在第一行的上方插入行)。

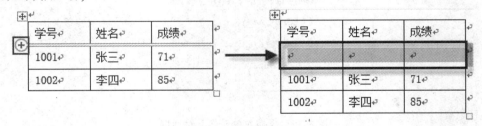

图 3-59　用表格左侧插入行命令按钮插入行

⑤ 在上述①插入单元格的操作中所打开的【插入单元格】对话框中选择【整行插入】命令，即在当前位置的上方插入一行。

(2) 插入列。

要在表格中插入列，可以按照以下方法操作：

① 将光标移动到表格中某一单元格位置，右击鼠标，在弹出的快捷菜单中选择【插入】|【在左侧插入列】或【在右侧插入列】命令。

② 将光标移动到表格中某一个单元格的位置，选择【表格工具】|【布局】|【行和列】功能组中的【在左侧插入】或【在右侧插入】命令。

③ 在上述①插入单元格操作中打开的【插入单元格】对话框中选择【整列插入】命令，在当前位置的左侧插入一列。

④ 将光标移动到表格最上端边框线位置，在离光标最近的列边框线上出现插入列的命令按钮，如图 3-60 所示，单击上方命令按钮⊕，即可在该位置插入一列(该方法不能在第一列的左侧插入列)。

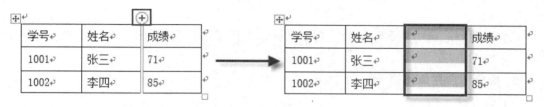

图 3-60　表格上方插入列命令按钮

5．删除单元格、行或列中的内容

要删除单元格、行或列中的内容，只需要在选中某个单元格、某行或某列后，按下 Delete 键，即可删除该单元格、行或列中的内容。

6．删除单元格

将光标移动到某单元格范围内，右击鼠标，在弹出来的快捷菜单中选择【删除单元格】命令，打开【删除单元格】对话框，如图 3-61 所示。

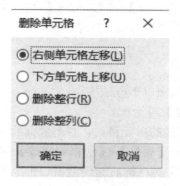

图 3-61　【删除单元格】对话框

(1) 右侧单元格左移：选择此项时，会删除当前位置的单元格，并将该行右侧的单元格全部向左移动一个单元格的位置，以图 3-49 所示的表格为例，左移后结果如图 3-62 所示。

(2) 下方单元格上移：选择此项时，会删除当前位置的单元格，并将该列下方的单元格全部向上移动一个单元格的位置，以图 3-49 所示的表格为例，上移后结果如图 3-63 所示。

学号	姓名	成绩
1001	71	
1002	李四	85

图 3-62　右侧单元格左移

学号	姓名	成绩
1001	李四	71
1002		85

图 3-63　下方单元格上移

(3) 删除整行：选择此项时，会删除当前光标所在位置的行。

(4) 删除整列：选择此项时，会删除当前光标所在位置的列。

7．删除行和列

(1) 删除行：选中要删除的行，右击鼠标，选择【删除行】命令，即可完成删除行的操作。

(2) 删除列：选中要删除的列，右击鼠标，选择【删除列】命令，即可完成删除列的操作。

8. 拆分和合并单元格

(1) 拆分单元格。

选中要拆分的一个单元格，右击鼠标后，选择【拆分单元格】命令，或选择【表格工具】|【布局】|【合并】功能组中的【拆分单元格】命令，均可打开【拆分单元格】对话框，在该对话框中可进行具体的拆分设置，如图 3-64 所示。

(2) 合并单元格。

选中要合并的多个单元格，右击鼠标后，选择【合并单元格】命令，或选择【表格工具】|【布局】|【合并】功能组中的【合并单元格】命令，均可完成对多个单元格的合并操作。

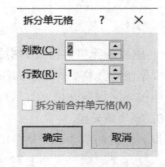

图 3-64　【拆分单元格】对话框

9. 绘制单元格斜线

要绘制单元格斜线，可以按照以下方法操作：

(1) 使用表格【边框和底纹】对话框。

① 将光标移动到要绘制斜线的单元格内，右击鼠标后，选择【表格属性】命令，在打开的【表格属性】对话框中单击【表格】|【边框和底纹】按钮。

② 在打开的【边框和底纹】对话框右侧预览窗口中单击"斜上"或"斜下"按钮，如图 3-65 所示。

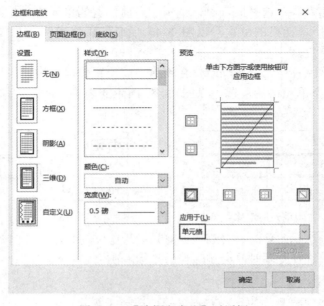

图 3-65　【边框和底纹】对话框

③ 在打开的【边框和底纹】对话框右侧预览窗口下方【应用于】下拉列表中选择"单元格"，单击【确定】按钮。

(2) 使用【表格工具】中的【边框】命令。

将光标移动到要绘制斜线的单元格内，选择【表格工具】|【设计】|【边框】功能组中的【边框】命令列表下的【斜下框线】或【斜上框线】命令，如图 3-66 所示。

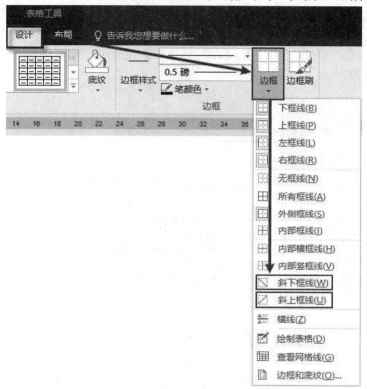

图 3-66　【边框】命令

以图 3-49 所示的表格为例，当成功绘制了单元格斜线之后的表格效果如图 3-67 所示。

标题　　学号	姓名	成绩
1001	张三	71
1002	李四	85

图 3-67　绘制单元格斜线

3.4.3　设置表格属性

1. 设置行高和列宽

(1) 手动调整行高和列宽。

① 更改行高：将鼠标指针置于要改变其高度的行边框上，直到指针变成 ⇕ 形状时，按住鼠标左键拖动边框直至得到所需的行高。

② 更改列宽：将鼠标指针置于要改变其宽度的列边框上，直到指针变成╫形状时，按住鼠标左键拖动边框直至得到所需的列宽。

(2) 精确调整行高和列宽。

要精确调整行高和列宽，可以按以下方法操作：

① 在表格范围内右击鼠标，在弹出的快捷菜单中选择【表格属性】命令，打开【表格属性】对话框，在【行】与【列】选项卡中可完成表格行高和列宽的精确设置，如图 3-68 所示。

② 选择【表格工具】|【布局】|【单元格大小】功能组，也可以对选中的行和列进行行高和列宽的设置。

图 3-68　【表格属性】对话框

2. 表格和表格中内容的对齐方式

要设置表格中内容以及整个表格在文档中的对齐方式，可以按以下方法操作：

(1) 用对齐命令按钮设置单元格内容对齐方式。

① 水平对齐：选中需要对齐内容的单元格，选择【开始】|【段落】功能组中相应的水平对齐方式命令进行设置。

② 垂直对齐：选中需要对齐内容的单元格，右击鼠标，选择【表格属性】|【单元格】

选项卡中相应的垂直对齐方式命令进行设置，如图 3-69 所示。

(2) 对单元格内容同时设置水平和垂直对齐方式。

选中单元格、行、列或整个表格，选择【表格工具】|【布局】|【对齐方式】功能组，在 9 种对齐方式中选择相应的命令进行设置。

(3) 设置整个表格的对齐方式。

要设置整个表格的对齐方式，可在选中整个表格后，按以下方法操作：

① 选择【开始】|【段落】功能组中相应的水平对齐方式命令进行设置。

② 在表格范围内右击鼠标，选择【表格属性】|【表格】选项卡中相应的对齐方式命令进行设置，如图 3-70 所示。

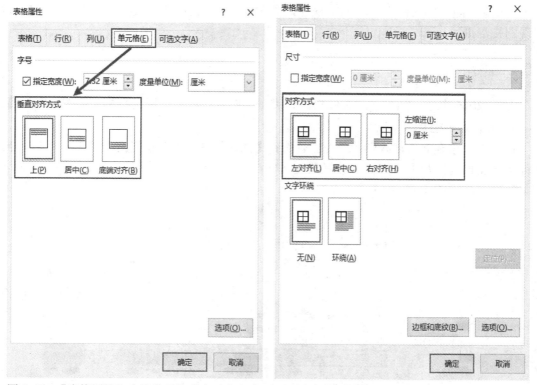

图 3-69　【表格属性】中的单元格垂直对齐方式　　　　图 3-70　【表格属性】中的表格对齐方式

3. 平均分布行和列

在编辑表格过程中，要使表格的某些连续的行(或列)的行高(或列宽)一致，除了可以在【表格属性】对话框中设置相同的行高或列宽外，还可以通过平均分布行和列来实现，操作方法如下：

(1) 选中表格、多个行或列，右击鼠标，选择【平均分布各行】或【平均分布各列】命令来实现。

(2) 选中表格、多个行或列，选择【表格工具】|【布局】|【单元格大小】功能组中的分布行和分布列命令来实现。

4. 设置表格边框和底纹

选择要设置的行、列、单元格或整个表格，单击鼠标右键，选择【边框和底纹】，打开【边框和底纹】对话框，在对话框的【边框】选项卡中选择相应的线型样式、颜色和宽度，在【底纹】选项卡中设置填充颜色或图案。

3.5　图　文　混　排

Word 2016 提供了在文档中插入图片、剪贴画、形状、SmartArt、图表、文本框、艺术字、公式等功能以丰富文档内容的多样性，并且插入的内容可随意放在文档中的任何位置，实现图文混排。

3.5.1　图片

Word 2016 中可以插入本地和联机两种类型的图片，它们可以是图标、插图、图片等。

1. 插入本地图片

将插入点移至需要插入图片的位置，选择【插入】|【插图】功能组中的【图片】命令，在弹出的【插入图片】对话框中选择图片文件，单击【插入】按钮后，选中的图片就插入到了文档中，如图 3-71 所示。

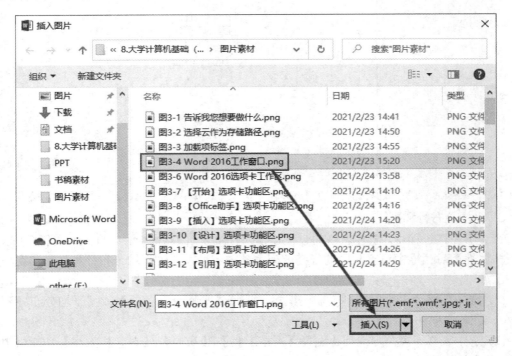

图 3-71　【插入图片】对话框

2. 插入联机图片

Word 2016 允许插入来自网络中或存储在云中的联机图片，能满足在不同工作场合的需要。

选择【插入】|【插图】功能组中的【联机图片】命令，打开【联机图片】对话框，可根据实际情况选择并搜索网络中的图片，或选择云存储中的图片，如图 3-72 所示。

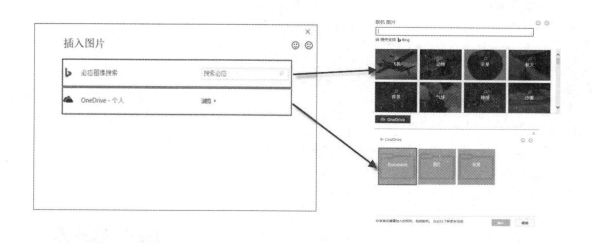

图 3-72　插入联机图片

3. 编辑图片

在 Word 文档中选择图片后，标题栏出现【图片工具】并出现【格式】选项卡，编辑图片主要通过【格式】选项卡功能区中的命令来实现，如图 3-73 所示。

图 3-73　【格式】选项卡

(1) 改变图片大小。

要改变图片的大小，可以按以下 3 种方法操作：

① 选中插入的图片，图片的四周会出现 8 个空心的小圆形控制点，将鼠标指针放到控制点上进行拖动，即可粗略改变图片的大小。

② 选中插入的图片，右击鼠标，选择【大小和位置】命令，打开如图 3-74 所示的【布局】对话框，选择【大小】选项卡，可以对高度和宽度大小进行设置。

说明：在【布局】对话框中选择改变高度(宽度)大小时，宽度(高度)大小会跟着改变，这是因为勾选了【锁定纵横比】的复选框；如果希望单独设置图像的高度和宽度，则应取消勾选【锁定纵横比】复选框。

③ 选中插入的图片，选择【图片工具】|【格式】|【大小】功能组，可以直接设置宽度(高度)大小，通过【大小】功能组内【裁剪】命令下拉列表中的【裁剪】、【裁剪为形状】和【纵横比】等选项可对图片进行设置，如图 3-75 所示。

图 3-74　图片【布局】对话框

图 3-75　【裁剪】命令

(2) 设置图片位置。

① 在图 3-74 所示的对话框中，选择【位置】选项卡，对图片的水平和垂直位置进行设置。

② 选择【图片工具】|【格式】|【排列】功能组中的【位置】命令，可以设置图片的位置。

(3) 设置图片的文字环绕方式。

选中图片后，可以通过以下方式设置图片的文字环绕方式：

① 在图 3-74 所示的对话框中，选择【文字环绕】选项卡，可以设置图片的文字环绕方式，如图 3-76 所示。

② 选择【图片工具】|【格式】|【排列】功能组中的【环绕文字】命令，可以设置图片的文字环绕方式，如图 3-77 所示。

图 3-76　【文字环绕】选项卡

图 3-77　【环绕文字】命令

③ 右击鼠标，选择【环绕文字】命令，可以设置图片的文字环绕方式，如图 3-78 所示。

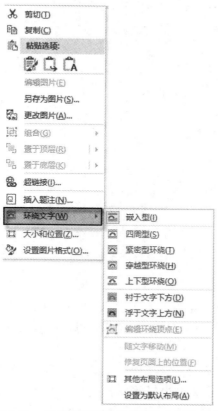

图 3-78　右击鼠标后选择【环绕文字】命令

3.5.2 形状

Word 2016 中的形状就是传统 Word 的自选图形，Word 2016 提供了强大的绘图工具，用户可以很方便地绘制线条、矩形、基本形状、箭头总汇、公式形状、流程图、星与旗帜、标注等八大类图形，并可以组合多个图形。

1. 插入形状

(1) 选择【插入】|【插图】功能组中的【形状】命令，打开"形状"库，如图 3-79 所示。

图 3-79　"形状"库

(2) 在"形状"库中选择需要绘制的形状，此时光标会变成一个十字的形状，按住鼠标左键并拖动到合适的位置，释放鼠标左键后就可以绘制出与该图形相似的形状。

2. 设置形状效果

绘制完形状后，文档上方会出现【绘图工具】，选择【绘图工具】|【格式】选项卡，可以插入形状，编辑形状，并对形状的形状样式、艺术字样式、文本、排列和大小等进行设置，与艺术字、文本框的设置十分类似，如图 3-80 所示。

图 3-80　【格式】选项卡

3.5.3　SmartArt

SmartArt 图形是信息和观点的视觉表现形式，可以通过选择多种不同的布局来创建自己的 SmartArt，从而快速、准确、有效地传达信息。

选择【插入】|【插图】功能组中的【SmartArt】命令，会弹出【选择 SmartArt 图形】对话框，如图 3-81 所示。

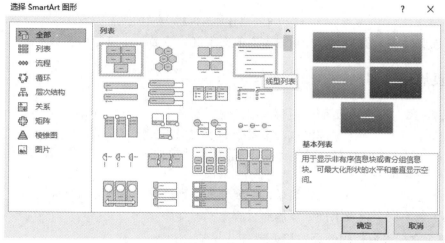

图 3-81　【选择 SmartArt 图形】对话框

在【选择 SmartArt 图形】对话框左侧选择类别，然后在中间【列表】栏选择样式，如选择【层次结构】中的"组织结构图"，即可在右侧进行预览，单击【确定】按钮后 SmartArt图形的初始图就出现在文档中，如图 3-82 所示。

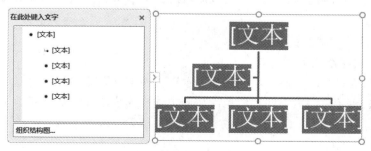

图 3-82　层次结构的 SmartArt 图形

单击图 3-82 所示图形中的【文本】或左侧对应的编辑框后，可以直接输入文本内容。

如果需要在 SmartArt 图形中增加文本框，可以按照以下方法进行操作。

选择 SmartArt 图形中的某个文本框后，单击【SmartArt 工具】|【设计】|【创建图形】功能组中的【添加形状】命令右侧的下拉箭头，选择在对应位置添加形状，如图 3-83 所示，就可以在当前文本框的相对位置增加文本框。

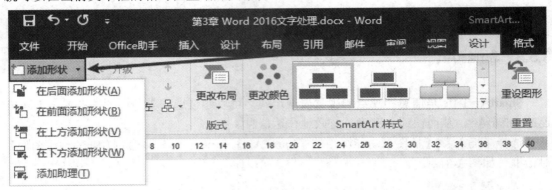

图 3-83 【添加形状】命令

如果要删除多余的文本框，则选中当前文本框，按 Delete 键即可删除。

3.5.4 页眉和页脚

页眉是在文档中每个页面的顶部区域，常用于显示书名或章节等文档的统一信息；页脚是在文档中每个页面的底部区域，常用于显示文档的页码等信息。

可以在页眉和页脚中插入或更改文本或图形，例如页码、时间和日期、公司徽标、文档标题、文件名或作者姓名等。

添加页眉和页脚的方法比较简单，主要分为两种情况：整个文档设置相同的页眉和页脚，不同节或不同页设置不同的页眉和页脚。

1. 整个文档设置相同的页眉和页脚

(1) 单击【插入】|【页眉和页脚】功能组中的【页眉】或【页脚】命令下拉列表，选择需要的样式设置页眉和页脚。

(2) 双击文档页面顶部或底部的区域，文档页面的页眉和页脚区域显示为可编辑状态，输入对应的页眉和页脚的内容，编辑完成后双击页眉和页脚区域外的位置即可退出页眉和页脚的编辑状态。

2. 不同页设置不同的页眉和页脚

(1) 首页不同和奇偶页不同。

进入页眉和页脚编辑状态后，选择【页眉和页脚工具】|【设计】|【选项】功能组，勾选【首页不同】和【奇偶页不同】命令，按照上述操作步骤在首页和奇偶页中分别添加不同的页眉和页脚内容即可。

(2) 按节设置页眉和页脚。

假如需要在有三页内容的文档中分别为第 1 页和第 2～3 页设置两种不同的页眉和页脚

内容，可以按照以下步骤操作：

① 将文档所有页分为两节。

由于不同的页眉和页脚从第 2 页开始，所以从第 2 页开始将整个文档分成两节。操作方法是：将光标定位在第 1 页的后面，单击【布局】|【页面设置】功能组中的【分隔符】命令下拉按钮，选择【分节符】|【下一页】命令。

此时，全文分成两节，从而可以设置不同的页眉和页脚。

② 将光标移至第 2 页，单击【插入】|【页眉和页脚】功能组中的【页眉】命令下拉按钮，在弹出的下拉列表中选择【空白】选项，插入空白页眉，同时页眉和页脚处于编辑状态，在页眉区域输入"第 2-3 页页眉内容"。

此时功能区显示【页眉和页脚工具】，如图 3-84 所示。

图 3-84　【页眉和页脚工具】显示页面

选择【页眉和页脚工具】|【设计】|【导航】功能组，单击【链接到前一条页眉】命令按钮，取消链接到前一条页眉，使得该按钮处于未被按下状态，如图 3-84 所示。

③ 将光标移至第 1 页的页眉区域，将页眉内容修改为"第 1 页页眉内容"，选择【页眉和页脚工具】|【设计】|【关闭】功能组中的【关闭页眉和页脚】命令，退出页眉和页脚。

可以发现，此时不同页已经完成了不同页眉内容的设置，如图 3-85 所示。按照同样的方法可以设置不同页的页脚内容。

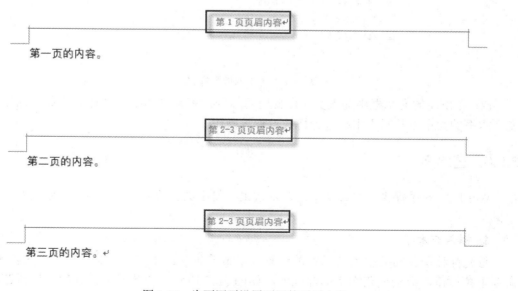

图 3-85　为不同页设置不同的页眉内容

3.5.5　文本框

在文档中输入的普通文本内容只能固定显示在文档编辑区,无法进行随意的位置移动,也无法显示在其他内容之上(如图、表格等)。为了解决这些问题,可以使用文本框。

(1) 单击【插入】|【文本】功能组中的【文本框】命令下拉按钮,弹出如图3-86所示的【内置】文本框样式库,在列表库中选择文本框的样式。

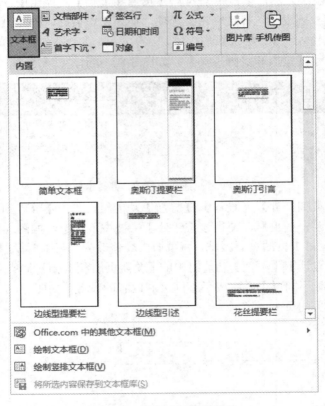

图3-86　【文本框】样式库

(2) 在出现的文本框中输入文本,此时可以随意移动文本框到合适的位置,也可以改变文本框的大小以及对文本框进行格式设置等操作。

3.5.6　艺术字

Word 2016中提供了多种文字的艺术效果,使用文字的艺术效果可以增强文章的视觉效果。

1. 插入艺术字

将光标移动到需要插入艺术字的位置,单击【插入】|【文本】功能组中的【艺术字】命令下拉按钮,会出现艺术字的样式库,如图3-87所示,在艺术字样式库中选择艺术字的样式并插入。

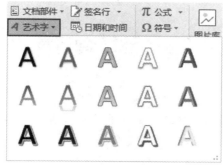

图 3-87　【艺术字】样式库

2. 设置艺术字格式

在文档艺术字区域内输入艺术字的文本内容，选中艺术字，在【开始】选项卡中可以对艺术字的字体、字号等进行设置，在【绘图工具】|【格式】选项卡中，还可以对艺术字的形状样式、艺术字样式、环绕方式、文本、排列和大小等进行设置，如图 3-88 所示。

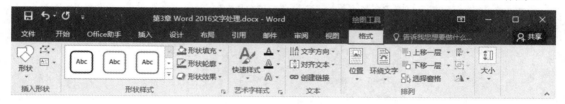

图 3-88　艺术字格式设置选项

3.5.7　首字下沉

将光标移动到目标段落的任意位置，单击【插入】|【文本】功能组中的【首字下沉】命令下拉按钮，选择【首字下沉选项】命令，弹出如图 3-89 所示的【首字下沉】对话框，在对话框中可对下沉字的字体和下沉行数以及距正文位置进行设置。

图 3-89　【首字下沉】对话框

3.6 设置页面布局

1. 页面设置

单击【布局】|【页面设置】功能组中右下角的对话框启动器按钮，打开【页面设置】对话框，可对文档的页面进行设置，如图 3-90 所示。

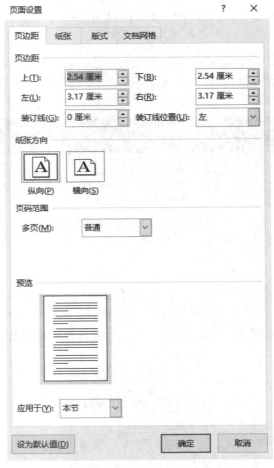

图 3-90 【页面设置】对话框

在【页边距】选项卡中可以设置上、下、左、右边距，纸张方向、页码范围等信息；切换至【纸张】选项卡，可以在【纸张大小】下拉列表框中选择纸张大小，或者输入宽度和高度，自定义纸张大小，设置纸张来源和应用的范围；切换至【版式】选项卡，可以设置节的起始位置、页眉和页脚距边界的距离和页面的垂直对齐方式等；切换至【文档网格】选项卡，可以设置文字排列的方向和栏数、网格和应用范围等，当在【网格】中选中【指定行和字符网格】单选按钮时，可以设置每行字符数、每页行数。

2. 分栏

分栏是文档排版中很常见的设置，首先选中需要分栏的段落，单击【布局】|【页面设置】功能组中的【分栏】命令下拉按钮，选择【更多分栏】命令，出现如图 3-91 所示的【分栏】对话框，可对栏数、栏宽、间距、分隔线等进行设置。

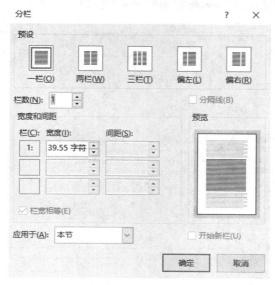

图 3-91　【分栏】对话框

这里需要注意的是如果要求分成两栏，且栏宽不等，则在选择【两栏】后，需取消勾选【栏宽相等】复选框，再设置相应栏的宽度和间距。

3. 页面背景

在【设计】选项卡的【页面背景】功能组中，可对水印、页面颜色和页面边框进行设置，如图 3-92 所示。

图 3-92　【页面背景】组

3.7　高级应用

3.7.1　引用

1. 目录

依照 3.3.6 小节设置样式格式后，单击【引用】|【目录】功能组中的【目录】命令下

拉按钮，在弹出的下拉列表中显示内置的目录样式，包括手动目录和自动目录两种类型。手动目录添加后需要手动编辑目录和各标题内容，自动目录可以根据文档内容中的标题自动生成目录。选择其中一种样式后，即可在插入点添加目录，如图3-93和图3-94所示。

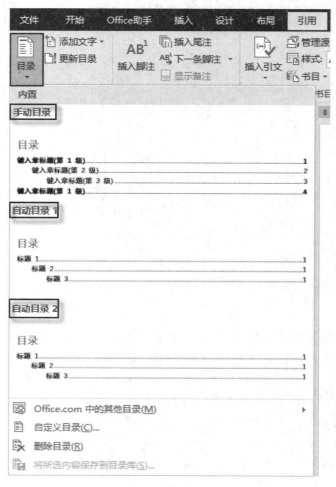

图3-93　选择目录样式

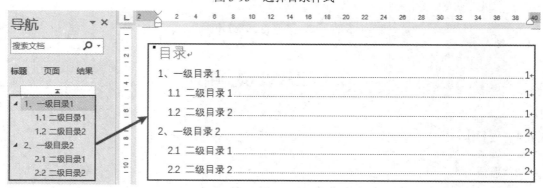

图3-94　插入自动目录

如果后续目录内容和页码有更新，可选择【引用】|【目录】功能组中的【更新目录】命令，弹出【更新目录】对话框，可以选择【只更新页码】，也可以选择【更新整个目录】，如 3-95 所示。

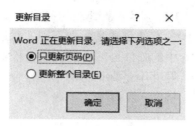

图 3-95　【更新目录】对话框

还可以在目录中单击鼠标右键，选择【更新域】，或在单击生成的目录后，单击左上角的【更新目录】命令按钮，也可以弹出【更新目录】对话框。

2. 脚注与尾注

脚注和尾注用于在打印文档中为文档中的文本提供解释、批注以及相关的参考资料。可用脚注对文档内容进行注释说明，而用尾注说明引用的文献。

脚注或尾注由两个互相链接的部分组成：注释引用标记和与其对应的注释文本。一般脚注注释文本位置在当前页的底部，尾注注释文本位置在当前文档内容的尾部，如图 3-96 所示。

师说[i]

韩愈

　　古之学者必有师。师者，所以传道受[1]业解惑也。人非生而知之者，孰能无惑？惑而不从师，其为惑也，终不解矣。生乎吾前，其闻道[2]也固先乎吾，吾从而师之；生乎吾后，其闻道也亦先乎吾，吾从而师之。吾师道也，夫庸知其年之先后生于吾乎？是故无贵无贱，无长无少，道之所存，师之所存也。

---

[1] 通 "授"，传授。
[2] 闻，听见，引申为懂得。道：这里作动词用，学习、从师的意思。

---

[i] 选自《昌黎先生集》

图 3-96　脚注和尾注

要添加脚注和尾注，可以按照以下步骤操作：

(1) 将光标移动到需要标注脚注或尾注的位置；

(2) 选择【引用】|【脚注】功能组中的【插入脚注】或【插入尾注】命令；

(3) 插入点自动跳至脚注或尾注的编辑处，开始设置即可。

3.7.2　邮件合并

在实际工作中，常常需要处理简单报表、信函、信封、通知、邀请信或明信片等文稿，这些文稿的主要特点是数量多(客户越多，需处理的文稿越多)，内容和格式简单或大致相同，有的可能是姓名或地址不同，有的可能是数据不同。对这种格式雷同且能套用的批处理文稿的操作，利用 Word 2016 中的邮件合并功能就能轻松实现。

这里需要说明的是，邮件合并并不是真正将两个邮件合并的操作，邮件合并功能合并的两个文档为主文档和数据源文档。

1. 主文档

主文档是经过特殊标记的 Word 2016 文档，它是用于创建输出文档的蓝图，其中包含了基本的文本内容。这些文本内容在所有输出的文档中都是相同的，比如信件的信头、主体以及落款等；另外还有一系列指令(称为合并域)，用于插入在每个输出文档中都要发生变化的文本，比如收件人的姓名和地址等。

2. 数据源文档

数据源实际上是一个数据列表，其中包含了用户希望合并到主文档中的数据。通常它保存了姓名、通讯地址、电子邮件地址、传真号码等数据字段。

这个数据源文档可以是已有的电子表格、数据库或文本文件，也可以是直接在 Word 2016 中创建的表格等。

3. 邮件合并的最终文档

邮件合并的最终文档包含了所有的输出结果，其中，有些文本内容在输出文档中都是相同的，而有些会随着收件人的不同而发生变化。利用邮件合并功能可以创建信函、电子邮件、传真、信封、标签、目录(打印出来或保存在单个 Word 文档中的姓名、地址或其他信息的列表)等文档。

以邀请函邮件合并为例，其主文档文件如图 3-97 所示，数据源 Excel 表格如图 3-98 所示，合并后的最终文档如图 3-99 所示。

邀请函

尊敬的：

　　非常感谢您一直以来对我公司的大力支持，在×××公司成立 5 周年之际，特邀请您参加庆典活动，务请拨冗出席。

地点：××××会议中心

时间：××××年××月××日××时

×××公司

联系人：×××

××年×月×日

图 3-97　邀请函主文档文件

邀请函

	A	B	C
1	编号	姓名	性别
2	1	张子豪	男
3	2	刘玉霞	女
4	3	杜文忠	男
5	4	何丽	女
6	5	孙思颖	女
7	6	林小虎	男
8	7	王明	男
9	8	李琪峰	男

尊敬的 张子豪先生 ：

　　非常感谢您一直以来对我公司的大力支持，在×××公司成立 5 周年之际，特邀请您参加庆典活动，务请拨冗出席。

地点：××××会议中心

时间：××××年××月××日××时

×××公司

联系人：×××

××年×月×日

图 3-98　邀请函数据源 Excel 表格　　　　　图 3-99　合并后的最终文档

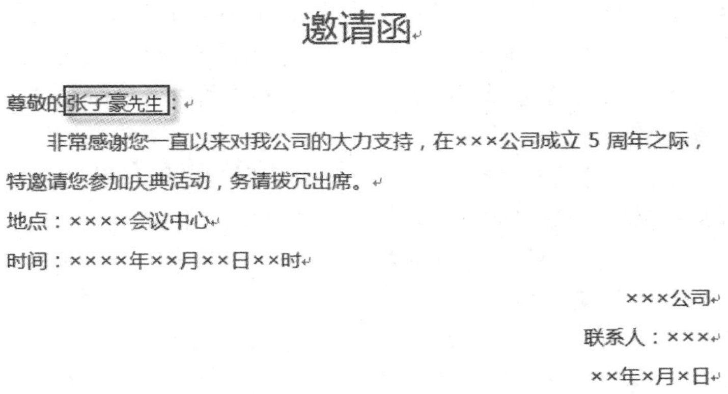

可以按照以下操作步骤实现邀请函邮件合并：

(1) 打开邀请函主文档文件，单击【邮件】|【开始邮件合并】功能组中的【开始邮件合并】命令下拉按钮，选择【邮件合并分步向导】命令，在 Word 窗口右侧显示【邮件合并】任务窗格，如图 3-100 所示。

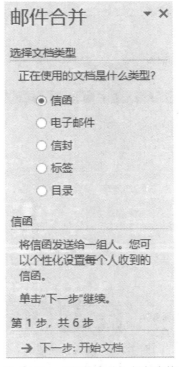

图 3-100　【邮件合并】任务窗格

(2) 选择【下一步：开始文档】超链接，进入【邮件合并分步向导】的第 2 步，在【选择开始文档】选项区域中选中【使用当前文档】单选按钮，以当前文档作为邮件合并的主文档。

(3) 选择【下一步：选取收件人】超链接，进入【邮件合并分步向导】的第 3 步，在

【选择收件人】选项区域中选中【使用现有列表】单选按钮，然后单击【浏览】超链接。

(4) 打开【选取数据源】对话框，选择邀请函 Excel 工作表文件，然后单击【打开】按钮，此时打开【选择表格】对话框，选择邀请名单信息的工作表名称，最后单击【确定】按钮。

(5) 打开【邮件合并收件人】对话框，可以对需要合并的邀请人名单信息进行选择、排序、筛选、编辑等操作，然后单击【确定】按钮，完成现有工作表的链接工作。

(6) 选择收件人的列表之后，单击【下一步：撰写信函】超链接，进入【邮件合并分步向导】的第 4 步。

如果用户此时还未撰写信函的正文部分，可以在活动文档窗口中输入与所有输出文档保持一致的文本。如果需要将收件人信息添加到信函中，先将鼠标指针定位在文档中的合适位置，然后单击【地址块】、【问候语】、【其他项目】等超链接。这里单击【其他项目】超链接。

(7) 打开如图 3-101 所示的【插入合并域】对话框，在【域】列表框中，选择要添加到邀请函中邀请人姓名所在位置的域(该对话框中的域列表信息来自数据源文档信息)，单击【插入】按钮。

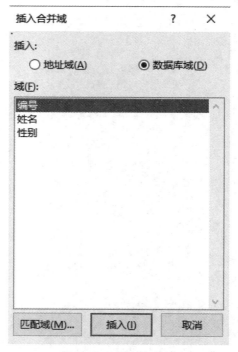

图 3-101　插入合并域

(8) 插入所需要的域后，单击【关闭】按钮，关闭【插入合并域】对话框，文档中的相应位置就会出现已插入的域标记。

(9) 关联性别的称呼(性别为男则关联先生的称呼，性别为女则关联女士的称呼)。

选择【邮件】|【编写和插入域】功能组中的【规则】命令下拉按钮，选择【如果...那么...否则...】命令，打开【插入 Word 域】对话框，在【域名】下拉列表框中选择"性别"，

在【比较条件】下拉列表框中选择"等于",在【比较对象】文本框中输入"男",在【则插入此文字】文本框中输入"先生",在【否则插入此文字】文本框中输入"女士",如图 3-102 所示。然后单击【确定】按钮,这样就可以使被邀请人的称谓与性别建立起关联了。插入合并域后的主文档如图 3-103 所示。

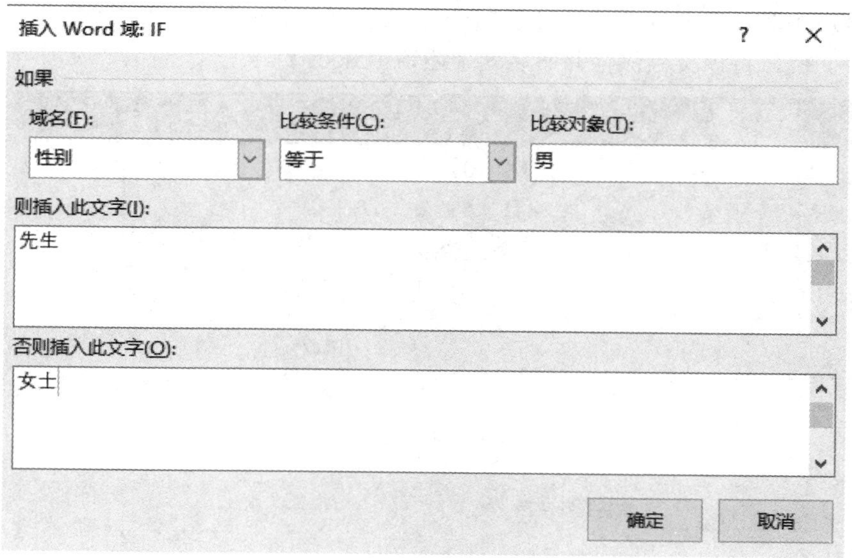

图 3-102　定义插入域规则

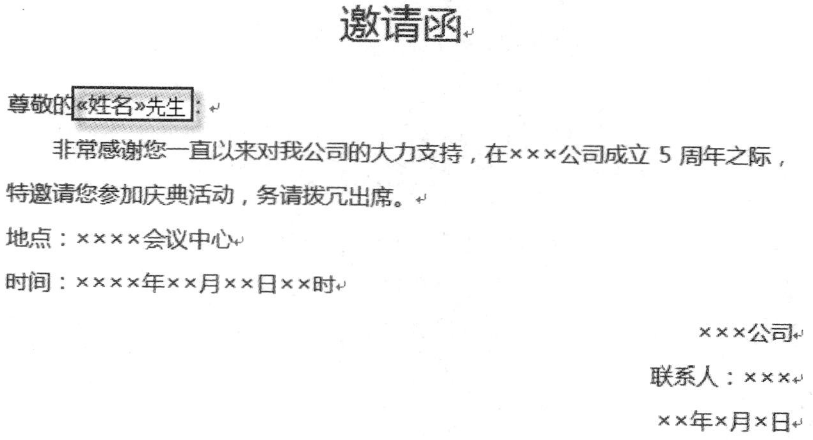

邀请函

尊敬的《姓名》先生:

非常感谢您一直以来对我公司的大力支持,在×××公司成立 5 周年之际,特邀请您参加庆典活动,务请拨冗出席。

地点:××××会议中心

时间:××××年××月××日××时

×××公司

联系人:×××

××年×月×日

图 3-103　插入合并域后的主文档

(10) 在【邮件合并】任务窗格中,单击【下一步:预览信函】超链接,进入【邮件合并分步向导】的第 5 步。在【预览信函】选项区域中,单击【邮件】|【预览结果】功能组中的 ◀ 或 ▶ 按钮,可切换查看具有不同邀请人姓名和称谓的信函。

注意:如果用户想要更改收件人列表,可单击【做出更改】选项区域中的【编辑收件人列表】超链接,在随后打开的【邮件合并收件人】对话框中进行更改;如果用户想要从最终的输出文档中删除当前显示的输出文档,可单击【排除此收件人】按钮。

(11) 预览并处理输出文档后,单击【下一步:完成合并】超链接,进入【邮件合并分步向导】的最后一步。在【合并】选项区域中，用户可以根据实际需要选择单击【打印】或【编辑单个信函】超链接，进行合并工作。

(12) 选择【邮件】|【完成】功能组中的【完成并合并】命令下拉按钮，选择【编辑单个文档】命令，打开【合并到新文档】对话框，如图 3-104 和图 3-105 所示，在【合并记录】选项区域中默认选择的是【全部】(全部记录合并到新文档)，单击【确定】按钮，可以生成合并文档，将该文档保存并命名为【邀请函.docx】。

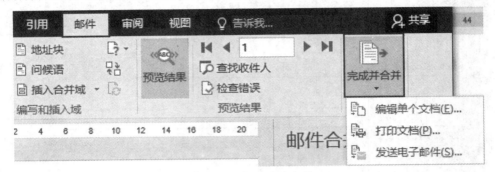

图 3-104　完成邮件合并

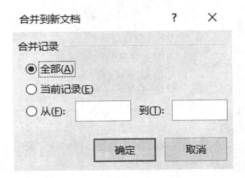

图 3-105　【合并到新文档】对话框

这样，Word 2016 会将数据源中存储的收件人信息自动添加到邀请函正文中，并合并生成一个新文档。在该文档中，每页中的邀请函客户信息均由数据源自动创建生成。

3.7.3　审阅

Word 2016 提供了批注和修订的两个审阅功能。

1. 批注

批注是作者或审阅者为文档添加的注释或批注。当对一篇文档进行阅读以及审阅发现一些问题后，常常不想直接对其进行修改，为此 Word 中的批注功能就会起到一定的作用，可以将文中需要修改的内容通过批注进行描述，使其达到一目了然的效果。

批注一般在文档编辑区右侧使用独立的批注框来注释文档，因此批注不影响文档的内容，如图 3-106 所示。

2. 选项卡及功能区

Word 2016 采用选项卡的方式取代了传统 Word 的菜单栏，每个选项卡即是对 Word 2016 各项功能的分类，集成了 Word 2016 的所有操作，主要包括：【文件】、【开始】、【Office 助手】、【插入】、【设计】、【布局】、【引用】、【邮件】、【审阅】、【视图】等，如图 3-6 所示。

图 3-106　批注

2. 修订

修订是显示对文档所做的诸如删除、插入或其他编辑更改的标记，可以直接修改文档内容。

在多位审阅者对一篇文档进行修改的过程中，需要记录审阅者对文档所做的编辑更改操作，并以不同的修订标记和批注说明进行记录，这样原作者可以复审这些修改，并根据修订标记进行相应的修订。

要查看文档中的修订标记，需要使文档进入修订状态，选择【审阅】|【修订】功能组中的【修订】命令下拉列表中的【修订】命令，之后的操作都会被记录下来。当对文档的内容进行格式设置之后，在编辑区右侧显示所设置的格式内容，如图 3-107 所示。

图 3-107　修订

要查看当前文档的批注和修订内容，可以选择【审阅】|【修订】功能组中的【审阅窗格】命令下拉列表中的【垂直审阅窗格】或【水平审阅窗格】命令。垂直审阅窗格如图 3-108 所示。

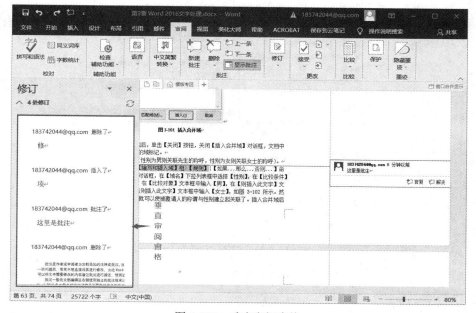

图 3-108　垂直审阅窗格

3.8 综 合 案 例

3.8.1 制作招聘海报

1. 综合案例效果

招聘海报如图 3-109 所示。

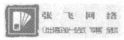

图 3-109 招聘海报

2. 综合案例步骤

(1) 新建文档：启动 Word 2016，选择【文件】|【新建】命令，在右侧窗口【新建】

页选择【空白文档】，创建招聘海报的空白文档。

(2) 输入文本。在空白文档中输入招聘海报的文本内容，内容如下：

公司简介

张飞网络科技有限公司是国内领先的跨境出口电商大数据服务商，集信息、技术、数据、人才和资金优势的高新科技企业；基于 8 年大数据推广与采集积累，旨在帮助供应链打造自主品牌，缩短中间环节，实现海外终端营销；集团围绕数字营销与品牌孵化 2 大核心，致力于让出海企业一站式"享售"全球。

旗下拥有刘备科技、关羽科技、厦门张飞等骨干子公司，员工人数超 500 人，其中本科以上学历员工占比 92%以上，研究生以上学历员工占比 30%以上，并有不少海归和当地政府引进人才。

招聘职位

职位名称：Java 程序员

职位要求：

本科以上学历；

工作责任心强，具有良好的团队协作精神；

熟悉 SSM 框架开发；

具有一定规模项目的开发经验。

薪资福利：10000～12000 元/月

工作地点：厦门市集美区孙坂南路×××号

职位名称：大数据工程师

职位要求：

本科及以上学历，计算机相关专业；

主动性强，有一定的承压能力；

熟悉 Linux 操作系统，具有良好的编程能力；

熟悉 hadoop 生态，有相关经验者优先。

薪资福利：20000～25000 元/月

工作地点：厦门市集美区孙坂南路×××号

联系方式

联系电话：12345678900

联系人：张飞

公司地址：厦门市集美区孙坂南路×××号

(3) 修改标题 1 样式：选择【开始】|【样式】功能组，右键单击【标题 1】样式，在弹出的快捷菜单中选择【修改】命令，在打开的【修改样式】对话框中设置字体格式为微软雅黑，三号字，粗体。

(4) 修改标题 1 样式：在【修改样式】对话框的左下角单击【格式】按钮，选择【段落】命令，在打开的【段落】对话框中设置段落格式：左、右缩进为 0 字符，无特殊格式，段前、段后间距为 0.5 磅，行距为 2 倍行距。

(5) 修改标题 1 样式：在【修改样式】对话框的左下角单击【格式】按钮，选择【编号】命令，在打开的【编号和项目符号】对话框中选择【项目符号】选项卡，单击【定义新项目符号】|【符号】按钮，在弹出的【符号】对话框中字体类别选择"Wingdings"，空心圆形符号，单击【确定】按钮关闭所有对话框。

(6) 应用标题 1 样式：分别选中文档中的各个标题(公司简介、招聘职位、联系方式)选择【开始】|【样式】功能组中的【标题 1】命令，此时文档中的标题将应用修改后的【标题 1】的样式。

(7) 设置字体和段落：选择公司简介的正文段落(张飞网络科技有限公司……并有不少海归和当地政府引进人才)，选择【开始】|【字体】功能组对应的命令将字体格式设置为微软雅黑，小四号字；单击【开始】|【段落】功能组右下角启动器按钮，在弹出的【段落】对话框中将段落格式设置为首行缩进 2 字符，段前、段后间距为 0 磅，行距为固定值 24 磅。

(8) 设置分栏：选中招聘职位的正文内容，单击【布局】|【页面设置】功能组中的【分栏】命令下拉按钮，选择【更多分栏】命令，打开【分栏】对话框，在【分栏】对话框中选择【两栏】，勾选【分隔线】、【栏宽相等】复选框。

(9) 设置字体：选择招聘职位正文内容中两个职位的"职位名称""职位要求""薪资福利""工作地点"，选择【开始】|【字体】功能组对应的命令将字体格式设置为微软雅黑，粗体，小四号字；招聘职位正文内容的其余文本字体格式为微软雅黑，粗体，五号字。

(10) 设置段落：选择两个职位要求内容中的四行文本内容，单击【开始】|【段落】功能组右下角启动器按钮，在弹出的【段落】对话框中将段落格式设置为左侧缩进 0.5 字符，右侧缩进 0 字符，首行缩进 0.25 字符，段前、段后间距为 0 磅，行距为固定值 20 磅。

(11) 设置项目符号：选择两个职位要求内容中的四行文本内容，单击【开始】|【段落】功能组中的"项目符号"下拉按钮，单击【自定义新项目符号】|【符号】按钮，打开【符号】对话框，在【符号】对话框中字体类别选择"Wingdings"，水滴形状的符号，单击【确定】按钮关闭所有对话框。

(12) 添加表格：在联系方式标题下方按回车键添加一空行，单击【插入】|【表格】功能组中的【表格】命令下拉按钮，插入 3×3 表格，选择表格，单击右键，在弹出的菜单中选择【表格属性】命令，在打开的【表格属性】对话框中选择【表格】选项卡，在【尺寸】栏处勾选【指定宽度】并输入：16 厘米，在【对齐方式】栏处选择【居中】命令将表格居中对齐。

(13) 编辑表格：合并第 1、3 列所有单元格，在第 1 列中插入公司 LOGO 图片，在第 3 列中插入公司二维码，在第 2 列的三行中分别放入联系电话、联系人、公司地址信息。

(14) 设置表格边框：选择整个表格，单击右键，在弹出的菜单中单击【表格属性】|【表格】|【边框和底纹】按钮，打开【边框和底纹】对话框，在对话框中选择【边框】选项卡，【设置】选择【无】，单击【确定】按钮关闭对话框。

(15) 插入图片：在正文内容第一行中添加空行，并插入"招聘"的图片，设置图片宽度 5.9 厘米，高度 2.96 厘米(锁定纵横比)，居中显示。

(16) 设置页眉：选择【插入】|【页眉和页脚】功能组中的【页眉】命令下拉按钮，选

择【空白页眉】命令，进入页眉编辑区域，在页眉编辑区域插入公司 LOGO 图片，居左对齐。

(17) 设置页面边框：选择【设计】|【页面背景】功能组中的【页面边框】命令，打开【边框和底纹】对话框，选择【页面边框】选项卡，在【样式】栏选择单波浪线、颜色为红色、宽度为 1.5 磅，【预览】栏【应用于】选择"整篇文档"。

(18) 招聘海报制作完成。

3.8.2　制作名片

1. 综合案例效果

制作名片如图 3-110 所示。

图 3-110　名片

2. 综合案例步骤

(1) 新建文档：启动 Word 2016，选择【文件】|【新建】命令，在右侧窗口【新建】页选择【空白文档】，创建名片的空白文档。

(2) 页面设置：单击【布局】|【页面设置】功能组右下角对话框启动器按钮，弹出【页面设置】对话框，在【页边距】选项卡中设置【上】、【下】、【左】和【右】页边距均为 1 厘米，在【纸张方向】栏中设置纸张方向为横向，单击【确认】按钮。

(3) 设置纸张大小：选择【页面设置】|【纸张】选项卡，在【纸张大小】栏中设置宽度和高度分别为 15 厘米和 10 厘米，单击【确定】按钮关闭对话框。

(4) 设置页面背景：选择【设计】|【页面背景】功能组中的【页面颜色】命令下拉按钮，选择【填充效果】命令，弹出【填充效果】对话框，如图 3-111 所示；选择【图案】选项卡，输入"5%"填充图案，单击【确定】按钮关闭对话框。填充图案效果如图 3-112 所示。

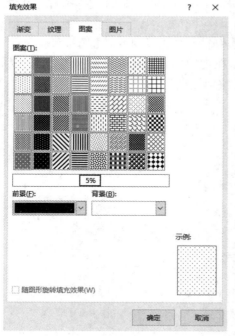

图 3-111 【图案】选项卡

图 3-112 填充图案效果

(5) 输入文本：在文档中输入文本"张飞网络科技有限公司"，设置字体格式为微软雅黑，三号字，设置段落格式为首行缩进 3 字符；根据需要输入其他的文本，并设置其字体和字号，效果如图 3-113 所示。

图 3-113 输入文本效果

(6) 插入公司 LOGO：选择【插入】|【插图】功能组中的【图片】命令，弹出【插入图片】对话框，在【插入图片】对话框中选择公司 LOGO 的图片，单击【插入】按钮，将图片插入到文档中。

(7) 设置 LOGO 图片：选中公司 LOGO 图片，选择【图片工具】|【格式】|【排列】功能组中的【文字环绕】|【浮于文字上方】命令，并调整图片大小和位置，效果如图 3-114 所示。

图 3-114　调整图片大小和位置

(8) 添加姓名：光标置于"总裁"文本前，单击【插入】|【文本】功能组中的【艺术字】命令下拉按钮，在弹出下拉列表中选择一种艺术字样式，并在生成的艺术字中输入文本"张飞"，设置字体格式为微软雅黑，小初号字，并调整艺术字的位置，如图 3-115 所示。

图 3-115　添加姓名后的名片

(9) 绘制弧线：单击【插入】|【插图】功能组中的【形状】命令下拉按钮，在弹出的下拉列表中单击"椭圆"形状，在文档中绘制一个椭圆，选择一种形状样式，并调整其大小和位置，如图 3-116 所示。

图 3-116　绘制弧线

(10) 设置弧线填充颜色格式：选择绘制的椭圆，单击鼠标右键，选择【设置形状格式】命令，在右侧【设置形状格式】窗格中选择【填充】|【纯色填充】|【颜色】(白色，背景 1，深色 15%)，如图 3-117 所示。

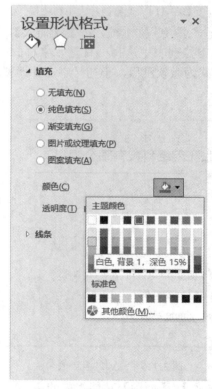

图 3-117　设置弧线填充颜色

(11) 设置自选格式：也可以根据需求在【格式】选项卡|【形状样式】功能组中选择椭圆形状的其他样式。

(12) 名片制作完成。

本 章 小 结

　　Word 2016 是 Microsoft 公司套装办公软件 Office 2016 中的文字处理软件，其主要特征是所见即所得、易学易用。它具有强大的文字处理功能，可以将图、文、表格混排，是一个使用广泛、深受用户欢迎的文字处理软件。通过使用 Word 2016，用户可以很方便地处理日常工作中的各类文档。本章介绍了 Word 2016 基本操作、文本输入和格式化、表格的创建和编辑、图文混排、页面布局设置以及高级应用等内容。

习题

1. 简述 Word 2016 的窗口组成。在文档窗口内，光标指针有几种形状？
2. Word 2016 具有哪些视图类型？其作用分别是什么？
3. 如何选择文档中的字、句、段和全部内容？
4. 如何复制和移动文本等内容？
5. 发现操作错误时，如何进行简单的修复？
6. 在进行查找和替换时，如果单击【高级】按钮，有什么作用？
7. 简述页面设置的基本内容以及基本操作。
8. 样式的作用是什么？如何创建和修改样式？如何应用样式？
9. 如何在文档中插入图片、绘图、剪贴画，并进行图文混排？
10. 什么叫页眉/页脚？如何设置页眉和页脚？
11. 试述节与页的概念。如何进行 Word 文档的分节与分页？
12．如何进行分栏？如何进行分栏的设置？
13. 如何在长文档中自动生成目录以及更新目录？
14. 如何添加与删除批注、尾注、脚注？
15. 邮件合并有什么作用？如何进行邮件合并的操作？

第4章

Excel 2016 电子表格

本章导读

Excel 2016 电子表格是 Office 常用的办公软件之一，它能够方便地制作表格，具有强大的计算能力，可以提供丰富的图表向导，实现多个用户共享数据。通过本章的学习，应掌握 Excel 2016 的工作簿和工作表的基本操作，能够对工作表进行格式化设置，运用函数和公式对数据进行计算，使用排序、筛选、分类汇总、图表等功能快速清晰地对数据进行分析和处理，并学会对工作表进行页面设置和打印设置等操作。

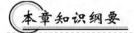
本章知识纲要

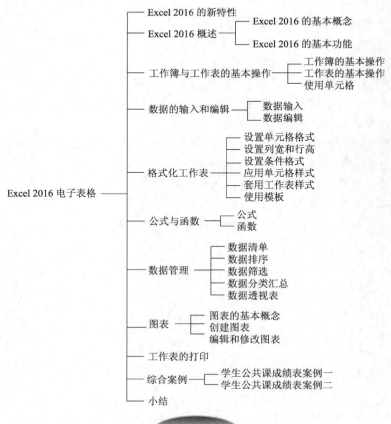

4.1　Excel 2016 的新特性

1. 更多的 Office 主题

Excel 2016 的主题不再是 Excel 2013 版本中单调的灰白色，而是有更多主题颜色可以选择，如图 4-1 所示。

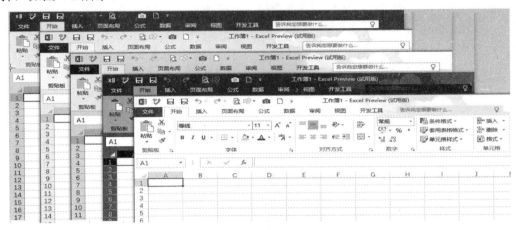

图 4-1　Excel 2016 主题页面

2. 新增的 Tell Me 功能

现在可以通过"告诉我你想做什么"功能快速检索 Excel 2016 功能按钮，用户不用再到选项卡中寻找某个命令的具体位置了，如图 4-2 所示。我们只要在输入框里输入要查找的关键字，Tell Me 就能提供相应的操作选项。比如，我们输入"字体"，在下拉菜单中会出现字体颜色、字体、字体设置等可操作命令。

图 4-2　【Tell Me】功能

3. 内置的 Power Query

在 Excel 2010 和 Excel 2013 版中，需要单独安装 Power Query 插件，2016 版已经内置了这一功能。Power Query 组中有"新建查询"下拉菜单，另外还有"显示查询""从表格""最近使用的源"三个按钮。其他三项插件依然是独立的插件，安装 Office 2016 时已经默认安装，可以直接加载启用，如图 4-3 所示。

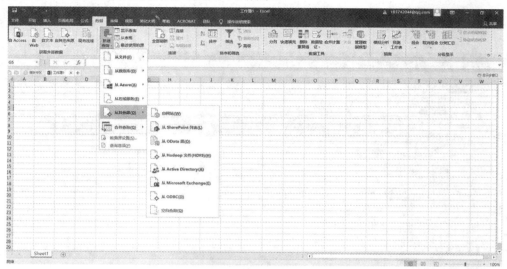

图 4-3　【新建查询】下拉框

4. 新增的预测功能

数据选项卡中新增了预测功能组，如图 4-4 所示。

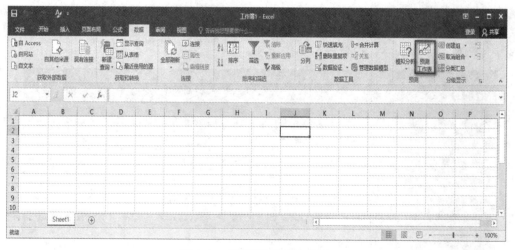

图 4-4　【预测工作表】命令

5. 改进透视表的功能

透视表字段列表可以支持筛选功能，如果数据源字段数量较多，那么查找某些字段就方便多了。

此外，基于数据模型创建的数据透视表，不仅可以自定义透视表行和列标题的内容，即便与数据源字段名重复也无妨，还可以对日期时间型的字段创建组。

4.2　Excel 2016 概述

4.2.1　Excel 2016 的基本概念

1. Excel 2016 的启动

启动 Excel 2016 常用的有两种方法。

方法一：单击桌面左下角的"开始"按钮，打开"开始"菜单，选择【所有程序】|【Microsoft Office】|【Microsoft Excel 2016】命令。

方法二：双击桌面上 Excel 快捷图标，快速启动 Excel 2016 的应用程序。

2. Excel 2016 的退出

在工作完成后，退出 Excel 2016，常用的方法有以下三种：

方法一：单击 Excel 右上角的关闭按钮。

方法二：选择【文件】|【退出】命令。

方法三：使用键盘上的 Alt + F4 组合键。

3. Excel 2016 窗口

Excel 2016 启动之后，即打开 Excel 应用程序工作窗口，Excel 2016 窗口主要由快速访问栏、标题栏、功能区、编辑栏、名称栏、行号、列号、活动单元格、工作表标签、视图按钮、全选按钮等组成，如图 4-5 所示。

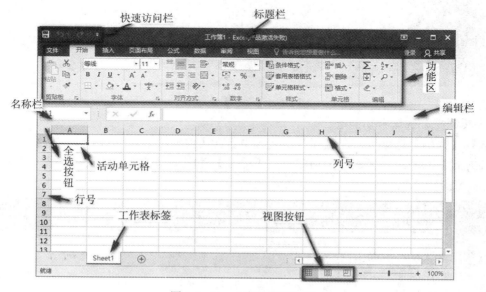

图 4-5　Excel 应用程序窗口

(1) 快速访问栏：位于工作界面的左上角，包含一组用户使用频率较高的工具，如"保存""撤销""恢复"和"样式"按钮。用户可单击"快速访问栏"右侧的下拉三角按钮，在展开的列表中选择要在其中显示或隐藏的工具按钮。

(2) 标题栏：位于窗口的最上方，用于显示当前正在运行的程序名及文件名等信息。新打开的工作簿文件，用户可以看到的文件名是"工作簿 1"，这是 Excel 默认建立的文件名。单击标题栏右端的对应按钮，可以使窗口最小化、最大化或者关闭。

(3) 功能区：位于标题栏的下方，是一个由 8 个选项卡组成的区域。Excel 2016 将用于处理数据的所有命令组织在不同的选项卡中。单击不同的选项卡标签，可切换功能区中显示的工具命令。在每一个选项卡中，命令又被分类放置在不同的功能组中。组的右下角通常都有一个对话框启动器按钮，用于打开与该组命令相关的对话框，以便用户进一步设置要进行的操作。

① 【文件】选项卡。

选择【文件】选项卡，在弹出的菜单中包含【信息】、【新建】、【打开】、【保存】、【另存为】、【打印】、【共享】、【导出】、【发布】、【关闭】命令，如图 4-6 所示。

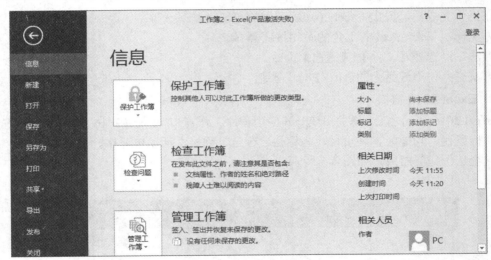

图 4-6 【文件】选项卡

② 【开始】选项卡功能区。

选择【开始】选项卡，在打开的功能区中包含【剪贴板】功能组、【字体】功能组、【对齐方式】功能组、【数字】功能组、【样式】功能组、【单元格】功能组、【编辑】功能组，如图 4-7 所示。

图 4-7 【开始】选项卡

③【插入】选项卡功能区。

选择【插入】选项卡，在打开的功能区中包含【表格】功能组、【插图】功能组、【加载项】功能组、【图表】功能组、【演示】功能组、【迷你图】功能组、【筛选器】功能组、【链接】功能组、【文本】功能组、【符号】功能组，如图 4-8 所示。

图 4-8　【插入】选项卡

④【页面布局】选项卡功能区。

选择【页面布局】选项卡，在打开的功能区中包含【主题】功能组、【页面设置】功能组、【调整为合适大小】功能组、【工作表选项】功能组、【排列】功能组，如图 4-9 所示。

图 4-9　【页面布局】选项卡

⑤【公式】选项卡功能区。

选择【公式】选项卡，在打开的功能区中包含【函数库】功能组、【定义的名称】功能组、【公式审核】功能组、【计算】功能组，如图 4-10 所示。

图 4-10　【公式】选项卡

⑥【数据】选项卡功能区。

选择【数据】选项卡，在打开的功能区中包含【获取外部数据】功能组、【获取和转换】功能组、【连接】功能组、【排序和筛选】功能组、【数据工具】功能组、【预测】

功能组、【分级显示】功能组，如图 4-11 所示。

图 4-11　【数据】选项卡

⑦【审阅】选项卡功能区。

选择【审阅】选项卡，在打开的功能区中包含【校对】功能组、【中文简繁转换】功能组、【语言】功能组、【批注】功能组、【更改】功能组，如图 4-12 所示。

图 4-12　【审阅】选项卡

⑧【视图】选项卡功能区。

选择【视图】选项卡，在打开的功能区中包含【工作簿视图】功能组、【显示】功能组、【显示比例】功能组、【窗口】功能组、【宏】功能组，如图 4-13 所示。

图 4-13　【视图】选项卡

(4) 编辑栏：编辑栏用于输入和修改活动单元格中的数据，当在工作表的某个单元格中输入数据时，编辑栏会同步显示输入的内容。

(5) 名称栏：用于显示当前单元格的名称或单元格的地址。单元格地址的命名规则是列号在前行号在后。如图 4-1 所示中在名称栏中显示的是当前活动单元格地址 A1。

(6) 行号和列号：工作表是一个由若干行和若干列构成的表格，每一行和每一列都用单独的标号来标识，行号由阿拉伯数字表示，列号由英文字母表示。

(7) 活动单元格：当前正在使用的单元格称为活动单元格，单击某个单元格，它就成为活动单元格，可以向活动单元格输入数据。活动单元格的地址在名称栏中显示。

(8) 工作表标签：位于工作簿窗口的左下角，默认名称为 sheet1、sheet2、sheet3 等。单击不同的工作表标签可在工作表间进行切换。

(9) 视图按钮：打开 Excel 2016，在显示 100%比例的左侧有 3 种显示视图按钮，分别为"普通视图""页面布局视图"与"分页预览视图"，默认情况下显示"普通视图"模式。

(10) 全选按钮：单击此按钮可以选中当前工作表的全部单元格。

4.2.2　Excel 2016 的基本功能

Excel 2016 的功能非常强大，主要表现在以下几个方面。

1. 方便的编辑表格和格式化表格功能

Excel 2016 可以快捷地建立数据表格，输入和编辑工作表中的数据，并且能够对工作表进行多种格式化操作。

2. 强大的计算能力

Excel 2016 利用自定义的公式和其提供的丰富函数进行复杂计算。通过 Excel 进行计算，可以节省大量的时间，并且能够降低错误出现的概率。

3. 丰富的图表向导

Excel 2016 提供便捷的图表向导，帮助用户建立和编辑多种与工作表对应的统计图表，并对图表进行精美的修饰。

4. 数据管理与分析

Excel 2016 可以对工作表中的数据进行排序、筛选及分类汇总等操作，能够快速地帮助我们对数据进行管理与分析。

5. 数据共享

Excel 2016 提供数据共享功能，可以实现多个用户共享同一个工作簿文件，建立超链接。

4.3　工作簿与工作表的基本操作

4.3.1　工作簿的基本操作

工作簿(book)是指在 Excel 2016 中用来存储并处理工作数据的文件，其中可以包含一个或者多个表格。它像一个文件夹，把相关的表格或图表保存在一起，便于处理。一个工作簿就是一个 Excel 文件，以.xlsx 作为扩展名保存。启动 Excel 2016 时会自动创建一个名称为"工作簿 1"的文件，用户可以在保存文件时重新命名。

1. 创建工作簿

可选择以下方法之一建立工作簿：

方法一：启动 Excel 2016 自动创建新的空白的工作簿，用户可在保存工作簿时重新命名。

方法二：单击【文件】|【新建】命令，双击【空白工作簿】，如图 4-14 所示。

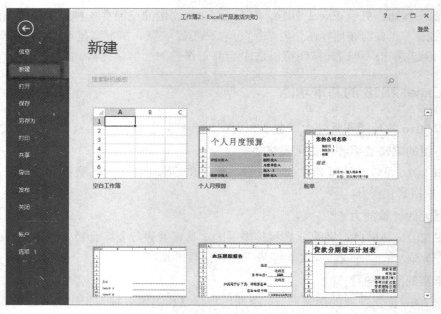

图 4-14　创建空白工作簿

方法三：打开 Excel 文件，按 Ctrl+N 组合键可以快速新建空白工作簿。

2. 保存工作簿

可选择以下方法之一保存工作簿：

方法一：单击【文件】|【保存】或者【另存为】命令，选择【这台电脑】或者【浏览】命令，这样就可以选择重新命名工作簿及存放的位置，如图 4-15 所示。

方法二：单击快速访问栏中的"保存"按钮。

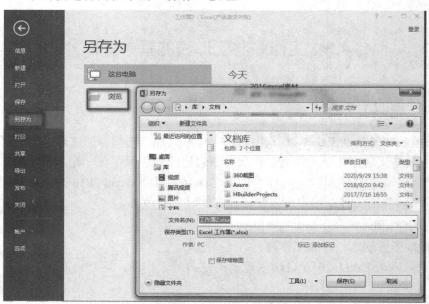

图 4-15　【另存为】对话框

3. 打开工作簿

可选择以下方法之一打开工作簿：

方法一：单击【文件】|【打开】命令。

方法二：找到文件在计算机中的位置，直接双击文件名打开文件。

4. 保护工作簿

Excel 2016 可以有效地对工作簿中的数据进行保护。工作簿的保护分为两个方面：第一保护工作簿，防止他人非法访问；第二禁止他人对工作簿或工作簿中的工作表进行非法操作。

(1) 限制打开工作簿操作步骤如下：

① 打开工作簿，单击【文件】|【另存为】命令，选择【这台电脑】或者【浏览】命令，弹出【另存为】对话框。

② 单击【另存为】对话框的【工具】下拉按钮，并在出现的下拉列表中单击【常规选项】，如图 4-16 所示。选择【常规选项】命令，弹出【常规选项】对话框，如图 4-17 所示。

③ 在【常规选项】对话框的【打开权限密码】框中输入密码，单击【确定】按钮后，弹出【确认密码】对话框，要求用户重新输入密码，以便确认，如图 4-18 所示。

④ 输入密码，单击【确定】按钮，退到【另存为】对话框，再单击【保存】按钮。

打开设置密码的工作簿时，将出现【密码】对话框，只有输入正确的密码才能打开工作簿。

图 4-16　选择【常规选项】命令

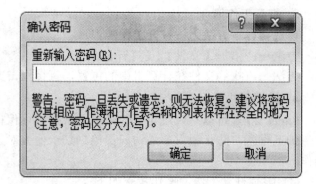

图 4-17　【常规选项】对话框　　　　　　　图 4-18　【确认密码】对话框

(2) 限制修改工作簿的操作如下：

打开【常规选项】对话框，在【修改权限密码】编辑框中输入密码，单击【确定】按钮后，在弹出的【确认密码】对话框中输入密码并确认。打开工作簿时，将出现【密码】对话框，输入正确的修改权限密码后才能对该工作簿进行修改操作。

(3) 修改或取消密码的操作如下：

打开【常规选项】对话框，在【打开权限密码】编辑框中，如果要更改密码，则输入新密码并单击【确定】按钮，如果要取消密码，按 Del 键，删除打开权限密码，然后单击【确定】按钮。

(4) 如果不允许对工作簿中的工作表进行移动、删除、修改、插入、隐藏、取消隐藏、重命名或者禁止对工作簿窗口的移动、缩放、隐藏、取消隐藏等操作，可进行如下设置：

① 选择【审阅】|【更改】功能组，单击【保护工作簿】命令，出现保护【保护结构和窗口】对话框，如图 4-19 所示。

图 4-19　【保护结构和窗口】对话框

② 勾选【结构】复选框，表示保护工作簿的结构，工作簿中的工作表将不能进行移动、删除、插入等操作。

③ 勾选【窗口】复选框，则每次打开工作簿时保持窗口的固定位置和大小不变，工作簿的窗口不能移动、缩放、隐藏、取消隐藏。

④ 键入密码，可以防止他人取消工作簿的保护，单击【确定】按钮，弹出如图 4-18 所示对话框，重新输入密码，单击【确定】按钮。

4.3.2　工作表的基本操作

工作簿相当于一个账簿，工作表(sheet)相当于账簿中的账页。默认情况下，每一个工作簿包含 1 个工作表，其名称为 sheet1，一个工作簿文件中可以包含若干个工作表，工作表的名称显示在工作簿文件窗口底部的工作表标签里，当前工作表只有一个，称为"活动工作表"。用户可以在标签上单击工作表的名称，从而实现在同一工作簿中不同工作表之间的切换。

工作表是由行和列组成的，最多可以包含 16 834 列，1 048 576 行，列号用 A，B，C，…，Z，AA，AB，…，AZ，BA，BB，…，IV，…，ZZ，AAA，AAB，…，XFD 表示，行号用数字 1，2，3，…，1 048 576 表示。

1. 选择工作表

(1) 选定一个工作表：单击工作表标签，可以选择该工作表为当前工作表。

(2) 选定不相邻的工作表：单击工作表标签，按住 Ctrl 键分别单击工作表标签，可同时选择多个工作表。

(3) 选定相邻的工作表：单击某个工作表标签，按住 Shift 键的同时单击最后一个工作表的标签。

(4) 选择全部工作表：鼠标右键单击工作表标签，选择【选定全部工作表】命令，如图 4-20 所示。

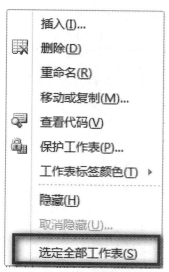

图 4-20　选择【选定全部工作表】命令

2. 插入新工作表

可选择以下方法之一插入新工作表：

方法一：选定一个或者多个工作表标签，单击鼠标右键，在弹出的菜单中选择【插入】命令，弹出【插入】对话框，如图 4-21 所示。选择"工作表"，单击【确定】按钮就可以插入与选定数量相同的新的工作表。

图 4-21 【插入】对话框

方法二：选择【开始】|【单元格】功能组，单击【插入】命令的下拉按钮，在下拉列表中选择【插入工作表】命令，如图 4-22 所示。

图 4-22 选择【插入工作表】命令

3. 删除工作表

可选择以下方法之一删除工作表：

方法一：选定一个或者多个工作表标签，单击鼠标右键，在弹出的菜单中选择【删除】命令。

方法二：选择【开始】|【单元格】功能组，单击【删除】命令的下拉按钮，在下拉列表中选择【删除工作表】命令，如图 4-23 所示。

图 4-23 选择【删除工作表】命令

4. 重命名工作表

可选择以下方法之一重新命名工作表：

方法一：双击相应的工作表标签，输入新名称覆盖原有名称即可。

方法二：右击要改名的工作表标签，然后选择快捷菜单中的【重命名】命令，最后输入新的工作表名称。

5. 设定选项卡标签颜色

选定工作表标签，单击鼠标右键弹出快捷菜单，选择【工作表标签颜色】，然后选择所喜欢的颜色，即可改变工作表的标签。

6. 移动或复制工作表

用户既可以在一个工作簿中移动或复制工作表，也可以在不同工作簿之间移动或复制工作表。在一个工作簿中移动或复制工作表的操作方法如下：

选择工作表标签，单击鼠标右键，在弹出的快捷菜单中选择【移动或复制工作表】命令，弹出【移动或复制工作表】对话框，如图 4-24 所示。

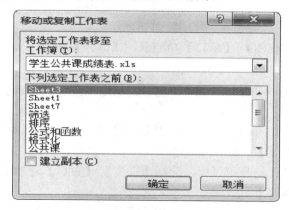

图 4-24　【移动或复制工作表】对话框

利用【移动或复制工作表】对话框，可以实现一个工作簿内工作表的移动和复制，也可以实现不同的工作簿之间工作表的移动或复制。在两个不同的工作簿之间移动或复制工作表，要求两个工作簿文件都必须在同一个 Excel 应用程序下打开。

7. 隐藏工作表和取消隐藏

选定需要隐藏的工作表，单击鼠标右键，在弹出的快捷菜单中选择【隐藏】命令，即可隐藏该工作表。如果要取消隐藏，单击任何一个工作表标签，在弹出的快捷菜单中选择【取消隐藏】命令，在弹出的【取消隐藏】对话框中，选择取消隐藏的工作表，单击【确定】按钮，就可以把隐藏的工作表显示出来。

8. 拆分工作表窗口和取消拆分

一个工作表可以拆分成两个窗口或者四个窗口，窗口拆分后，可以同时浏览一个较大工作表的不同部分，拆分工作表的操作如下：

选择要拆分的行或列，选择【视图】|【窗口】功能组中的【拆分】命令，一个窗口就会被拆分成四个窗口，如图 4-25 所示。

系列	学号	姓名	马哲	高数	英语	总分	平均分
					学生公共课成绩表		
计算机系	10120	宋洁	55	67	88		
电子系	20311	刘敏清	77	76	78		
计算机系	10103	王定国	60	56	84		
数学系	30123	丁雨	78	73	60		
电子系	20308	汪海	44	77	62		
计算机系	10201	郭枫	80	62	76		
数学系	30201	白韬	67	74	59		
电子系	20313	陈飞	80	76	86		
数学系	30211	唐正	79	88	83		
计算机系	10025	黄龙	67	44	67		
电子系	20310	徐丹	56	78	67		
		最高分					

系列	学号	姓名	马哲	高数	英语	总分	平均分	排名
					学生公共课成绩表			
计算机系	10120	宋洁	55	67	88			
电子系	20311	刘敏清	77	76	78			
计算机系	10103	王定国	60	56	84			
数学系	30123	丁雨	78	73	60			
电子系	20308	汪海	44	77	62			
计算机系	10201	郭枫	80	62	76			
数学系	30201	白韬	67	74	59			
电子系	20313	陈飞	80	76	86			
数学系	30211	唐正	79	88	83			
计算机系	10025	黄龙	67	44	67			
电子系	20310	徐丹	56	78	67			
		最高分						

图 4-25 【拆分】窗口

取消拆分：选择【视图】|【窗口】功能组的【拆分】命令。

9. 冻结工作表窗口

若工作表较大，向下或者向右滚动浏览时无法始终在窗口中显示前几行或者前几列，则采用"冻结"行或列的方法可以实现始终显示表前几行或前几列。

冻结第一行的方法：选择第二行，选择【视图】|【窗口】功能组的【冻结窗格】命令下拉列表中的【冻结首行】，如图 4-26 所示。

冻结前两行的方法：选择第三行，选择【视图】|【窗口】功能组的【冻结窗格】命令下拉列表中的【冻结窗格】。

冻结第一列的方法：选择第二列，选择【视图】|【窗口】功能组的【冻结窗格】命令下拉列表中的【冻结窗格】。

图 4-26 选择【冻结拆分窗格】命令

10. 取消冻结工作表窗口

选择【视图】|【窗口】功能组的【冻结窗格】命令下拉列表中的【取消冻结窗格】命令。

11．保护工作表

可以对工作簿中指定的工作表进行保护，操作步骤如下：

(1) 选择要保护的工作表作为当前工作表。

(2) 选择【审阅】|【更改】功能组，单击【保护工作表】命令，出现【保护工作表】对话框，如图 4-27 所示。

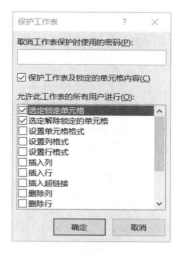

图 4-27　【保护工作表】对话框

(3) 勾选【保护工作表及锁定的单元格内容】复选框，在【允许此工作表的所有用户进行】下提供的选项中选择允许用户操作的项。与保护工作簿一样，为防止他人取消工作表的保护，可以键入密码，然后单击【确定】按钮。弹出【确认密码】对话框，重新输入密码，单击【确定】按钮。

如果想取消保护工作表，选择【更改】|【撤消工作表保护】命令即可。

4.3.3　使用单元格

每个工作表由若干水平和垂直的网格线分割，组成一个个的单元格，它是存储和处理数据的基本单元。每个单元格都有自己的名称和地址。

单元格名称由其所在的列号和行号组成，列号在前，行号在后。如 A1 就代表了第 A 列、第 1 行所在的单元格，我们称 A1 为该单元格的地址。

当前被选中的单元格称为活动单元格，它以白底黑框标记。在工作表中，只有活动单元格才能输入或编辑数据。活动单元格的地址显示在编辑栏左端的名称框中。

单元格区域是由多个单元格组成的矩形区域，常用左上角、右下角单元格的名称来表示，中间用"："分隔。如单元格区域"A1:B3"。

1．选取多个单元格

在一个单元格内按鼠标左键，可选取该单元格；若要一次选取多个相邻的单元格，将鼠标置于欲选取范围的第一个单元格，然后按住鼠标左键拖动到欲选取范围的最后一个单元格，最后再放开左键。

2. 选取不连续的多个范围

如果要选取多个不连续的单元格范围，如 B2:D2、A3:A5，先选取 B2:D2 范围，然后按住 Ctrl 键，再选取第二个范围 A3:A5，选好后再放开 Ctrl 键，就可以同时选取多个单元格范围了。

3. 选取整行或整列

要选取整行或整列，可在对应的行号或列号上用鼠标左键单击，即可选中。

4. 选取整张工作表

若要选取整张工作表，按下工作表左上角的【全选按钮】 ，即可一次选取工作表中所有的单元格。

5. 插入单元格

先选择要插入的单元格位置，在【开始】|【单元格】功能组中单击【插入】命令下拉按钮，在下拉列表中选择【插入单元格】命令，弹出如图 4-28 所示的【插入】对话框。

图 4-28　【插入】对话框

在此对话框中可以选择插入的方式，如果选择【活动单元格右移】命令，那么选中的单元格将右移一个位置。

如果选择【活动单元格下移】命令，那么选中的单元格将下移一个位置。

如果选择【整行】命令，那么当前单元格所在行整体下移一行。

如果选择【整列】命令，那么当前单元格所在的列向右移动一列。

6. 删除单元格

先选择要删除的位置，在【开始】|【单元格】功能组中单击【删除】命令下拉按钮，在下拉列表中选择【删除单元格】命令，弹出如图 4-29 所示的【删除】对话框。

图 4-29　【删除】对话框

在此对话框中可以选择删除的方式，如果选择【右侧单元格左移】命令，那么选中的单元格内容将被它的右边第一个单元格内容代替。

如果选择【下方单元格上移】命令，那么选中的单元格内容将被它的下边第一个单元格内容代替。

如果选择【整行】命令，那么将删除选中的单元格所在的行。

如果选择【整列】命令，那么将删除选中的单元格所在的列。

7. 批注

批注是为单元格加注释，一个单元格加了批注后，会在单元格右上角出现一个三角标志，当鼠标指向这个标志时，显示批注信息。

(1) 添加批注。

选定要添加批注的单元格，选择【审阅】|【批注】功能组中的【新建批注】命令，或者单击鼠标右键选择【插入批注】，在弹出的批注框中输入文字，完成输入后，单击批注外部工作表区域即可退出，如图 4-30 所示。

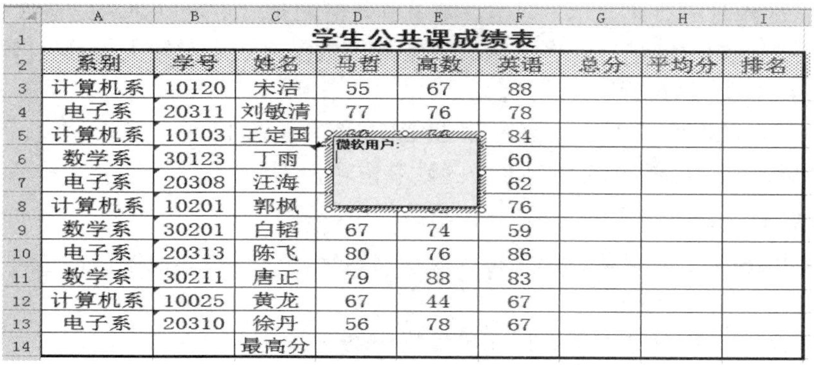

	A	B	C	D	E	F	G	H	I
1	学生公共课成绩表								
2	系别	学号	姓名	马哲	高数	英语	总分	平均分	排名
3	计算机系	10120	宋洁	55	67	88			
4	电子系	20311	刘敏清	77	76	78			
5	计算机系	10103	王定国			84			
6	数学系	30123	丁雨			60			
7	电子系	20308	汪海			62			
8	计算机系	10201	郭枫			76			
9	数学系	30201	白韬	67	74	59			
10	电子系	20313	陈飞	80	76	86			
11	数学系	30211	唐正	79	88	83			
12	计算机系	10025	黄龙	67	44	67			
13	电子系	20310	徐丹	56	78	67			
14			最高分						

图 4-30　添加批注

(2) 编辑/删除批注。

选择有批注的单元格，单击鼠标右键，在弹出的菜单中选择【编辑批注】或【删除批注】，即可对批注的信息进行编辑或删除。

4.4　数据的输入和编辑

启动 Excel 2016 后，将会自动创建一个空白的工作簿文件“工作簿 1”，其名称显示在标题栏中。工作簿内默认包含了 1 个工作表，以 sheet1 来命名。

数据输入是很实际的问题，许多工作人员不得不面对它。针对不同规律的数据，采用不同的输入方法，不仅能减少输入数据的工作量，还能保障输入数据的正确性。

Excel 2016 的常见数据类型有数字型、日期型、文本型、逻辑型数据等。数字表现有货币、小数、百分数、科学计数法、各种编号、邮政编码、电话号码等多种形式。

数据输入首先选定要输入数据的单元格，然后从键盘上输入数据，最后按 Enter 键返回。

4.4.1　数据输入

1. 输入数值

在 Excel 2016 中，数字型数据除了数字 0～9 外，还包括“+”(正号)、“－”(负号)、“( )”“/”“%”“.”(小数点)、“$”“E”“,”(千位分隔符)、“e”等特殊字符。数字型数据默认右对齐，数字与非数字的组合均作为文本型数据处理。

输入数字型数据时，应注意以下几点：

(1) 输入分数时，应在分数前输入 0(零)及一个空格，如分数 4/5 应输入 0 4/5。如果直接输入 4/5 或 04/5，则系统将把它视作日期，认为是 4 月 5 日。

(2) 输入负数时，应在负数前输入负号，或将其置于括号中，如−8 应输入−8 或(8)。

(3) 在数字间可以用千位分位号"，"隔开，如输入"24,002"。

(4) "常规"格式是键入数字时 Excel 应用的默认数字格式。大多数情况下，"常规"格式的数字以键入时的方式显示。但是，如果单元格的宽度不足以显示完整数字，"常规"格式会对带小数点的数字进行四舍五入。"常规"数字格式还对较大的数字(具有 12 位或更多位数)使用科学记数(指数)表示法。

(5) 无论显示的数字的位数如何，Excel 2016 都只保留 15 位的数字精度。如果数字长度超出了 15 位，则 Excel 2016 会将多余的数字位转换为 0(零)。

2. 输入文本

在 Excel 2016 中，文本可以是字母、汉字、数字、空格和其他字符，也可以是它们的组合。

在默认状态下，所有文本型数据在单元格中均左对齐。输入文字时，文字出现在活动单元格和编辑栏中。输入时注意以下几点：

(1) 在当前单元格中，一般文字如字母、汉字等直接输入即可。

(2) 如果把数字作为文本输入，则要先输入一个半角字符的单引号"'"，再输入相应的字符。例如，输入"'13567805678" "'2/3"。

3. 输入日期和时间

Excel 2016 将日期和时间视为数字处理。

在默认状态下，日期和时间型数据在单元格中右对齐。如果 Excel 不能识别输入的日期或时间格式，输入的内容将被视作文本，并在单元格中左对齐。

(1) 一般情况下，日期分隔符使用"/"或"−"。

(2) 如果只输入月和日，Excel 取计算机内部时钟的年份作为默认值。

(3) 时间分隔符一般使用冒号"："。

(4) 如果要输入当天的日期，则按 Ctrl+"；"(分号)键。若要输入当前的时间，则按 Ctrl+Shift+"；"(分号)键。

(5) 如果在单元格中既输入日期又输入时间，则中间必须用空格隔开。

4. 输入逻辑值

直接在单元格中输入"TRUE"(真值)和"FALSE"(假值)。

5. 数据有效性

使用数据有效性可以控制单元格可接收的数据类型和范围。具体操作是：选择【数据】|【数据工具】功能组，单击【数据验证】下拉按钮，在下拉列表中选择【数据验证】命令，如图 4-31 所示。弹出【数据验证】对话框，如图 4-32 所示，用户可以根据需要设置单元格数据的有效性条件。

图 4-31　选择【数据验证】命令

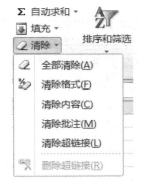

图 4-32　【数据验证】对话框

4.4.2　数据编辑

1. 数据修改

在编辑栏修改数据，只需先选中要修改的单元格，然后在编辑栏中进行相应的修改，单击 "✓" 按钮确认修改，单击关闭按钮 "✗" 或按 Esc 键放弃修改，该方法适合单元格中内容较多或公式的修改。

直接在单元格中修改数据，此时需双击单元格，然后进入单元格修改，此种方法适合单元格中内容较少的修改。

2. 数据删除

删除单元格内容：选定要删除的单元格或者单元格区域，按 Del 键可以删除单元格中的内容，但是单元格的其他属性仍然保持。如果想要删除单元格的内容和其他属性，可以单击【开始】|【编辑】功能组中的【清除】命令下拉按钮，选择【全部清除】、【清除格式】、【清除内容】、【清除批注】、【清除超链接】等命令，如图 4-33 所示。

图 4-33　【清除】命令下拉框

3. 数据复制和移动

数据移动和复制的方法基本相同，通常会移动和复制单元格的公式、数值、格式、批注等。

(1) 使用选项卡命令复制或移动单元格内容。

① 选择要被复制或移动的单元格区域。

② 选择【开始】|【剪贴板】功能组的【复制】或【剪切】命令，或者单击鼠标右键，选择【复制】或【剪切】命令。

③ 选择目标位置，单击【剪贴板】功能组中的【粘贴】命令下拉按钮，如图 4-34 所示，或者单击鼠标右键，选择【粘贴】选项下的相应命令，反复执行本步骤，可复制多次。

复制数据时，也可以选定目标后单击右键，选择【选择性粘贴】完成粘贴，如 4-35 所示。

图 4-34　【粘贴】下拉框　　　　　　图 4-35　选择【选择性粘贴】命令

(2) 通过拖动鼠标来移动或复制单元格内容。

选择被复制或移动的单元格区域，将鼠标指针指向选定区域的边框上，当指针变成十字箭头"✛"形状时，按住鼠标左键拖动到目标位置上，可移动单元格内容和格式等，在拖动鼠标的同时按住 Ctrl 键到目标位置，先松开鼠标，后松开 Ctrl 键，可复制单元格的内容。

(3) 复制单元格中特定内容。

① 选择需要被复制的单元格区域，单击【开始】|【剪贴板】功能组中的【复制】命令。

② 选择【剪贴板】|【粘贴】命令，或单击鼠标右键，都可以出现【选择性粘贴】选项。

③ 利用【选项性粘贴】对话框，如图 4-36 所示，可以复制单元格中特定内容。

图 4-36　【选择性粘贴】对话框

4．自动填充单元格

对于一些有规律或相同的数据，可以采用自动填充功能高效地输入数据。

(1) 利用自动填充柄填充数据序列。

在工作表中选择一个单元格或者单元格区域，在右下角会出现一个控制柄，当光标移到控制柄时会出现"+"形状填充柄，拖动填充柄，可以实现快速填充，利用填充柄不仅可以实现填充相同的数据，还可以实现填充有规律的数据。

使用填充柄填充单元格时有以下两种情况需要说明：

如果选定的单元格中的内容是不存在序列状态的文本，那么拖动填充柄将对文本进行复制。

如果选定单元格中的内容是序列，那么拖动填充柄时自动填充序列，如图 4-37 所示。

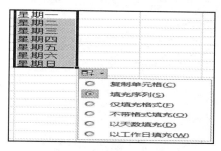

图 4-37　自动填充序列

(2) 利用对话框填充数据系列。

利用对话框填充数据系列可以有以下两种方法：

方式一：利用【开始】|【编辑】功能组中的【填充】命令填充数据时，可以进行已定义序列的自动填充，包括数值、日期和文本等类型。在需要填充的单元格区域开始处的第一个单元格输入第一个值，然后选择单元格或者单元格区域，之后单击【填充】命令下拉按钮，选择【序列】命令，如图 4-38 所示，弹出【序列】对话框，如图 4-39 所示，在此对话框中可以设置步长值、终止值，可以在【序列产生在】选择行或者列，在【类型】可以选择等比数列、等差数列、日期或者自动填充。

图 4-38　选择【序列】命令

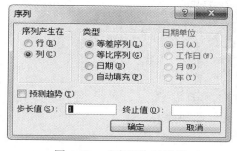

图 4-39　【序列】对话框

方式二：利用【自定义序列】对话框填充数据系列，可以自己定义要填充的序列。Excel 2016 可建立的序列类型有 4 种：

【等差序列】：数列中相邻两数字的差相等，如：2，4，6，8，…。

【等比序列】：数列中相邻两数字的比值相等，如：2，6，18，54，…。

【日期】：数列中相邻两个日期的填充，如：2019/5/15，2019/5/16，2019/5/17，…。

【自动填充】：属于不可计算的文字数据。Excel 2016 已对这类型文字数据建立数据库，使用自动填充序列时，就像使用一般序列一样。

(3) 创建自定义序列。

选择【文件】|【选项】，在【Excel 选项】对话框左侧列表中选择【高级】选项，在右侧【常规】选项区域中单击【编辑自定义列表】命令，如图 4-40 所示。弹出【自定义序列】对话框，如图 4-41 所示。

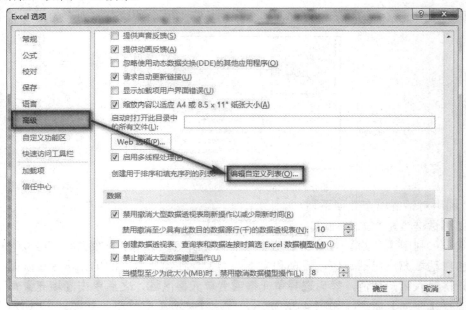

图 4-40　【Excel 选项】对话框

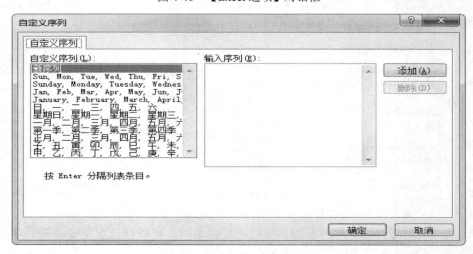

图 4-41　【自定义序列】对话框

在【自定义序列】对话框【输入序列】列表框中输入要定义的序列，单击【添加】按钮，将其添加到左侧的【自定义序列】列表框中。

5. 查找和替换

当表格中的数据太多时，需要查找某一项数据或者替换里面的数据，使用 Excel 2016 的查找和替换功能可以方便地查找和替换需要的数据。

操作方法：选择【开始】|【编辑】功能组，单击【查找和选择】命令的下拉按钮，在下拉列表中选择【替换】命令，如图 4-42 所示，弹出【查找和替换】对话框，单击【选项】按钮，如图 4-43 所示，可在弹出的页面中进行设置。

图 4-42　【查找和选择】下拉框　　　　　图 4-43　【查找和替换】对话框

4.5　格式化工作表

建立好工作表之后，就可以对表格进行格式化操作，Excel 2016 提供了丰富的格式化命令，利用这些命令可以具体设置工作表和单元格格式，创建出更美观、更具体的工作表。

4.5.1　设置单元格格式

当在单元格输入数据时，Excel 2016 会自动判断数据的类型并格式化。对不同的单元格数据，可以根据具体需求设置不同的格式，如设置单元格数据类型、文本对齐方式和字体、单元格边框和图案等。

设置单元格格式方法：选好要设置的单元格或者单元格区域，单击鼠标右键，在弹出的快捷菜单中选择【设置单元格格式】命令，弹出如图 4-44 所示的【设置单元格格式】对话框。或者单击【开始】选项卡中的【字体】、【对齐方式】、【数字】功能组中的启动器按钮，可在弹出的对话框中进行设置。

图 4-44 【设置单元格格式】对话框

1. 设置数字格式

在默认情况下，数字以常规显示，但 Excel 2016 提供了很多数字的显示格式，如数值、货币、文本、会计专用、日期等，在【设置单元格格式】对话框的【数字】选项卡中可以设置这些数字格式，如图 4-44 所示。

2. 设置对齐方式

所谓对齐，是指单元格的内容显示时相对于单元格上下左右的位置。默认情况下文本靠左，数字靠右，逻辑值和错误值居中。此外单元格还允许用户设置其他对齐方式，如合并后居中、旋转单元格内容等。在【设置单元格格式】对话框中选择【对齐】选项卡，如图 4-45 所示，可以设置对齐方式。

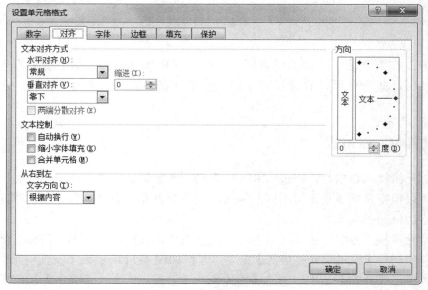

图 4-45 【对齐】选项卡

3．设置字体

在【设置单元格格式】对话框的【字体】选项卡中，可以完成字体、字号、字形、颜色等设置，如图 4-46 所示。

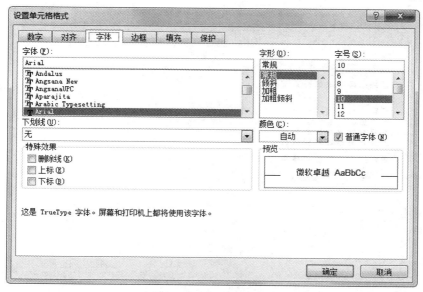

图 4-46　【字体】选项卡

4．设置边框

在默认情况下，Excel 2016 不为单元格设置边框，工作表在打印时框线不能显示出来。但为了使表格更加美观，有时需要加一些边框，在【设置单元格格式】对话框的【边框】选项卡下可以设置边框的线条样式和颜色，如图 4-47 所示。

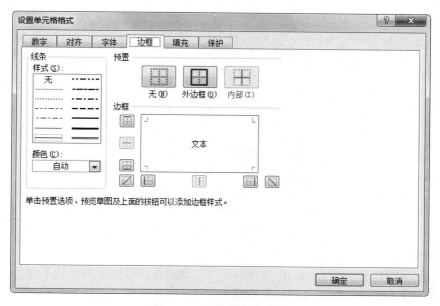

图 4-47　【边框】选项卡

5. 设置背景和图案

在【设置单元格格式】对话框的【填充】选项卡下，可以设置突出显示某些单元格或者单元格区域，为这些单元格添加背景色和图案，如图 4-48 所示。

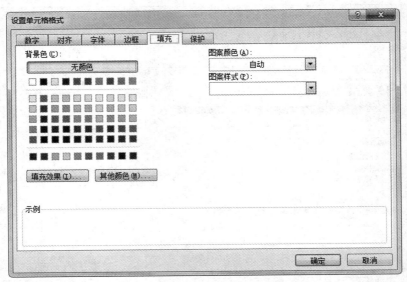

图 4-48 【填充】选项卡

例 4-1 现有工作表"2020 年销售统计表"，如图 4-49 所示，按照如下要求进行设置：标题设置黑体、20 号、加粗，A1:H1 单元格区域合并居中显示；A2:H14 单元格区域设置粗线外边框，细实线内边框；A3:A14 单元格区域设置图案颜色为"白色、背景 1，深色 35%"，图案样式为"25%灰色"；B14:G14 单元格区域设置数字分类为百分比，保留小数点后两位。

	A	B	C	D	E	F	G	H
1	2020年销售统计表							
2	月份	产品一	产品二	产品三	产品四	产品五	产品六	总销售量
3	一月	8900	980	82	485	182	1389	12018
4	二月	15612	990	100	497	199	2100	19498
5	三月	11055	1120	87	385	183	1192	14022
6	五月	10300	790	87	697	180	1688	13742
7	六月	15800	1030	89	590	189	1490	19188
8	七月	18210	790	98	396	185	1380	21059
9	八月	12911	920	86	484	110	1299	15810
10	九月	9920	680	79	274	185	1681	12819
11	十月	10280	890	93	587	194	1386	13430
12	十一月	18940	690	78	496	257	1768	22229
13	十二月	15800	840	98	589	284	1194	18805
14	平均	13429.82	883.6364	88.81818	498.1818	195.2727	1506.091	

图 4-49 "2020 年销售统计表"原表

操作步骤如下：

(1) 选定 A1:H1 单元格区域，单击鼠标右键，选择【设置单元格格式】命令，打开【设置单元格格式】对话框。选择【字体】选项卡，【字体】选择"黑体"，【字形】选择"加粗"，【字号】选择"20"。

(2) 选择【对齐】选项卡，【水平对齐】与【垂直对齐】都选择"居中"，【文本控制】勾选"合并单元格"，单击【确定】按钮。

(3) 选定 A2:H14 单元格区域，单击鼠标右键，选择【设置单元格格式】命令，打开【设置单元格格式】对话框。选择【边框】选项卡，先在【线条样式】选择"粗线"，【预置】选择【外边框】，然后在【线条样式】选择"细实线"，【预置】选择【内部】，单击【确定】按钮。

(4) 选择 A3:A14 单元格区域，单击鼠标右键，选择【设置单元格格式】命令，打开【设置单元格格式】对话框。选择【填充】选项卡，【图案颜色】选择"白色、背景 1，深色 35%"，【图案样式】选择"25%灰色"，单击【确定】按钮。

(5) 选择表 B14:G14 区域，单击鼠标右键，选择【设置单元格格式】命令，打开【设置单元格格式】对话框。选择【数字】选项卡，【分类】选择"百分比"，【小数位数】为"2"，单击【确定】按钮。格式化效果图如图 4-50 所示。

月份	产品一	产品二	产品三	产品四	产品五	产品六	总销售量
一月	8900	980	82	485	182	1389	12018
二月	15612	990	100	497	199	2100	19498
三月	11055	1120	87	385	183	1192	14022
五月	10300	790	87	697	180	1688	13742
六月	15800	1030	89	590	189	1490	19188
七月	18210	790	98	396	185	1380	21059
八月	12911	920	86	484	110	1299	15810
九月	9920	680	79	274	185	1681	12819
十月	10280	890	93	587	194	1386	13430
十一月	18940	690	78	496	257	1768	22229
十二月	15800	840	98	589	284	1194	18805
平均	13429.82	883.64	88.82	498.18	195.27	1506.09	

图 4-50　"2020 年销售统计表"格式化结果

4.5.2　设置列宽和行高

有时在单元格输入数据后，有的单元格只显示了一半的文字，有的单元格显示一串"#"符号，原因在于单元格的列宽和行高不够，不能正确显示文字，因此，需要设置列宽和行高。

1. 设置列宽

可以使用下列方法之一设置列宽：

方法一：使用鼠标粗略调整列宽。

把鼠标指针移到需要调整的列号的分割线上，当鼠标指针变为双向箭头时，按住鼠标左键拖动，直到将列宽调整到合适宽度，放开鼠标即可。

方法二：通过对话框设置。

选择需要调整列宽的列号，选择【开始】|【单元格】功能组，单击【格式】命令下拉按钮，弹出下拉列表如图 4-51 所示；选择【列宽】命令，弹出【列宽】对话框，如图 4-52 所示。通过该对话框可设置列宽。

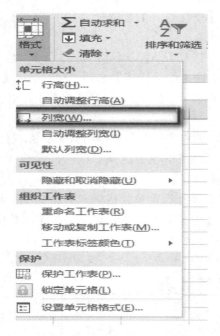

图 4-51 【格式】下拉列表

图 4-52 【列宽】对话框

2. 设置行高

可以使用下列方法之一设置行高：

方法一：使用鼠标粗略调整行高。

把鼠标指针移到需要调整的行号的分割线上，当鼠标指针变为双向箭头时，按住鼠标左键拖动，直到将行高调整到合适高度，放开鼠标即可。

方法二：通过对话框设置。

选择需要调整行高的行号，选择【开始】|【单元格】功能组，单击【格式】命令的下拉按钮，在下拉列表中选择【行高】命令，弹出【行高】对话框，如图 4-53 所示。通过该对话框可设置行高。

图 4-53 【行高】对话框

4.5.3 设置条件格式

在编辑工作表时，可以设置条件格式，条件格式可以根据指定的公式和数值来确定搜索条件。使用条件格式时首先选择要设置的单元格区域，单击【开始】|【样式】功能组中【条件格式】命令下拉按钮，在弹出的下拉列表中选择相应的条件进行设置，如图 4-54 所示。

图 4-54　【条件格式】下拉列表

4.5.4　应用单元格样式

样式就是单元格字体、字号、对齐、边框和图案等一个或多个设置特征的组合，可将这一组合作为集合加以命名和存储。Excel 2016 中自带多种单元格样式，应用样式即应用样式名的所有格式设置，同时用户也可以自定义所需要的单元格样式。

选择设置样式的单元格区域，单击【开始】|【样式】功能组中的【单元格样式】命令下拉按钮，在下拉列表中选择要应用的样式，如图 4-55 所示。除了可以应用内置的样式，用户还可以自己创建自定义的单元格样式，并将其应用到指定的单元格区域中。

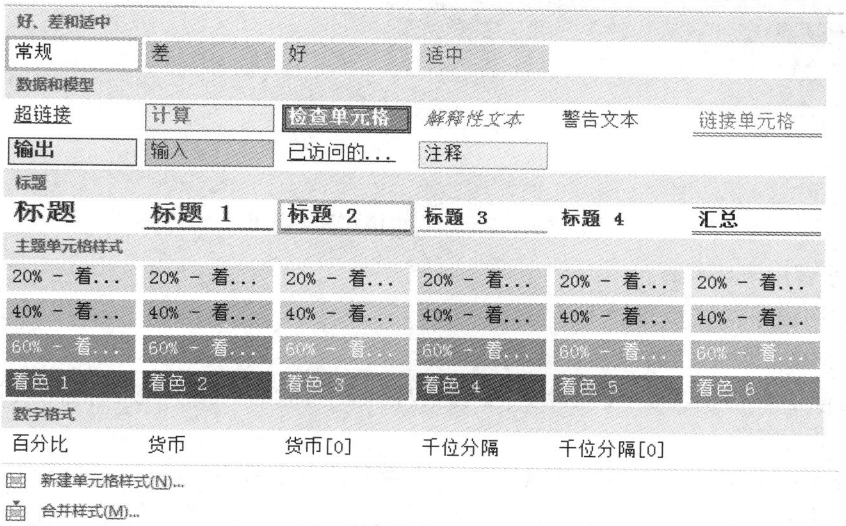

图 4-55　【单元格样式】下拉列表

4.5.5 套用工作表样式

1. 套用表格样式

在 Excel 2016 中除了可以套用单元格样式，还可以整个套用工作表样式，节省格式化工作表时间。具体操作如下：选择单元格区域，选择【开始】|【样式】功能组，单击【套用表格格式】命令下拉按钮，在下拉列表中选择需要的样式即可，如图 4-56 所示。

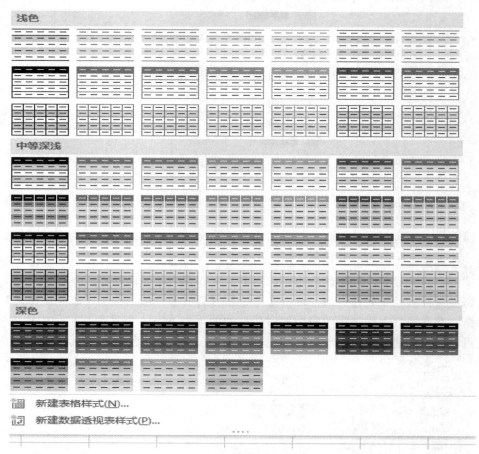

图 4-56 【套用表格格式】下拉框

2. 删除套用表格样式

删除套用表格样式步骤如下：

(1) 选择要删除的当前表格样式的任意单元格。

(2) 选择【表格工具】|【设计】|【表格样式】功能组，展开【表格样式】库。

(3) 单击【清除】。

但是在 Excel 2016 中，"表格格式"已经将表格套用效果与筛选功能整合。在默认状态下，套用表格样式后将无法进行数据"分类汇总"操作，需要将套用表格格式的表格转换为正常区域后才能进行"分类汇总"。具体转换操作如下：选中被套用表格格式的表格，

选择 【表格工具】|【设计】|【工具】功能组中的【转换为区域】命令，这样才能去掉套用的表格样式。

4.5.6　使用模板

模板是含有特定格式的工作簿，其工作表格式已被设置。如果某个工作簿的格式以后要经常使用，为了避免每次重复设置，可以把工作簿的格式做成模板并存储，以后每当要建立与它相同格式的工作簿时直接调用该模板，可以快速建立所需的工作簿文件。Excel 2016 已经提供了一些模板，用户可以直接应用。使用样本模板建立工作簿的具体操作是：

选择【文件】|【新建】命令，在弹出的【新建】窗口中，选择提供的模板建立工作簿文件，如图 4-14 所示。

4.6　公 式 与 函 数

Excel 2016 提供各种统计计算功能，具有强大的计算能力，用户可以根据系统提供的运算符和函数构造计算公式，或者利用系统提供的丰富函数进行各种复杂计算。

4.6.1　公式

1. 输入公式

输入公式时要以 "=" 开头，指明后面的字符串是一个公式，然后才是公式的表达式。

(1) 公式的输入形式：＝<表达式>。

表达式由运算符、常量、单元格地址、函数及括号等组成。表达式可以是算数表达式、关系表达式和字符串表达式。输入公式时应注意：运算符必须在英文半角状态下输入，公式运算时要用单元格地址，公式中的单元格地址可以通过键盘输入，也可以单击相应的单元格得到单元格地址，输入公式后按 Enter 键确认。

(2) 公式的复制。

选择已有公式的单元格，使用自动填充功能复制公式到其他单元格。

(3) 公式的修改。

单击包含该公式的单元格，在编辑栏中修改，或者双击该单元格，直接在单元格内修改。

2. 引用单元格

单元格的引用是把单元格的数据和公式联系起来,标识工作表中单元格或单元格区域,指明公式中使用数据的位置。引用单元格分为相对引用、绝对引用和混合引用。Excel 2016 默认为相对引用。

(1) 相对引用。

相对引用是指引用单元格时，公式中的单元格或单元格区域地址会随公式所在位置的变化而改变，公式的值将会依据更改后的单元格地址的值重新计算。例如在 D1 单元格中输入公式"=A1+B1+C1"，当复制该公式到 D2 单元格时，单元格引用的公式自动调整为"=A2+B2+C2"。

(2) 绝对引用。

绝对引用是指公式中的单元格或单元格区域地址不随公式所在位置的改变而发生改变，不论公式处在什么位置，公式中所引用的单元格位置都是其在工作表中的确切位置。

在 Excel 2016 中绝对引用是通过在行号和列号前加"$"符号实现的。例如在 D1 单元格中输入公式"=$A$1+$B$1+$C$1"，当复制该公式到 D2 单元格时，单元格引用的公式为"=$A$1+$B$1+$C$1"，单元格的引用地址不发生变化。

(3) 混合引用。

混合引用是指单元格或单元格区域的地址部分是相对引用，部分是绝对引用。如$B2、B$2。

(4) 跨工作表的单元格地址引用。

单元格地址一般是：[工作簿文件名]工作表名!单元格地址。

在应用当前工作簿的各工作表单元格地址时，当前"[工作簿文件名]"可以省略；引用当前工作表单元格地址时"工作表名！"可以省略。例如，假设单元格公式 F4 中的公式为"=(C4+D4)*sheet2!B1"，其中 sheet2!B1 表示当前工作簿 sheet2 工作表中的 B1 单元格地址，而 C4 和 D4 表示当前工作表的单元格地址。

3. 运算符

常用的运算符有算数运算符、关系运算符、文本连接运算符和单元格引用运算符，下面分别介绍这几种运算符。

(1) 算术运算符：完成基本的数学运算，使用的运算符有"+"(加号)、"−"(减号)、"*"(乘号)、"/"(除号)、"%"(取余)、"^"(幂运算)等，使用方法如表 4-1 所示。

表 4-1 算数运算符使用方法

算术运算符	含义(示例)	结果
+(加号)	加法运算(3+3)	6
−(减号)	减法运算(3−1)	2
*(乘号)	乘法运算(3*3)	9
/(除号)	除法运算(8/3)	2
%(取余)	取余(9%4)	1
^(幂运算)	乘幂运算(5^2)	25

(2) 比较运算符：用于实现两个值的比较，结果是一个逻辑值，TRUE 或 FALSE。运算符有"="(等号)、">"(大于号)、"<"(小于号)、">="(大于等于号)、"<="(小于等于号)、"<>或 !="(不等号)，使用方法如表 4-2 所示。

表 4-2　比较运算符使用方法

比较运算符	含义(示例)	结果
=(等号)	等于(5=6)	FALSE
>(大于号)	大于(7>4)	TRUE
<(小于号)	小于(8<9)	TRUE
>=(大于等于号)	大于或等于(12>=41)	FALSE
<=(小于等于号)	小于或等于(34<=18)	FALSE
<>或 !=(不等号)	不相等(51!=5)	TRUE

(3) 文本连接运算符：使用"&"(连接符)连接一个或更多文本字符串以产生一串新文本，使用方法如表 4-3 所示。

表 4-3　文本连接运算符使用方法

文本连接运算符	含义(示例)	结果
&(连接符)	例如单元格 A1 中输入"面向对象"，A2 中输入"设计"，则 A3 中输入 "=A1&A2"	面向对象设计

(4) 单元格引用运算符：在输入公式时需要引用单元格，Excel 2016 中单元格引用运算符有 3 种，分别是":"(冒号)、","(逗号)及(空格)运算符，使用方法如表 4-4 所示。

表 4-4　单元格引用运算符使用方法

单元格引用运算符	含义(示例)	结果
:(冒号)	区域运算符，两对角的单元格围起来的区域，例如(B5:C6)	包含的单元格有 B5,B6,C5,C6
,(逗号)	联合运算符，逗号前后单元格同时引用，例如(B5:B7, D5:D7)	包含的单元格为 B5，B6，B7，D5,D6,D7
(空格)	交叉运算符，引用两个或者两个以上重叠的区域，例如(B7:D7 C6:C8)	包含的单元格有 C7

4.6.2　函数

1. 函数

函数就是预先编写的公式，它可以对一个或多个单元格数据进行计算，并返回一个或者多个值。在 Excel 2016 中提供了大量丰富的函数，比如日期和时间函数、数学与三角函数、统计函数、查找与引用函数等。一个函数包含两部分：函数名称和函数参数。

(1) 函数结构。

函数的结构：函数名称(参数 1，参数 2，…)。

函数中的参数可以是文本、逻辑值、数组、数字或单元格的引用，也可以是常量、公式或其他函数。

(2) 插入函数。

选择要输入函数的单元格，单击编辑栏旁的 *fx* 按钮，弹出如图 4-57 所示的【插入函数】对话框，如果知道应用的函数名，可以直接使用【搜索函数】，在文本框中输入函数名，它能及时快速地找到函数。一般情况下应用的函数都是常用函数类，如最大值函数、最小值函数、求和函数等，选择函数之后单击【确定】按钮，弹出如图 4-58 所示的【函数参数】对话框。可在其中进行设置。

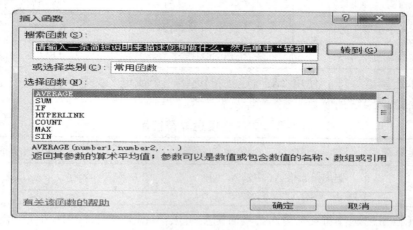

图 4-57 【插入函数】对话框

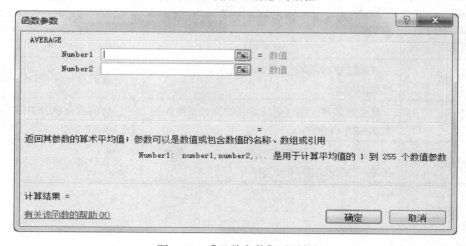

图 4-58 【函数参数】对话框

(3) 函数嵌套。

函数嵌套是指一个函数可以作为另一个函数的参数使用。例如公式：ROUND (AVERAGE(A2:C2),1)，其中 ROUND 为一级函数，AVERAGE 为二级函数。先执行 AVERAGE 函数，再执行 ROUND 函数，Excel 2016 嵌套最多可嵌套七级。

2. 常用函数

Excel 2016 提供了大量的函数，下面介绍几个常用函数，如表 4-5 所示。

表 4-5　常用函数

函数名	含义	函数形式	功　能
SUM	求和函数	SUM(number1, number2, …)	对指定单元格区域数据求和
AVERAGE	平均值函数	AVERAGE(number1, number2, …)	对指定单元格区域数据求平均值
COUNT	计数函数	COUNT(value1, value2, …)	对指定单元格内数字单元格计数
MAX	最大值函数	MAX(number1, number2, …)	对指定单元格区域求最大值
MIN	最小值函数	MIN(number1, number2, …)	对指定单元格区域求最小值
IF	条件函数	IF(Logical_value,value1, value2)	Logical_value 为真时，取 value1，否则取 value2
COUNTIF	条件计数函数	COUNTIF(range, criteria)	计算某个区域内满足条件的单元格数目，range 是条件判断的单元格区域，criteria 代表条件
SUMIF	条件求和函数	SUMIF(range, criteria, sum_range)	根据某区域指定条件对若干单元格求和，range 是条件判断的单元格区域，sum_range 是需要求和的单元格区域
RANK	排位函数	RANK(number, ref, order)	返回一个数字列表中的排位，order 为 0 或者省略表示降序，order 非 0 为升序。number 代表数字，ref 代表单元格区域

3. 关于错误信息

在单元格输入或编辑公式后，有时会出现各种错误信息，错误信息一般以 "#" 符号开头，出现错误信息有以下几种原因，如表 4-6 所示。

表 4-6　错误值出现原因表

错误值	错误值出现的原因
#DIV/0!	被除数为 0
#N/A	引用无法使用的数值
#NAME?	不能识别的名字
#NULL!	交集为空
#NUM!	数据类型不正确
#REF!	引用无效单元格
#VALUE!	不正确的参数或运算符
###!	宽度不够

例 4-2　利用函数计算 "电视机价格表" 工作表中每个商店电视机的平均价格。
操作步骤如下：

(1) 选择要输入公式的单元格，如 H3 单元格。

(2) 在编辑栏上单击 *f*x 按钮，弹出【插入函数】对话框，在【选择函数】列表中选择

AVERAGE 函数，单击【确定】按钮。在弹出的【函数参数】对话框中选定 B3:G3 区域，单击【确定】按钮。

(3) 对 H4:H10 单元格使用自动复制公式填充内容，效果如图 4-59 所示。

	A	B	C	D	E	F	G	H
	H3		fx	=AVERAGE(B3:G3)				
1				电视机价格表				
2	电视机品牌	电视机A	电视机B	电视机C	电视机D	电视机E	电视机F	商店平均价格
3	商店一	2760	3200	2430	1980	1150	4250	2628
4	商店二	2750	3230	2460	1950	1190	4290	2645
5	商店三	2780	3210	2410	1990	1140	4210	2623
6	商店四	2740	3250	2400	1940	1180	4300	2635
7	商店五	2700	3260	2470	2040	1200	4240	2652
8	商店六	2800	3180	2500	2060	1210	4210	2660
9	商店七	2780	3210	2440	2000	1150	4260	2640
10	商店八	2750	3190	2430	1970	1170	4310	2637

图 4-59　利用 AVERAGE 函数计算商店电视机平均价格

4.7　数据管理

Excel 2016 为用户提供了强大的数据管理功能，既可以对数据进行计算，也可以对数据进行分析和统计。本节主要介绍数据的排序、筛选、分类汇总和建立数据透视表等操作。对工作表数据进行操作时需要按数据清单存放。

4.7.1　数据清单

数据清单由标题行(表头)和数据部分组成，在 Excel 2016 中允许用数据库管理的方式管理数据清单，数据清单中的行相当于数据库中的记录，行标题相当于记录名，数据清单中的列相当于数据库中的字段，列标题相当于字段名。一个数据清单应满足以下条件：

(1) 在数据清单的第一行中创建列标题，并且不可有相同的列标题。

(2) 同一列所有单元格的数据格式必须相同。

(3) 数据清单中不能有空行或者空列。

4.7.2　数据排序

数据排序是指根据指定的条件对数据清单中的记录重新排列顺序。可以对一列或者几列中的数据进行排序，并且可以按照升序或降序进行排列。

1. 单一条件排序

单一条件排序就是对数据清单中一个字段排序，具体的操作步骤是：选定需要排序数据列中的任意单元格，单击【数据】|【排序和筛选】功能组中的"▲↓"(升序)或"▼↓"(降序)按钮即可完成。

2. 复杂条件排序

复杂条件排序就是对多个字段进行排序，可以通过【排序】对话框，设定复杂排序。

排序时分为"主要关键字""次要关键字",其中可以有若干"次要关键字"。二者之间的关系不是同时进行,而是先按"主要关键字"排序,当"主要关键字"数据相同时再按"次要关键字"排序,当"次要关键字"数据相同时再按下一个次要关键字排序,依次类推。

例 4-3　对"学生公共课成绩表"的数据按照"系别"升序排序,"系别"相同时,按照"性别"升序排序。

(1) 选择数据清单区域 A2:G13。

(2) 选择【数据】|【排序和筛选】功能组,单击【排序】按钮,出现【排序】对话框。单击【添加条件】按钮,出现【次要关键字】。在【主要关键字】下拉列表框中选择"系别",在【次要关键字】下拉列表中选择"性别",【排序依据】选择"数值",【次序】选择"升序",如图 4-60 所示。单击【确定】按钮,结果如图 4-61 所示。

图 4-60　【排序】对话框

	A	B	C	D	E	F	G
1			学生公共课成绩表				
2	系别	学号	姓名	性别	马哲	高数	英语
3	电子系	20308	汪海	男	44	77	62
4	电子系	20313	陈飞	男	80	76	86
5	电子系	20311	刘敏清	女	77	76	78
6	电子系	20310	徐丹	女	56	78	67
7	计算机系	10103	王定国	男	60	56	84
8	计算机系	10201	郭枫	男	80	62	76
9	计算机系	10025	黄龙	男	67	44	67
10	计算机系	10120	宋洁	女	55	67	88
11	数学系	30211	唐正	男	79	88	83
12	数学系	30123	丁雨	女	78	73	60
13	数学系	30201	白韬	女	67	74	59

图 4-61　复杂条件排序结果

3. 自定义排序

在某些情况下,当已有的规则不能满足用户要求时,可以用自定义排序规则来解决。用户除了可以使用 Excel 2016 内置的自定义序列排序外,还可以根据需求创建自定义序列。操作步骤如下：

(1) 选择数据清单区域，选择【数据】选项卡，单击【排序和筛选】功能组中的【排序】按钮。

(2) 在打开的【排序】对话框中，单击【选项】按钮，打开【排序选项】对话框，在【方向】和【方法】栏中进行相应选择，单击【确定】按钮，如图 4-62 所示。

图 4-62　【排序选项】对话框

(3) 返回【排序】对话框，在【列】栏下选择主要关键字，在【排序依据】下选择恰当选项，在【次序】下拉列表中选择"自定义序列"选项，打开【自定义序列】对话框(如图 4-41 所示)。

(4) 在打开的【自定义序列】对话框中，在【输入序列】文本框中按顺序输入需要定义的数据，每个数据之间用"、"分隔，单击【添加】按钮，将输入的序列添加到自定义序列列表框中，单击【确定】按钮，返回【排序】对话框。

(5) 在【排序】对话框中单击【确定】按钮完成排序。

4. 恢复排序

如何取消 Excel 的排序，恢复原来的顺序呢？如果一个 Excel 表格数据排序之后没有进行保存，就可以使用快捷键 Ctrl + Z 来进行操作撤回，回到原来的排列顺序。如果文件已经保存,那么怎么恢复表格原来的数据呢？我们可以在排序前的表格数据清单中设置"记录号"列，该列数据为数字 1，2，3，4，…。无论何时，只要按"记录号"列升序排序即可恢复数据到原始状态。

4.7.3　数据筛选

筛选是指根据用户提出的要求，在工作表中筛选出符合条件的数据。执行筛选之后，表格中只显示满足条件的数据。在 Excel 2016 中提供了自动筛选、自定义自动筛选和高级筛选。

1. 自动筛选

自动筛选是一种快速筛选方法，它可以方便地将满足条件的记录显示在数据表中，不满足的记录隐藏，一般情况下自动筛选就可以满足大部分的工作需要。

2. 自定义自动筛选

当需要设置更多条件时，可通过【自定义自动筛选方式】对话框进行设置，单击名称右侧的筛选按钮。在进行自定义自动筛选时，会根据不同的字段类型显示不同的命令，如果字段类型为数值型，显示【数字筛选】，如果字段为文本，显示【文本筛选】等，从而达到更准确的效果。

例 4-4　对"某图书基本信息情况表"的数据进行筛选，条件为价格大于 34 的图书。具体操作如下：

(1) 选择数据清单区域 A1:J35。

(2) 选择【数据】|【排序和筛选】功能组，单击 按钮，则工作表的每个字段名称的右侧将出现一个筛选按钮 。

(3) 单击"价格"下拉按钮，在下拉列表中选择【数字筛选】|【大于】命令，如图 4-63 所示。在弹出的【自定义自动筛选方式】对话框中，在【价格】下拉列表中选"大于"，文本框中填写"34"，如图 4-64 所示。单击【确定】按钮，结果如图 4-65 所示。

图 4-63　选择自定义筛选命令

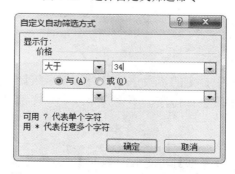

图 4-64　【自定义自动筛选方式】对话框

⊿	A	B	C	D	E	F	G	H	I	J
1	图书编号 ▾	图书类 ▾	图书名称 ▾	作者 ▾	出版社编 ▾	册 ▾	总页 ▾	价格 ▾	购进日期 ▾	标准书号 ▾
3	G0066324	G122	饮食与中国文化	王仁湘	7-01	1	555	¥43.00	March 1, 2001	ISBN7-01-001842-1
5	I0064166	I565.14	巴尔扎克全集 9	巴尔扎克	7-02	1	721	¥37.50	December 1, 2000	ISBN7-02-001920-X
10	I0064172	I565.14	巴尔扎克全集 14	巴尔扎克	7-02	1	698	¥36.50	December 1, 2000	ISBN7-02-001925-0
12	I0064167	I565.14	巴尔扎克全集 8	巴尔扎克	7-02	1	641	¥34.70	December 1, 2000	ISBN7-02-001919-6
14	I0064169	I565.14	巴尔扎克全集 11	巴尔扎克	7-02	1	601	¥34.30	December 1, 2000	ISBN7-02-001922-6
15	I0064170	I565.14	巴尔扎克全集 12	巴尔扎克	7-02	1	679	¥35.00	December 1, 2000	ISBN7-02-001923-4
30	I0011500	I313.45	破戒	岛崎藤春	7-02	1	640	¥38.00	August 1, 1998	ISBN7-02-002321-5

图 4-65　自定义自动筛选结果

3. 高级筛选

使用高级筛选，必须先建立条件区域，条件区域的第一行为筛选条件的字段，这些字段名必须与数据清单中的字段名完全一样。具体操作如下：

(1) 在工作表的任意空白区域输入筛选条件。

(2) 选择【数据】|【排序和筛选】功能组，单击【高级】按钮，弹出【高级筛选】对话框，如图4-66所示。在对话框中【方式】用于设置指定筛选的结果存放的位置，可以在原有区域或者复制到其他位置显示。【列表区域】设置要查询的数据清单区域，【条件区域】设置查询的条件区域，【复制到】设置存放结果区域。

图 4-66　【高级筛选】对话框

4. 取消筛选

选择【数据】|【排序和筛选】功能组，单击【清除】按钮，则可以取消筛选，恢复所有数据。

4.7.4　数据分类汇总

1. 建立分类汇总

分类汇总是对数据清单中指定的字段进行分类，然后统计同一类记录的相关信息。在分类汇总时一定要对分类字段进行排序，不论升序或者降序都可以，如果不排序不能得到正确的结果。具体操作如下：

(1) 选定数据清单区域。

(2) 选择【数据】|【分级显示】功能组，单击【分类汇总】按钮，打开【分类汇总】对话框，如图4-67所示。

图 4-67　【分类汇总】对话框

分类汇总对话框中各选项的作用如下：

【分类字段】：用于选择分类的依据。

【汇总方式】：用于设置汇总方式，如求和、计数等。

【选定汇总项】：用于确定对哪些字段进行汇总。

【替换当前分类汇总】：勾选该选项，新的汇总结果将替换原数据。

【每组数据分页】：勾选该选项，汇总结果将以分页形式显示。

【汇总结果显示在数据下方】：勾选该选项，汇总结果将在下方显示，否则在数据上方显示。

2. 清除分类汇总

如果想清除分类汇总，只要打开【分类汇总】对话框，单击【全部删除】按钮即可。

3. 隐藏分类汇总数据

为方便查看数据，可以将分类汇总后暂时不需要的数据隐藏起来，当需要时再显示出来。单击工作表左边列表树的"－"号可以隐藏数据记录，此时，"－"号变成"＋"号；单击"＋"号时，可以将隐藏的数据信息显示出来。

4.7.5　数据透视表

分类汇总只能对一个字段进行分类，如果想要对多个字段进行分类汇总，Excel 2016 提供了数据透视表的功能，它是一种交互式分类汇总，按照指定的要求生成新的交互表。

1. 创建数据透视表

数据透视表从工作表的数据清单中提取信息，可以对数据清单进行重新布局和分类汇总，还能立即计算结果，具体操作如下：

(1) 选择数据清单区域。

(2) 选择【插入】|【表格】功能组，单击【数据透视表】按钮，打开【创建数据透视表】对话框，在该对话框中可以选择要分析的数据和数据透视表的位置，如图 4-68 所示。

(3) 如果位置选择【新工作表】，单击【确定】按钮，则将一个空的数据透视表添加到新的工作表中，并在右侧窗格中显示数据透视表字段列表，根据要求就可以把字段放到相应的行标签、列标签和数值处，这样就能在一个新的工作表中生成数据透视表。

图 4-68　【创建数据透视表】对话框

2. 删除数据透视表

如果要删除数据透视表,具体操作是将活动单元格放在数据区域中任何一个单元格中,选择【分析】|【操作】功能组,单击【清除】|【全部清除】命令实现。

3. 数据透视表数据更新

数据透视表是根据原有的数据内容建立的,那么当原有表格里的数据有更新的时候,透视表的内容肯定也需要进行更新。

方法一:

选中数据透视表中的任意位置,这时标题栏出现"数据透视表工具"。选择【分析】选项卡,单击【选项】按钮,然后就会弹出【数据透视表选项】对话框,这时选择【数据】选项,然后勾选上【打开文件时刷新数据】,最后单击【确定】按钮。

如果源数据有更新,那么一开始透视表是不会更新的。当关掉文档,下次再打开的时候,透视表的数据就会同步进行更新了。

方法二:

单击透视表中任意位置,选择【分析】选项卡,然后单击【刷新】下拉按钮选择相应命令,数据透视表里面的内容就会马上刷新,如图 4-69 所示。

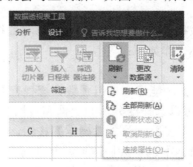

图 4-69　【刷新】下拉框

4.8　图　　表

4.8.1　图表的基本概念

1. 图表类型

在 Excel 2016 中提供了标准图表，每种图表类型又分为多个子类型，用户可以根据需要选择不同的图表类型来表现数据。常用的图表类型有：柱形图、条形图、折线图、饼图、面积图、散点图等。

2. 图表的构成

一个图表主要由以下几个部分组成：

(1) 图表标题：描述图表的名称，默认在图表的顶端，可有可无。

(2) 坐标轴与坐标轴标题：坐标轴标题是 X 轴和 Y 轴的名称，可有可无。

(3) 图例：包含图表中系列名称和数据系列在图中的颜色，可有可无。

(4) 绘图区：以坐标轴为界的区域。

(5) 数据系列：一个数据系列对应工作表中选定区域的一行或一列数据。

(6) 网格线：从坐标轴刻度线延伸并贯穿整个“绘图区”的线条系列，可有可无。

(7) 背景墙与基底：三维图表中会出现背景墙与基底，是包含在许多三维图表周围的区域，用于显示图表的维度和边界。

4.8.2　创建图表

1. 嵌入式图表和独立图表

嵌入式图表和独立图表的创建操作基本相同，主要区别是保存图表的位置不同。创建图表主要是利用【插入】|【图表】功能组完成的。

(1) 嵌入式图表。

嵌入式图表是指图表作为一个对象与相关的工作表数据存放在同一个工作表中。

(2) 独立图表。

独立图表是以一个工作表的形式插在工作簿中。

2. 创建图表的方法

创建图表的具体操作步骤如下：

(1) 选定要创建图表的单元格区域，一般包括列标题。

(2) 选择【插入】|【图表】功能组，单击【柱形图】 下拉按钮，在下拉列表中选择【三维柱形图】|【簇状柱形图】，如图 4-70 所示。此时就会在工作表中自动插入簇状柱形图，如图 4-71 所示。

(3) 单击图表标题位置，此时图表标题对话框为可编辑状态，可以直接修改图表标题；

或者单击图表，图表右侧出现 3 个快速操作按钮，单击【图表元素】按钮，在打开的【图表元素】选项中选择相应的操作。

(4) 调整图表大小，移动合适位置。

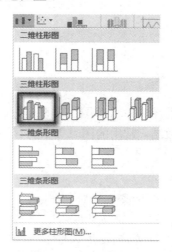

图 4-70　【三维柱形图】下拉框

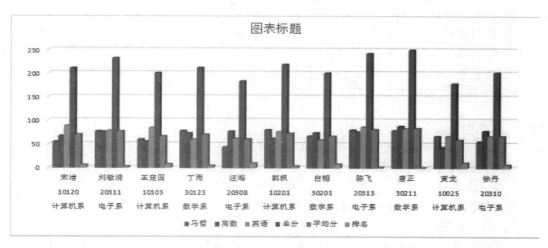

图 4-71　学生成绩表的三维簇状柱形图

4.8.3　编辑和修改图表

图表创建之后，用户可以根据需要对图表进行编辑和设置，单击图表中的任意位置，Excel 2016 自动打开【图表工具】的【设计】选项卡。

1. 更改图表位置

在同一张工作表中更改图表位置，鼠标指向图表区，当指针变成移动符号时，按住鼠标左键拖动，就可以更改图表位置。

将图表移动到其他工作区:选择图表，选择【图表工具】|【设计】|【位置】功能组中

【移动图表】命令，出现【移动图表】对话框，如图 4-72 所示。选择放置图表的位置，单击【确定】按钮，就可将图表放到新的位置。

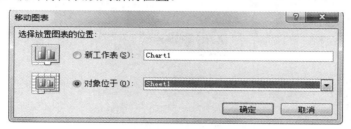

图 4-72　【移动图表】对话框

2. 更改图表类型

更改图表类型可以用以下方法之一进行操作：

方法一：使用图表工具。单击图表，选择【图表工具】|【设计】|【类型】功能组中的【更改图表类型】命令，打开【更改图表类型】对话框，如图 4-73 所示。在其中选择需要的图表样式即可。

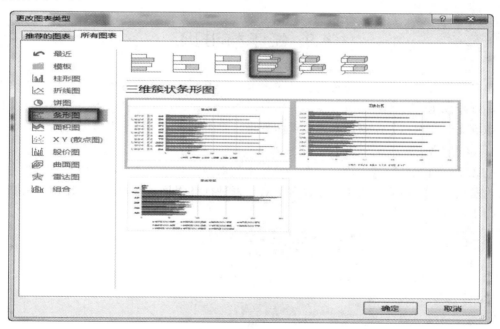

图 4-73　【更改图表类型】对话框

方法二：使用快捷菜单。单击图表，单击鼠标右键，在弹出快捷菜单中选择【更改图表类型】命令。

方法三：使用【插入】选项卡。选中图表，单击【插入】|【图表】功能组中相应图表类型下拉按钮，选择需要的图表。

3. 设置图表标签

在【图表工具】|【设计】选项卡的【图表布局】功能组中，单击【添加图表元素】下

拉按钮，在下拉列表中可以选择相应命令设置图表标题、轴标题、图例、数据标签以及数据表等相关属性 ，如图 4-74 所示。

图 4-74 【添加图表元素】下拉列表

4.9 工作表的打印

建立工作表完成之后，通常需要打印出来。利用 Excel 2016 提供的设置页面、设置打印区、打印预览等打印功能，可以对工作表进行打印设置，美化打印效果。在打印文档之前，通过【打印预览】命令预先浏览打印效果，如不满意，可以重新调整。

1. 设置页面

选择【页面布局】|【页面设置】功能组中的命令或者单击【页面设置】功能组右下角的启动器按钮，利用弹出的【页面设置】对话框进行打印页面方向、缩放比例、纸张大小及打印质量的设置，如图 4-75 所示。

图 4-75 【页面设置】对话框

2. 设置页边距

选择【页面设置】功能组中的【页边距】选项卡，可以选择已经定义好的页边距，如图 4-76 所示。也可以选择自定义页边距，利用弹出的对话框设置页面中正文与页边距的距离。

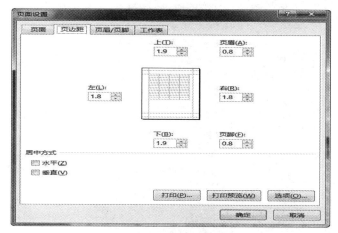

图 4-76　【页边距设置】对话框页边距选项卡

3. 设置页眉页脚

页眉是打印页顶部出现的文字，页脚是打印页底部出现的文字。通常把工作簿名称作为页眉，页脚则为页号，也可以自己定义。

选择【页面设置】对话框中【页眉/页脚】选项卡，可以在【页眉】和【页脚】的下拉列表框中选择内置的页眉格式和页脚格式，如图 4-77 所示。

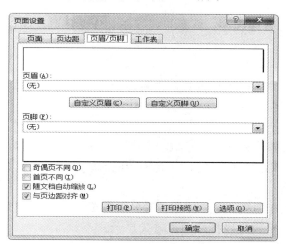

图 4-77　【页面设置】对话框【页眉/页脚】选项卡

如果自定义页眉和页脚，可以单击【自定义页眉】和【自定义页脚】按钮，在打开的对话框中完成设置即可。

如果要删除页眉和页脚，先选定要删除页眉和页脚的工作表，选中【页面设置】对话框中【页眉/页脚】选项卡，在【页眉】和【页脚】的下拉列表中选择"无"。

4．设置工作表

选择【页面设置】对话框中【工作表】选项卡，进行工作表设置，如图 4-78 所示。可以设置打印区域，可以为每页设置打印标题，设置打印时是否有网格线、批注等格式，打印顺序是"先列后行"还是"先行后列"等。

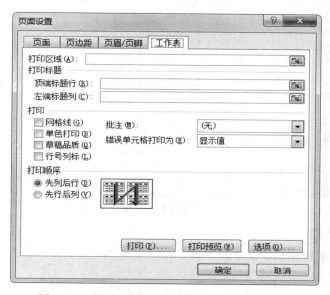

图 4-78　【页面设置】对话框【工作表】选项卡

5．预览

在 Excel 2016 中有普通视图、页面布局视图、分页预览视图以及自定义视图等多种方式。

(1) 普通视图。

普通视图是 Excel 2016 的默认方式，主要用于数据的输入与筛选、制作图表和设置格式等操作。

(2) 页面布局视图。

选择【视图】|【工作簿视图】功能组的【页面布局】命令，可以切换到页面布局视图。通过该视图可以查看文档的打印外观，包含文档的开始位置和停止位置、页眉和页脚等。

(3) 分页预览视图。

选择【视图】|【工作簿视图】功能组的【分页预览】命令，可以切换到分页预览视图。在该视图下，看到的表格效果以打印预览方式显示。

(4) 自定义视图。

通过该视图，用户能够定义个性化视图效果。

6．打印

通过打印预览，用户可以预先查看打印后的效果，如果不满意可以及时调整，避免打印后不能使用而造成的浪费，如果满意就可直接打印。

4.10　综合案例

4.10.1　学生公共课成绩表案例一

(1) 建立如图 4-79 所示的"学生公共课成绩表"，并按以下要求操作，效果如图 4-80 所示。

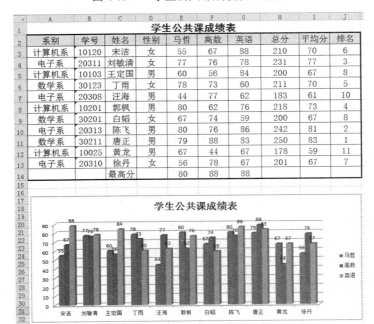

图 4-79　"学生公共课成绩表"原表

图 4-80　"学生公共课成绩表"效果图一

① 标题字体设置黑体、18 号字、加粗，A1:J1 单元格区域合并居中显示。

② A2:J14 单元格区域中设置宋体、16 号字，垂直水平居中显示；粗线外边框，细实线内边框。

③ A2:J2 单元格区域设置图案样式 12.5%灰色。

④ 设置 E3:G13 单元格区域的条件格式，将 E3:G13 单元格区域数值小于 60 的字体设置成"红色文本"。

⑤ 应用公式法计算学生总分和平均分，不保留小数位数。

⑥ 应用函数计算各科成绩的最高分，并对学生按照总分进行排名，排名使用函数(RANK)。

⑦ 选择(C2:C13, E2:G13)区域，为每个学生的每门课程建立三维簇状柱形图，图表标题为"学生公共课成绩表"，图例右侧显示，添加数据标签为"值"，图放在 A17:G32 区域内。

(2) 案例操作步骤。

① 启动 Excel 2016 后，打开 Excel 应用程序窗口。

② 输入表格标题。单击 A1 单元格，输入表格标题"学生公共课成绩表"。

③ 输入表格其他内容。单击相应单元格，输入表格其他内容。B3 单元格内容的输入，要在"英文、半角"输入状态下输入"'10120"，按下回车键，B4:B13 单元格区域都要这样输入。其他单元格按照正常输入即可。

④ 标题的设置。

a. 选定 A1:J1 单元格区域，单击鼠标右键，选择【设置单元格格式】命令，打开【设置单元格格式】对话框。选择【字体】选项卡，【字体】选择"黑体"，【字形】选择"加粗"，【字号】选择"18"。

b. 选择【对齐】选项卡，【水平对齐】与【垂直对齐】都选择"居中"，【文本控制】勾选"合并单元格"，单击【确定】按钮。

⑤ 设置 A2:J14 区域格式。

a. 选定 A2:J14 单元格区域，单击鼠标右键，选择【设置单元格格式】命令，打开【设置单元格格式】对话框。选择【字体】选项卡，【字体】选择"宋体"，【字号】选择"16"。

b. 选择【对齐】选项卡，【水平对齐】与【垂直对齐】都选择"居中"。

c. 选择【边框】选项卡，先在【线条样式】选择"粗线"，【预置】选择【外边框】，然后在【线条样式】选择"细实线"，【预置】选择【内部】，单击【确定】按钮。

d. 选择 A2:J2 单元格区域，打开【设置单元格格式】对话框，选择【填充】选项卡，【图案样式】选择"12.5%灰色"，单击【确定】按钮。格式化工作表如图 4-81 所示。

系别	学号	姓名	性别	马哲	高数	英语	总分	平均分	排名
计算机系	10120	宋洁	女	55	67	88			
电子系	20311	刘敏清	女	77	76	78			
计算机系	10103	王定国	男	60	56	84			
数学系	30123	丁雨	女	78	73	60			
电子系	20308	汪海	男	44	77	62			
计算机系	10201	郭枫	男	80	62	76			
数学系	30201	白韬	女	67	74	59			
电子系	20313	陈飞	男	80	76	86			
数学系	30211	唐正	男	79	88	83			
计算机系	10025	黄龙	男	67	44	67			
电子系	20310	徐丹	女	56	78	67			
		最高分							

图 4-81 "学生公共课成绩表"格式化结果

⑥ 设置 E3:G13 单元格的条件格式。

a. 选定单元格区域 E3:G13，选择【开始】|【样式】功能组，单击【条件格式】下拉按钮，在下拉列表中选择【突出显示单元格规则】|【小于】命令。弹出【小于】对话框，在文本框中输入"60"，在【设置为】下拉框中选择"红色文本"，如图 4-82 所示。

b. 单击【确定】按钮，结果如图 4-83 所示。

图 4-82　【小于】对话框

图 4-83　使用条件格式的"学生公共课成绩表"结果

⑦ 公式法计算学生总分和平均分，不保留小数位数。

计算总分的操作步骤如下：

a. 选择要输入公式的单元格，如 H3 单元格。

b. 在活动单元格内输入"="，然后输入公式内容，如"=E3+F3+G3"。

c. 输入公式后按下回车键，或者单击编辑栏上的 ✔ 按钮。单元格显示结果，编辑框中显示公式。

d. H4:H13 单元格使用自动复制公式填充内容。

e. 选择单元格区域 H3:H13，单击鼠标右键，选择【设置单元格格式】命令，弹出【设置单元格格式】对话框，选择【数字】选项卡，在【分类】中选择"数值"，【小数位数】选"0"。总分的结果如图 4-84 所示。

H3 ▾ (fx =E3+F3+G3

系别	学号	姓名	性别	马哲	高数	英语	总分	平均分	排名
					学生公共课成绩表				
计算机系	10120	宋洁	女	55	67	88	210		
电子系	20311	刘敏清	女	77	76	78	231		
计算机系	10103	王定国	男	60	56	84	200		
数学系	30123	丁雨	女	78	73	60	211		
电子系	20308	汪海	男	44	77	62	183		
计算机系	10201	郭枫	男	80	62	76	218		
数学系	30201	白韬	女	67	74	59	200		
电子系	20313	陈飞	男	80	76	86	242		
数学系	30211	唐正	男	79	88	83	250		
计算机系	10025	黄龙	男	67	44	67	178		
电子系	20310	徐丹	女	56	78	67	201		
		最高分							

图 4-84 "学生公共课成绩表"总分结果

计算平均分的操作步骤如下：

a. 选择要输入公式的单元格，如 I3 单元格。

b. 在活动单元格内输入"="，然后输入公式内容，如"=(E3+F3+G3)/3"。

c. 输入公式后按下回车键，或者单击编辑栏上的 ✓ 按钮。单元格显示结果，编辑框中显示公式。

d. I4:I13 单元格使用自动复制公式填充内容。

e. 选择单元格区域 I3:I13，单击鼠标右键选择【设置单元格格式】命令，弹出【设置单元格格式】对话框，选择【数字】选项卡，在【分类】中选择"数值"，【小数位数】选"0"。平均分的结果如图 4-85 所示。

I3 ▾ (fx =(E3+F3+G3)/3

系别	学号	姓名	性别	马哲	高数	英语	总分	平均分	排名
					学生公共课成绩表				
计算机系	10120	宋洁	女	55	67	88	210	70	
电子系	20311	刘敏清	女	77	76	78	231	77	
计算机系	10103	王定国	男	60	56	84	200	67	
数学系	30123	丁雨	女	78	73	60	211	70	
电子系	20308	汪海	男	44	77	62	183	61	
计算机系	10201	郭枫	男	80	62	76	218	73	
数学系	30201	白韬	女	67	74	59	200	67	
电子系	20313	陈飞	男	80	76	86	242	81	
数学系	30211	唐正	男	79	88	83	250	83	
计算机系	10025	黄龙	男	67	44	67	178	59	
电子系	20310	徐丹	女	56	78	67	201	67	
		最高分							

图 4-85 "学生公共课成绩表"平均分结果

⑧ 应用函数计算各科成绩的最高分，并对学生按照总分进行排名。

计算最高分的操作步骤如下：

a. 选择要输入公式的单元格，如 E14 单元格。

b. 在编辑栏上单击 fx 按钮，弹出【插入函数】对话框，在【选择函数】列表中选择

"MAX"函数,单击【确定】按钮,在弹出的【函数参数】对话框中选定"E3:E13"区域,如图 4-86 所示,单击【确定】按钮。

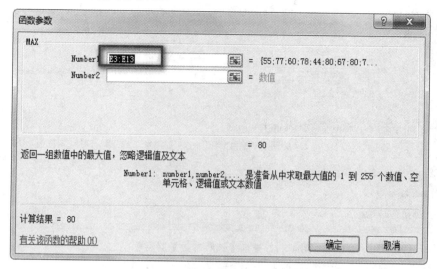

图 4-86　最大值【函数参数】对话框

c. F14:G14 单元格使用自动复制公式填充内容,如图 4-87 所示。

	A	B	C	D	E	F	G	H	I	J
						=MAX(E3:E13)				
1					学生公共课成绩表					
2	系别	学号	姓名	性别	马哲	高数	英语	总分	平均分	排名
3	计算机系	10120	宋洁	女	55	67	88	210	70	
4	电子系	20311	刘敏清	女	77	76	78	231	77	
5	计算机系	10103	王定国	男	60	56	84	200	67	
6	数学系	30123	丁雨	女	78	73	60	211	70	
7	电子系	20308	汪海	男	44	77	62	183	61	
8	计算机系	10201	郭枫	男	80	62	76	218	73	
9	数学系	30201	白韬	女	67	74	59	200	67	
10	电子系	20313	陈飞	男	80	76	86	242	81	
11	数学系	30211	唐正	男	79	88	83	250	83	
12	计算机系	10025	黄龙	男	67	44	67	178	59	
13	电子系	20310	徐丹	女	56	78	67	201	67	
14		最高分			80	88	88			

图 4-87　"学生公共课成绩表"最高分结果

计算排名的操作步骤如下:

a. 选择要输入公式的单元格,如 J3 单元格。

b. 在编辑栏上单击 f_x 按钮,弹出【插入函数】对话框,在【选择函数】列表中选择"RANK"函数,单击【确定】按钮,弹出【函数参数】对话框。下面介绍这几个参数的含义:

· Number 必须填写,代表当前要排位的数字,本题选择 H3 单元格。

· Ref 必须填写,代表要排序的区域,本题为 H3:H13,由于复制公式时单元格区域不变,所以 Ref 区域是绝对引用。

· Order 可选,如果 Order 为 0(零)或省略,Microsoft Excel 对数字的排位是基于 Ref

为按照降序排列的列表；如果 Order 不为 0(零)，Microsoft Excel 对数字的排位是基于 Ref 为按照升序排列的列表。如图 4-88 所示。填写好参数之后单击【确定】按钮即可。

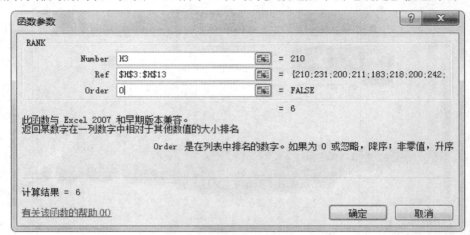

图 4-88　排名【函数参数】对话框

c. J4:J13 单元格区域使用自动复制公式填充内容，如图 4-89 所示。

	J3	▼		fx	=RANK(H3, $H$3:$H$13, 0)					
	A	B	C	D	E	F	G	H	I	J
1				学生公共课成绩表						
2	系别	学号	姓名	性别	马哲	高数	英语	总分	平均分	排名
3	计算机系	10120	宋洁	女	55	67	88	210	70	6
4	电子系	20311	刘敏清	女	77	76	78	231	77	3
5	计算机系	10103	王定国	男	60	56	84	200	67	8
6	数学系	30123	丁雨	女	78	73	60	211	70	5
7	电子系	20308	汪海	男	44	77	62	183	61	10
8	计算机系	10201	郭枫	男	80	62	76	218	73	4
9	数学系	30201	白韬	女	67	74	59	200	67	8
10	电子系	20313	陈飞	男	80	76	86	242	81	2
11	数学系	30211	唐正	男	79	88	83	250	83	1
12	计算机系	10025	黄龙	男	67	44	67	178	59	11
13	电子系	20310	徐丹	女	56	78	67	201	67	7
14			最高分		80	88	88			

图 4-89　"学生公共课成绩表"排名结果

⑨ 设置图表。

a. 先选择 C2:C13 单元格区域，按住键盘上的 Ctrl 键，再选择 E2:G13 单元格区域。

b. 选择【插入】|【图表】功能组，单击【柱形图】 下拉按钮，在下拉列表中选择【三维柱形图】|"簇状柱形图"，此时就会在工作表中自动插入簇状柱形图。

c. 单击图中标题位置，此时图表标题对话框为可编辑状态，可以直接修改图表标题，在此输入"学生公共课成绩表"，默认生成的图例在底部显示。

d. 单击图表，图表右侧出现 3 个快速操作按钮，单击"图表元素"按钮 ，在打开的【图表元素】选项中可以选中需要的进行设置，比如【图例】，如图 4-90 所示。

e. 拖动图表到 A17:G32 区域内，结果如图 4-80 所示"学生公共课成绩表"。

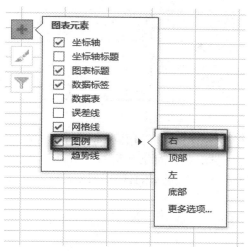

图 4-90　【图例】的下拉框

4.10.2　学生公共课成绩表案例二

(1) 应用“学生公共课成绩表”作为原表(见图 4-89)，并按以下要求操作，效果图如图 4-91～图 4-93 所示。

	A	B	C	D	E	F	G	H	I	J
1	学生公共课成绩表									
2	系别	学号	姓名	性别	马哲	高数	英语	总分	平均分	排名
3	电子系	20313	陈飞	男	80	76	86	242	81	2
4	电子系	20311	刘敏清	女	77	76	78	231	77	3
5	电子系	20310	徐丹	女	56	78	67	201	67	7
6	电子系	20308	汪海	男	44	77	62	183	61	10
7	**电子系 汇总**				257	307	293			
8	计算机系	10201	郭枫	男	80	62	76	218	73	4
9	计算机系	10120	宋洁	女	55	67	88	210	70	6
10	计算机系	10103	王定国	男	60	56	84	200	67	8
11	计算机系	10025	黄龙	男	67	44	67	178	59	11
12	**计算机系 汇总**				262	229	315			
13	数学系	30211	唐正	男	79	88	83	250	83	1
14	数学系	30201	白韬	女	67	74	59	200	67	8
15	数学系	30123	丁雨	女	78	73	60	211	70	5
16	**数学系 汇总**				224	235	202			
17	**总计**				743	771	810			
18			最高分		262	307	315			

图 4-91　效果图一

	A	B	C	D	E	F	G	H	I	J
1	学生公共课成绩表									
2	系别	学号	姓名	性别	马哲	高数	英语	总分	平均分	排名
7	计算机系	10120	宋洁	女	55	67	88	210	70	6
8	计算机系	10103	王定国	男	60	56	84	200	67	8
9	计算机系	10201	郭枫	男	80	62	76	218	73	4
10	计算机系	10025	黄龙	男	67	44	67	178	59	11

图 4-92　效果图二

计数项:性别	性别		
系别	男	女	总计
电子系	1	3	4
计算机系	2	2	4
数学系	2	1	3
总计	5	6	11

图 4-93　效果图三

① 按照"系别"升序排序，"系别"相同时，按照"姓名"降序排序。

② 按照"系别"进行分类汇总，对每个系的"马哲""高数""英语"求和。

③ 把"学生公共课成绩表"(见图 4-89)复制到 sheet2 工作表，筛选出"计算机系"的学生记录。

④ 把"学生公共课成绩表"(见图 4-89)复制到 sheet3 工作表，统计每个系男生女生人数。

(2) 案例操作步骤。

① 选择数据清单区域 A2:J13。

② 单击【数据】|【排序和筛选】功能组中的【排序】按钮，弹出【排序】对话框。

③ 在【排序】对话框中的【主要关键字】下拉列表框中选择"系别"，【排序依据】选择"数值"，【次序】选择"升序"，然后单击【添加条件】按钮，增加新的排序条件。

④ 在【次要关键字】下拉列表框中选择"姓名"，【排序依据】选择"数值"，【次序】选择"降序"。

⑤ 单击【确定】按钮即可。

⑥ 选定数据清单区域 A2:J13。选择【数据】|【分级显示】功能组，单击【分类汇总】按钮，打开【分类汇总】对话框，在对话框中【分类字段】选择"系别"，【汇总方式】选择"求和"，【选定汇总项】勾选"马哲""高数""英语"，其他默认。

⑦ 单击【确定】按钮，结果得到如图 4-91 所示的效果。

⑧ 选择如图 4-89 所示"学生公共课成绩表"的数据区域，按下键盘上的 Ctrl + C 键，单击 sheet2 工作表标签，选择 A1 单元格，按下键盘上的 Ctrl + V 键，"学生公共课成绩表"表就复制到 sheet2 工作表。

⑨ 选择数据清单区域 A2:J13，选择【数据】选项卡中【排序和筛选】功能组，单击【筛选】按钮，这时每列标题右边会出现一个下拉的筛选箭头。

⑩ 单击"系别"的下拉箭头，打开下拉列表，取消"全选"复选框，勾选"计算机系"选项。

⑪ 单击【确定】按钮，筛选后的结果如图 4-92 所示。

⑫ 选择如图 4-89 所示"学生公共课成绩表"的数据区域，按下键盘上的 Ctrl+C 键，单击 sheet3 工作表标签，选择 A1 单元格，按下键盘上的 Ctrl + V 键，"学生公共课成绩表"表就复制到 sheet3 工作表。

⑬ 选择单元格区域 A2:J13，选择【插入】|【表格】功能组，单击【数据透视表】下拉按钮，选择【数据透视表】命令，打开【创建数据透视表】对话框，在该对话框中可以选择要分析的数据，本题选择"A2:J13"，选择放置数据透视表的位置，本题选择【新工

作表】。

⑭ 单击【确定】按钮，则将一个空的数据透视表添加到新的工作表中，并在右侧窗格中显示数据透视表字段列表，本题中先按照"系别"分类，将"系别"移到行标签处，之后按照"性别"分类，将"性别"移到列标签处，最后计算每个系的男女生人数，将"性别"移到数值标签处，计算类型为"计数项"，可以单击下拉按钮改变它的计算类型。如图 4-94 所示，数据透视表的结果如图 4-93 所示。

图 4-94　【数据透视表字段列表】对话框

本 章 小 结

Excel 2016 主要的功能是对表格中的数据进行组织、计算、分析和统计，可以通过多种形式的图表表现数据，也可以对数据表进行排序、筛选和分类汇总等操作。

本章主要介绍了 Excel 2016 的工作窗口，它与原窗口的不同之处在于引入了功能区。功能区包含了选项卡相对应的操作命令，根据不同的命令功能划分了不同的工作组。

工作簿是一个 Excel 的文件，一般默认包含 3 个工作表。工作表由单元格、行号、列号、工作表标签组成。用户可以新建工作簿，也可以打开已存在的工作簿；用户可以新建、删除、移动工作表；可以在当前单元格输入数据和修改、删除及移动单元格内容，还可以自动填充单元格序列。

Excel 2016 具有强大的计算能力，包括公式和函数的使用，可以通过公式和函数对数据进行便捷的统计。

Excel 2016 提供标准图表类型，用户可以根据需求建立不同的图表。图表可以直观地表现数据，对用户来说简单方便。

Excel 2016 提供强大的数据管理功能，包括数据排序、筛选、分类汇总及数据透视表等。

Excel 2016 提供了打印工作表功能，用户可以进行页面设计、打印预览、打印工作包等操作，还可以对工作簿和工作表进行保护。

习题

1. 简述 Excel 2016 的窗口组成。
2. 简述工作簿、工作表的概念。
3. 如何利用自动填充功能对数据进行快速输入。
4. 简述设置单元格格式的基本内容和基本操作。
5. 简述如何使用条件格式。
6. 简述 Excel 2016 中相对引用、绝对引用和混合引用的概念。
7. 简述数据清单的特点。
8. 简述 Excel 2016 中提供了哪些数据管理和分析功能。
9. 简述 Excel 2016 中如何进行分类汇总。
10. 简述图表的创建和编辑的基本方法。

第5章

PowerPoint 2016 电子演示文稿处理

随着多媒体技术和电脑办公的普及与发展，在产品推介、企业宣传、项目竞标、演讲报告、工作汇报、婚庆典礼、管理咨询以及教学等各个领域都要用到精美的电子演示文稿。电子演示文稿可以包含各种动态效果，可以加入多种媒体文件，从而使内容变得更加丰富、生动，更具说服力。因此，制作电子演示文稿已然成为人们在日常工作和生活中必备的技能之一。

在当前的演示型多媒体文稿中，PowerPoint 的应用最广泛，使用最方便。PowerPoint 2016 是 Microsoft 公司推出的专业电子演示文稿编辑制作软件，功能齐全，它提供了一整套易学易用的工具，可以很方便地设计制作出具有鲜明个性的幻灯片，深受各行业办公人员的青睐。同时，它与 Word、Excel 等常用办公软件一样，也是 Office 办公软件系列中的一个重要成员。

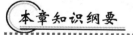

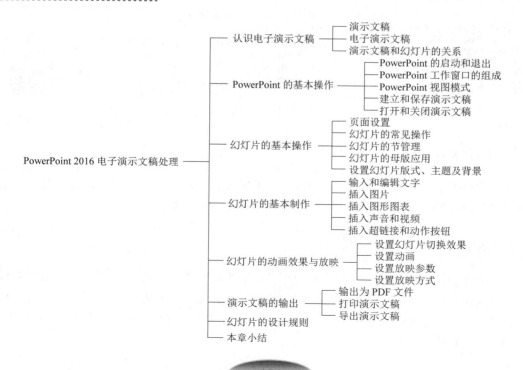

5.1 认识电子演示文稿

众多初学者经常会被电子演示文稿、PowerPoint、幻灯片等概念绕晕头脑，影响学习积极性。因此，在正式进入本章节学习前有必要先了解电子演示文稿的相关概念。

5.1.1 演示文稿

演示文稿由演示和文稿两个词语组成，这说明它是为演示而制作的文档。演示文稿能将文档、表格等枯燥的内容，结合图片、图表、声音、影片和动画等多种元素，通过电脑、投影仪等设备生动地展示给观众，它也正是因为这个优点而备受广大用户的青睐。

因此，演示文稿，指的是把静态文件制作成动态浏览文件，把复杂的问题变得通俗易懂，使之更生动，给人留下更为深刻印象的幻灯片。一套完整的演示文稿文件一般包含：片头动画、PPT 封面、前言、目录、过渡页、图表页、图片页、文字页、封底、片尾动画等。如图 5-1 所示为使用 PowerPoint 制作的工作汇报演示文稿。

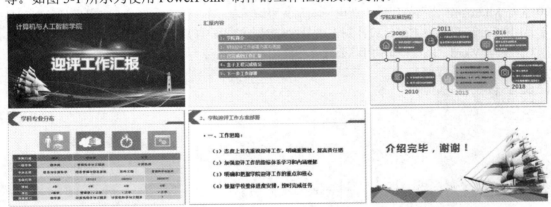

图 5-1　工作汇报演示文稿

5.1.2 电子演示文稿

演示文稿的制作和放映需要依赖计算机、投影仪、手机、平板等电子设备，鉴于演示文稿和电子设备的亲密依存关系，人们通常称之为电子演示文稿。

5.1.3 演示文稿和幻灯片的关系

一个完整的演示文稿是由多张文档组成的，而单张的文档就叫作幻灯片，在演示文稿中，幻灯片包含的内容都是既相互独立又相互联系的。演示文稿和幻灯片之间是包含与被包含的关系，也可以理解为整体与部分的关系，如图 5-2 所示为一个演示文稿，如图 5-3 所示为演示文稿中的一张幻灯片。

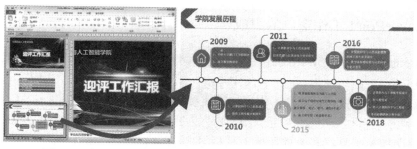

图 5-2　演示文稿　　　　　　　　　　　　图 5-3　幻灯片

5.2　PowerPoint 的基本操作

5.2.1　PowerPoint 的启动和退出

1. 启动 PowerPoint 2016

可以通过多种方式启动 PowerPoint 2016，常见的启动方法如下：

(1) 通过 Windows 开始菜单：选择【开始】|【PowerPoint】菜单项，即可完成 PowerPoint 的启动，如图 5-4 所示。

(2) 通过 PowerPoint 快捷方式：在桌面上选中 Microsoft Office PowerPoint 的快捷方式图标，按 Enter 键或双击鼠标左键，如图 5-5 所示。

(3) 通过安装目录启动：在资源管理器中打开 "C:\Program Files\Microsoft Office\root\Office16" 文件夹，单击 "powerpnt.exe" 图标即可完成启动。

(4) 通过文件启动：通过鼠标双击某个已经存储在电脑中的扩展名为 ppt 或 pptx 的文件图标即可。

图 5-4　从开始菜单启动 PowerPoint

图 5-5　双击桌面图标启动 PowerPoint

2. 退出 PowerPoint 2016

(1) 单击 PowerPoint 2016 窗口右上角的 "关闭" 按钮。

(2) 单击 PowerPoint 2016 窗口中的【文件】菜单选项并选择【关闭】选项。

(3) 通过 Alt + Tab 组合键选择待关闭窗口，然后使用 Alt + F4 组合键退出。

5.2.2　PowerPoint 工作窗口的组成

PowerPoint 和 Excel、Word 的操作界面基本类似，这使得用户可以很好地在各个软件之间找到其传递性与共生性，简化了操作难度，从而方便操作。

PowerPoint 2016 启动后，其工作窗口的主要元素包括：快速访问工具栏、标题栏、功能选项卡、功能区(含各功能选项组)、幻灯片视图区、幻灯片编辑区、拆分条、备注栏、状态栏(含视图切换工具栏和缩放比例工具栏等)等部分，如图 5-6 所示。

图 5-6　Powerpoint 2016 的用户工作界面

PowerPoint 2016 工作界面各主要组成部分的作用介绍如下：

(1) 快速访问工具栏：位于工作界面上方的左侧，提供了"保存""撤销""恢复""从头开始播放幻灯片"等快捷按钮，单击按钮可执行相应的操作。也可定制该工具栏的其他功能的快捷按钮，通过单击其后的按钮 ▼ ，在弹出的下拉列表中选择所需要的选项。

(2) 标题栏：位于工作界面的上方，用于显示演示文稿的文件名称和程序名称，最右侧的按钮 ▬ 、 ▣ 、 ▣ 、 ✕ 分别用于对窗口执行最小化、还原/最大化和关闭等操作，与 Office 家族其他软件一致。

(3) 功能选项卡：类似于 PowerPoint 早期版本的文字菜单，通过它将 PowerPoint 提供的常用命令集成在【开始】、【插入】、【设计】、【切换】、【动画】、【幻灯片放映】等选项卡中，选择其中的某个功能选项卡可切换到对应的功能区。

(4) 功能区(含各功能选项组)：是各功能选项卡对应的命令按钮集合，其中放置了与相应功能选项卡相关的大部分命令按钮或列表框。因命令按钮通常较多，又对其根据相关性进行分组归类，即功能选项组，组之间通过分隔线以示区分。该区域的命令按钮会根据窗口大小自动调整布局方式，如图 5-7、图 5-8 所示。

图 5-7　窗口最大化时的【插入】选项卡的功能区

图 5-8　窗口缩小时的【插入】选项卡的功能区

(5) 幻灯片视图区：位于幻灯片编辑区的左侧，默认视图为普通视图，以缩略图的方式显示当前演示文稿中所有幻灯片的编号和内容，如图 5-9 所示，用户可以观察演示文稿的大体结构，可以在幻灯片编辑区切换到不同的幻灯片进行编辑，也可以在演示文稿内移动、复制、删除幻灯片。

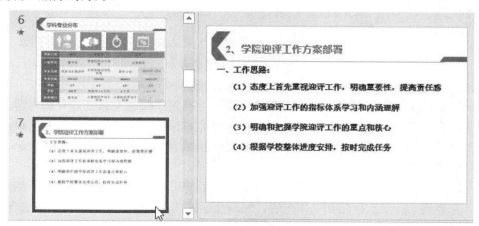

图 5-9　幻灯片缩略图浏览

(6) 幻灯片编辑区：是整个工作界面的核心区域，用于显示和编辑幻灯片。默认情况下只显示当前一页幻灯片，可以通过底部状态栏右侧的缩放比例调节滑块 60% ⊖ ━━▽━━━━ ⊕ 来改变大小。在编辑区中，可以对当前幻灯片进行详细的静态和动态设计，如：添加文本、插入图片、表格、SmartArt 图形、图表、图形对象、文本框、电影、声音、超链接和动画等。

(7) 拆分条：分为垂直拆分条和水平拆分条。

• 垂直拆分条：位于幻灯片视图区与幻灯片编辑区之间，方便用户根据操作需要调整二者之间的比例。例如，编辑幻灯片内容时需要适当增加幻灯片编辑区的比例。

• 水平拆分条：位于幻灯片编辑区与备注栏之间，方便用户根据操作需要调整二者之间的比例。例如，填写备注信息时需要适当增加备注栏的比例。

(8) 备注栏：位于工作界面的主编辑区下方，可以编辑关于当前幻灯片的说明和注释，用户可以将此备注分发给观众，也可以供幻灯片制作者或演讲者查阅。

(9) 状态栏：位于工作界面的底部，用于显示演示文稿中当前所选幻灯片、幻灯片总张数 幻灯片 第4张，共21张 、幻灯片采用的模板类型、视图切换按钮 以及页面缩放比例 60% 等内容。

5.2.3 PowerPoint 视图模式

为了满足用户在不同操作场景的使用需求，PowerPoint 2016 提供了多种视图供用户选择，方便用户编辑和查看幻灯片。常用的视图主要包括普通视图、大纲视图、幻灯片浏览视图、阅读视图、备注页视图和幻灯片放映视图等，其中，普通视图为 PowerPoint 2016 的默认视图。

在 PowerPoint 2016 中切换视图主要有以下两种方法：

方法一：通过单击【视图】功能选项卡下的图标按钮来完成，如图 5-10 所示。

图 5-10 "视图"功能选项卡

方法二：通过单击底部状态栏中右侧的视图切换按钮 来完成。

(1) 普通视图：PowerPoint 2016 的默认视图，主要用于编辑单张幻灯片的内容，可以直接显示幻灯片的静态设计效果。在该视图中可以完成演示文稿绝大部分的编辑操作，例如添加幻灯片、文字、图形和图表的插入及排版、模板设计、版式设计、背景设计、切换及动画设计等。

(2) 大纲视图：方便用户快速了解整个演示文稿的层次和目录结构，显示全部幻灯片的编号、主标题、各层次标题和文本内容，忽略文字格式和其他图形、图像、图表等对象，帮助用户快速了解整个电子演示文稿的纲要内容。在大纲视图区除了可以调整各幻灯片的前后次序外，还可以调整标题的层次级别和前后次序，也可以将其中某幻灯片的文本复制或移动到其他幻灯片中，大纲视图状态如图 5-11 所示。

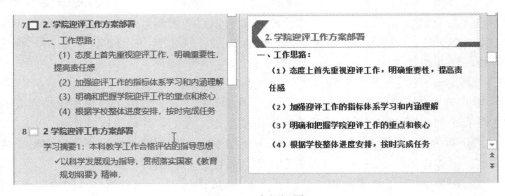

图 5-11 大纲视图

（3）幻灯片浏览视图：在幻灯片编辑区按序号顺序显示演示文稿中全部幻灯片的缩略图，方便查看幻灯片在演示文稿中的整体结构和效果。在此视图下，可以完成插入、复制、移动、删除幻灯片等操作，也可以设置幻灯片的切换效果，但不能对个别幻灯片的内容进行编辑修改。若用鼠标双击某幻灯片缩略图可以切换到普通视图模式，在幻灯片编辑区单独显示该幻灯片，如图 5-12 所示。

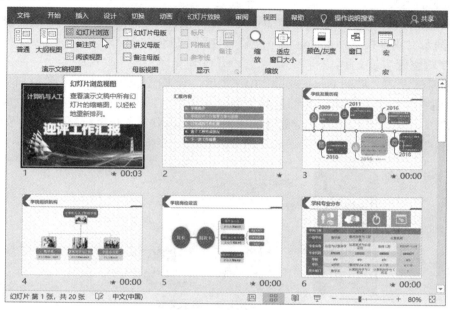

图 5-12　幻灯片浏览视图

（4）阅读视图：仅显示标题栏、阅读区和状态栏，主要用于浏览幻灯片的内容。在该模式下，演示文稿将自动适应当前窗口的大小进行放映，如图 5-13 所示为阅读视图模式下的演示文稿。

（5）幻灯片放映视图：以全屏方式动态地播放演示文稿全部幻灯片中的文字、图形、声音和动画，此时不能进行幻灯片的编辑操作。其主要用在制作完成后预览幻灯片的放映效果，测试设计的动画、声音等效果，以便发现错误或不足并及时修改。如图 5-14 为幻灯片放映视图模式下的演示文稿。

图 5-13　阅读视图模式

图 5-14　幻灯片放映视图模式

（6）备注页视图：专门用于编辑、修改每张幻灯片的备注信息。

5.2.4　建立和保存演示文稿

在使用 PowerPoint 2016 制作演示文稿之前，首先要创建新的演示文稿，然后再进行编辑，最后进行保存、设置访问权限等操作，以便今后查看和使用。

1. 新建演示文稿

PowerPoint 2016 提供了多种新建演示文稿的方法，以便满足不同使用者的需求。例如，新建空白演示文稿、根据模板创建演示文稿和使用主题创建演示文稿等。

(1) 新建空白演示文稿。

① 通常情况下，启动 PowerPoint 2016 之后，会弹出如图 5-15 所示的窗口界面，选择窗口界面右侧的【空白演示文稿】即可创建一个空白演示文稿，并会自动生成一个默认名称，例如"演示文稿 1.pptx"。新建的空白演示文稿只包含一页标题幻灯片，如图 5-16 所示。

图 5-15　创建空白演示文稿

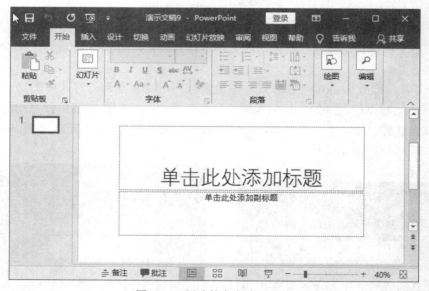

图 5-16　新建的空白演示文稿

② 在 PowerPoint 2016 已经打开的情况下，也可以通过以下步骤创建新的空白演示文稿：选择【文件】|【新建】选项，双击【空白演示文稿】即可。

③ 在打开的 PowerPoint 2016 工作界面中，按 Ctrl + N 组合键，也可快速创建新的空白演示文稿。

(2) 通过主题模板创建演示文稿。

因为空白演示文稿需要自主设置背景、字体、动画等所有元素，工作量比较大，虽说给用户提供了最大的创作自由度，但对不太熟练的初学者而言则不够适用。所以 PowerPoint 2016 提供了多种主题来帮助用户简化演示文稿的创建过程，这些主题提供了预先定义好的背景、字体、版式等元素，既能使演示文稿具有统一的风格，也可以轻松快捷地更改现有演示文稿的整体外观。通过主题模板创建演示文稿的具体步骤如下：

(1) 打开 PowerPoint 2016，单击【文件】按钮，选择【新建】命令选项。

(2) 在打开的窗口右侧下方将显示系统内置主题列表，如图 5-17 所示。选择合适的主题后单击或右击，在弹出的菜单中选择【预览】后可显示如 5-18 所示页面。

图 5-17　可用模板和系统内置主题列表

图 5-18　主题模板预览

(3) 单击【创建】图标后即可完成该主题的演示文稿创建，该演示文稿通常会包含与主题相关的多张幻灯片，如图 5-19 所示。

图 5-19　新建的新式亚洲城市演示文稿

上述操作中，也可在如图 5-17 所示的主题列表里直接双击合适的主题，快速完成如图 5-19 所示的演示文稿。

为了更精确更快速地找到合适的主题，也可以通过在如图 5-17 所示的主题搜索区中输入关键词进行搜索，例如，搜索以"教育"为主题的模板，如图 5-20 所示。

图 5-20　根据主题关键字搜索演示文稿模板

使用过的主题模板将自动添加到固定列表，显示在"空白演示文稿"的右侧，方便下次重复使用，如图 5-21 所示。如果需要将主题从固定列表中移除，只要在选择该主题后右击，在弹出菜单中选择【从列表中删除】项即可。选择图 5-17 所示的主题右击，在弹出菜单中选择【固定至列表】即可将该主题添加到固定主题列表。

图 5-21　主题列表操作

相较于早期的版本，PowerPoint 2016 已经将主题和模板进行了融合，使用主题模板创建的演示文稿，不仅统一设定了幻灯片的背景、字体等，而且预先围绕某个使用的业务场景或主题进行了精心设计，通常包括幻灯片的背景图案、色彩的搭配、版式设计、图标素材、文本格式、标题层次、演播动画、内容大纲结构等，一般都包含多页幻灯片。如图 5-22 所示，以"零售融资演讲稿"为主题的演示文稿模板中包含了 26 页幻灯片。虽然没有非常具体的内容，但对快速建立精美而专业的演示文稿有极大的帮助。

图 5-22　以"零售融资演讲稿"为主题创建的演示文稿

2. 保存与保护演示文稿

在创建完成演示文稿或对其中的幻灯片进行编辑修改后，应及时保存，以免信息意外丢失而徒劳无功。根据用户的不同需求，PowerPoint 2016 提供了直接保存、另存为等多种不同的保存方式。

(1) 直接保存演示文稿。

直接保存演示文稿主要针对正在编辑的已有演示文稿，可以通过以下 3 种方式实现：

- 方式一：在 PowerPoint 2016 的工作界面中单击快速访问工具栏的"保存"按钮 ■。
- 方式二：在 PowerPoint 2016 的工作界面中选择【文件】|【保存】命令。
- 方式三：在 PowerPoint 2016 的工作界面中直接使用 Ctrl + S 组合键，强烈建议使用该快捷方式。

(2) 另存为演示文稿。

另存为演示文稿主要针对需要重新变更文件名、重新选择文件类型或保存位置的演示文稿。其具体操作步骤如下：

在 PowerPoint 2016 的工作界面中选择【文件】|【另存为】命令，在打开的【另存为】对话框中选择存储位置，输入合适的文件名，选择合适的文件类型，单击【保存】按钮。

另外，需要注意的是如果当前文档为刚创建的演示文稿，第一次保存时也会弹出【另存为】对话框，如图 5-23 所示。

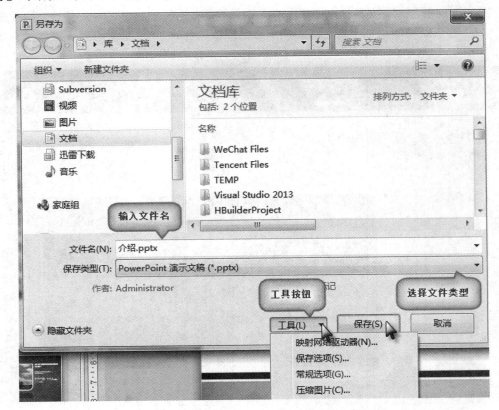

图 5-23　【另存为】对话框及【工具】按钮

关于"保存类型"的选择，常见的选择依据如下：

• 默认的保存类型为"PowerPoint 演示文稿(*.pptx)"。

• 如果希望当前演示文档能够被早期版本的 PowerPoint 打开和编辑，那么可选择"PowerPoint97-2003 演示文稿(*.ppt)"。

• 如果希望能够被没有安装 PowerPoint 的计算机打开，则可以选择"PDF(*.pdf)"。

• 如果希望当前演示文稿成为其他演示文稿的模板，则选择"PowerPoint 模板(*.potx)"。

(3) 自动保存演示文稿。

为了防止在制作演示文稿过程中出现诸如突然死机或断电、蓝屏等意外情况而使得编辑修改工作未能及时保存，导致演示文稿内容缺失，使用户遭受不必要的损失，可以将演示文稿设置为间隔指定时间自动保存模式，具体操作步骤如下：在 PowerPoint 2016 工作界面中单击【文件】|【PowerPoint 选项】按钮，打开【PowerPoint 选项】对话框，如图 5-24 所示；在对话框左侧选择【保存】选项卡，在【保存演示文稿】栏中勾选复选框，在其后的数值框中输入自动保存间隔的分钟数字，最后单击【确定】按钮。

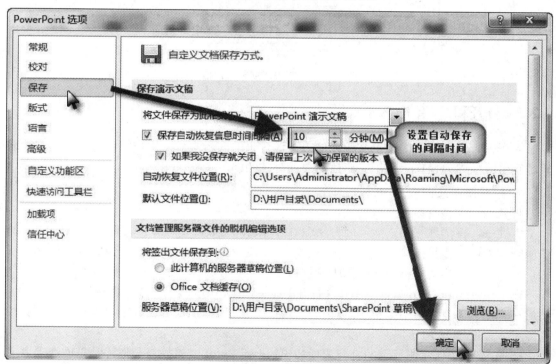

图 5-24　自动保存间隔时长设置

(4) 保护演示文稿。

因为有些演示文稿的内容涉及机密或隐私信息，有些内容涉及知识产权和劳动成果的保护，所以需要对演示文稿的操作权限进行限定，让得到授权的用户才能浏览或修改相关内容。因此，PowerPoint 2016 提供了相应的保护方案。其具体操作步骤如下：

在【另存为】对话框中单击底部的【工具】下拉按钮，在下拉列表中选择【常规选项】命令打开【常规选项】对话框，分别设置【打开权限密码】和【修改权限密码】，然后单击【确定】按钮，如图 5-25 所示。

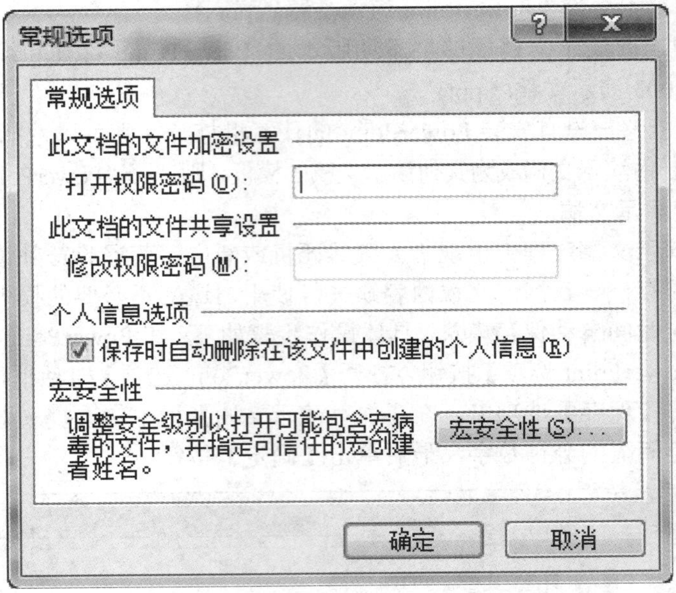

图 5-25　【常规选项】对话框

5.2.5　打开和关闭演示文稿

对于保存在电脑中的演示文稿或他人传送过来的演示文稿，用户需要随时打开进行编辑、查看或放映等操作，使用完毕后需要及时关闭演示文稿。

1. 打开演示文稿

打开演示文稿有以下几种方式：

方式一：直接打开演示文稿的方法和打开 Word、Excel 文档一样，可以在 Windows 的资源管理器中双击扩展名为 ppt 或 pptx 的文件启动 PowerPoint 2016 并打开该演示文稿。

方式二：在启动 PowerPoint 2016 后再打开指定的演示文稿。具体操作步骤如下：

在 PowerPoint 2016 窗口中单击【打开】命令，在弹出的【打开】界面中选择【浏览】，然后在弹出的【打开】对话框中选择待打开演示文稿所在位置和文件名，单击【打开】按钮即可，如图 5-26 所示。

在图 5-26 底部右侧所示的打开选项和 Word 和 Excel 文档操作类似，常见的选项含义和区别说明如下：

• 以只读方式打开：打开后只能浏览，不能进行编辑和更改幻灯片内容，而且在打开的演示文稿标题栏中将显示"只读"字样。

• 以副本方式打开：副本即打开的演示文稿为原演示文稿的拷贝版本，对副本进行编辑和修改将不会影响原演示文稿内容。在打开的演示文稿标题栏中将显示"副本"字样。

• 在受保护的视图中打开：受保护视图是指当打开一个网络 Office 文档(.doc、.docx、.xls、.xlsx、.ppt、.pptx 等)时，Office 会自动进入只读状态。同时最顶部标题栏会弹出一个黄色提醒，告知文档可能存在的威胁，只有单击【启用编辑】按钮后才能对其进行正常修改，如图 5-27 所示，它是 Office 中最重要的安全性改进。

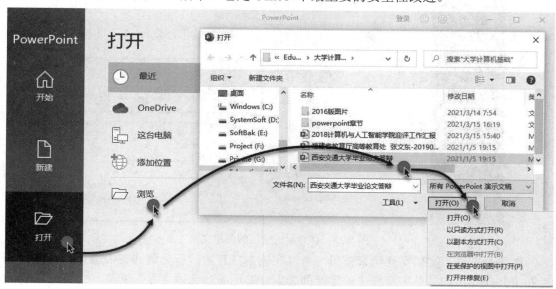

图 5-26　【打开】命令和【打开】对话框

图 5-27　在受保护的视图中打开演示文稿

　　方式三：打开最近使用的演示文稿。PowerPoint 2016 提供了记录最近打开演示文稿保存路径的功能，如果需要打开最近使用过的演示文稿，可选择【文件】|【打开】|【最近】|【演示文稿】命令，在打开的最近使用演示文稿列表中选择指定文件即可，如图 5-28 所示。

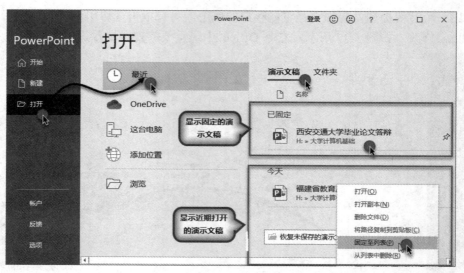

图 5-28　打开最近使用的演示文稿

如果个别演示文稿需要频繁使用，可以在近期打开的演示文稿列表中选择该文稿，然后右击并在弹出的菜单中选择【固定至列表】，即可添加到固定显示的演示文稿列表中，以便下次可以快速选择并打开。因为列表中的演示文稿会随着打开的次数增加而变化位置，甚至被替换，不利于下次查找。

2. 关闭演示文稿

编辑演示文稿完成后，如不再需要继续进行其他操作，可将其关闭，防止发生意外情况，并能节约系统资源。常用的关闭方法有以下几种：

- 单击在 PowerPoint 2016 工作界面标题栏中右上角的 ⬛ X ⬛ 按钮即可。
- 切换 PowerPoint 2016 工作界面为当前工作界面，按 Alt + F4 组合键。
- 在 PowerPoint 2016 工作界面中选择【文件】|【关闭】命令。
- 在 PowerPoint 2016 工作界面中的标题栏区域单击鼠标右键，选择【关闭】命令。

5.3　幻灯片的基本操作

一个完整的演示文稿是由多张幻灯片所组成的，在制作 PowerPoint 演示文稿过程中，可以利用"幻灯片版式"和"幻灯片设计"任务窗格提供的功能修饰演示文稿，还可以通过设计母版在所有幻灯片中加入相同对象，使制作的演示文稿风格一致、美观大方，增强演示效果。

5.3.1　页面设置

在新建演示文稿时，PowerPoint 2016 会给出默认大小的幻灯片，基本能满足大部分使用需求。但随着计算机相关技术的发展，显示演示文稿的终端设备越来越丰富，例如宽屏电脑、平板、手机、液晶显示面板等。因此，可能存在不一样的尺寸需求。为了确保演示文稿的显示效果符合设备要求，以免影响观众的体验，需要对幻灯片的页面尺寸进行设置，具体操作步骤如下：

单击【设计】|【幻灯片大小】下拉按钮，在弹出的【幻灯片大小】对话框中设置合适的大小和方向，单击【确定】按钮即可，如图 5-29 所示。

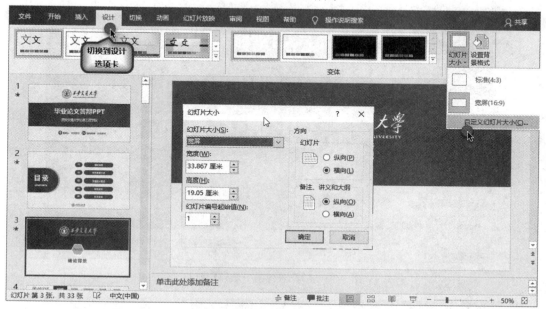

图 5-29　【设计】选项卡与【幻灯片大小】对话框

5.3.2　幻灯片的常见操作

一个完整的电子演示文稿通常是由多张幻灯片所组成的，因此，在编辑演示文稿的过程中经常涉及选择、复制、粘贴、移动、新建、删除幻灯片等操作。

1. 选定幻灯片

选定幻灯片是对幻灯片进行各种操作的前提。在演示文稿中选定幻灯片主要有以下几种方法：

(1) 选择单张幻灯片：在普通视图下的幻灯片编辑区左侧的"幻灯片视图"窗格或"幻灯片浏览"视图中，单击幻灯片缩略图即可选择单张幻灯片，如图 5-30 和图 5-31 所示。

(2) 选择多张连续的幻灯片：在"幻灯片视图"窗格或"幻灯片浏览"视图中单击起始的第一张幻灯片，按住 Shift 键不放的同时，单击需要连续选择的最后一张幻灯片，然后释放 Shift 键，则选中的两张幻灯片之间的所有幻灯片都被选中。

(3) 选择多张不连续的幻灯片：在"幻灯片视图"窗格或"幻灯片浏览"视图中按住 Ctrl 键不放，并利用鼠标左键单击需要选择的幻灯片，然后释放 Ctrl 键即可。

(4) 选择所有幻灯片：在"幻灯片视图"窗格或"幻灯片浏览"视图中按住 Ctrl + A 组合键即可选择当前演示文稿中的所有幻灯片。

图 5-30　在普通视图中选择幻灯片

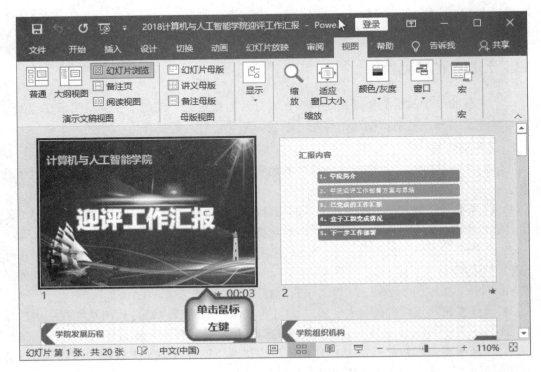

图 5-31　在幻灯片视图中选择幻灯片

2. 新建或删除幻灯片

在编辑演示文稿的过程中，用户经常要随着内容的增加而新建幻灯片，或者在某个位置插入新的幻灯片，有时还需要删除其中错误或多余的幻灯片。

(1) 新建幻灯片。

在打开的演示文稿中，在左侧"幻灯片视图"窗格中选择需要新建或插入新幻灯片的位置，单击【开始】|【新建幻灯片】下拉按钮，在下拉列表中选择满足要求的版式。也可以在选定位置后，右击鼠标，选择【新建幻灯片】命令或者按 Ctrl + M 组合键即可，如图5-32 所示。

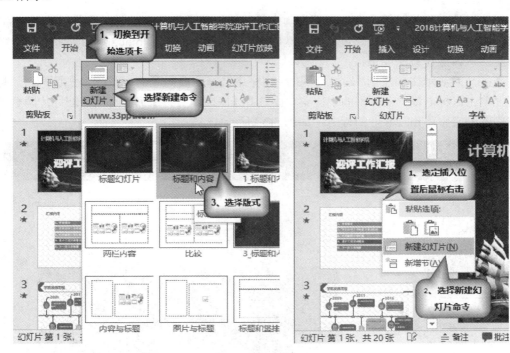

图 5-32　新建幻灯片

(2) 删除幻灯片。

· 方法一：在打开的演示文稿中，在左侧"幻灯片视图"窗格中选择需要删除的目标幻灯片，然后右击鼠标，从弹出的快捷菜单中选择【删除幻灯片】命令即可。

· 方法二：选择需要删除的幻灯片，按 Delete 键即可。

3. 移动幻灯片

在编辑演示文稿的过程中，有时需要调整部分幻灯片的次序，此时可以通过移动或剪切幻灯片来实现。

· 方法一：在打开的演示文稿左侧"幻灯片视图"窗格中通过单击鼠标左键选择需要移动的一张或多张目标幻灯片，在按住鼠标左键不松手的同时移动鼠标光标到目标位置后松手即可。

· 方法二：在打开的演示文稿左侧"幻灯片视图"窗格中通过单击鼠标左键选择需要

移动的一张或多张目标幻灯片，按住 Ctrl + X 组合键，然后将鼠标光标移动到目标位置后，按 Ctrl + V 组合键即可。

4．复制幻灯片

有时为了提高幻灯片的编辑效率，可以通过复制与目标幻灯片版式类似的幻灯片，然后稍做修改即可。具体操作如下：

在打开的演示文稿左侧"幻灯片视图"窗格中选择需要复制的一张或多张目标幻灯片，按住 Ctrl + C 组合键，然后将鼠标光标移动到目标位置后，按 Ctrl + V 组合键即可。

5．隐藏幻灯片

在编辑幻灯片的过程中，如果不能确定某张幻灯片最终是否需要，或者在演示文稿的放映过程中某张幻灯片需要略过而不出现时，则可以使用 PowerPoint 2016 提供的幻灯片隐藏功能。具体操作方法如下：

在打开的演示文稿左侧"幻灯片视图"窗格中选择需要隐藏的一张或多张目标幻灯片，在其上单击鼠标右键，在弹出的快捷菜单中选择【隐藏幻灯片】命令即可。幻灯片隐藏后，在缩略图列表中将出现 ⓷ 的标志，如图 5-33 所示。

图 5-33　隐藏幻灯片

5.3.3　幻灯片的节管理

当制作的演示文稿的主题规模较大时，通常包含的幻灯片张数也较多，为了方便管理和快速查阅，PowerPoint 2016 提供了利用节来管理的功能。通过节让演示文稿的结构清晰呈现，一目了然，同时也起到了快速定位和导航幻灯片的作用。幻灯片的节管理如图 5-34 所示。

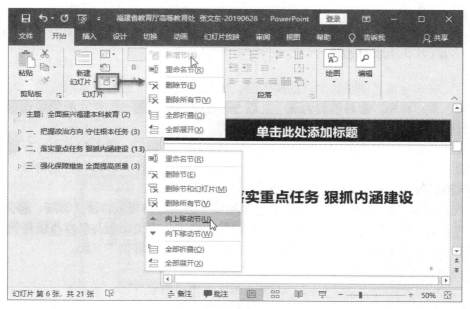

图 5-34　幻灯片的节管理

1. 新增节

当演示文稿主题较大时，幻灯片数量也较多，通常需要从多个角度阐释，此时，可以按照角度的不同对幻灯片进行归类，其中的每个类别即为一节，可以通过在每个类别的第一张幻灯片前单击鼠标右键，在弹出的下拉菜单中选择【新增节】选项即可创建一个节，如图 5-35 所示，同时它将自动计算本节含有几张幻灯片并显示在节名称之后。

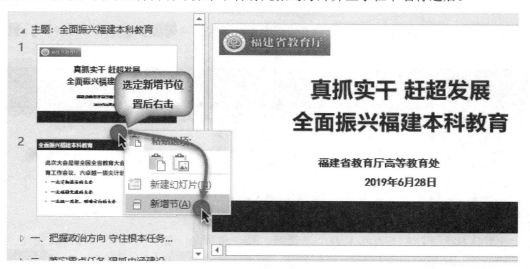

图 5-35　新增节

2．编辑节

PowerPoint 2016 中对节的编辑操作包括重命名、删除节、全部展开或全部折叠等，只要鼠标指针移动到节名称上方，右击后在弹出的菜单中选择相应的选项即可，如图 5-34 所示。如果要展开或折叠某个节，而非所有节，则需单击每个节前的符号▷，进行操作。

5.3.4 幻灯片的母版应用

演示文稿通常都是围绕某个目的或主题，依托多张幻灯片进行表达阐释的。通常这些幻灯片的色调、布局、素材都较为统一，以方便观众理解。通过幻灯片的母版设置，可以快速且方便地将幻灯片样式统一起来。

母版就是演示文稿中的固定格式模板，它可以使一个演示文稿中每张幻灯片都包含某些相同的文本特征、背景颜色、项目符号、图片、文本占位符、页脚和占位符等，以使演示文稿风格保持一致。

在 PowerPoint 2016 中，演示文稿的母版通常分为幻灯片母版、讲义母版、备注母版 3 种。它们分别用于设计幻灯片、讲义和备注内容的格式。讲义母版与备注母版使用较少，而且较为简单。对于使用最多的幻灯片母版，其主要的操作有以下几种。

1．进入与退出幻灯片母版

(1) 进入：在 PowerPoint 2016 工作界面中选择【视图】|【母版视图】功能组中的【幻灯片母版】命令，如图 5-36 所示。

图 5-36 进入母版

(2) 退出：在 PowerPoint 2016 工作界面中单击【幻灯片母版】|【关闭母版视图】按钮，如图 5-37 所示。

图 5-37 退出母版视图

2．母版与版式的关系

在默认状态下，幻灯片中只有一个母版，每个母版与一组版式相关，每组版式与一个母版相关联。如果演示文稿包含多个主题，则通常包含多个幻灯片母版。关于母版的具体操作如图 5-38 所示。

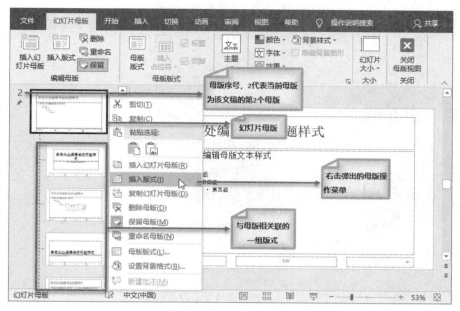

图 5-38　幻灯片母版操作

由图 5-38 可见，PowerPoint 2016 中的每个母版包含多个版式，每个母版都有序号，每个演示文稿中可以包含一个或多个母版。

幻灯片版式是指一张包含文本、图表、表格和多媒体等元素的幻灯片的布局方式，它以占位符的形式决定幻灯片上要显示内容的排列方式以及相关格式。可以简单理解为版式就是以占位符的形式代替要在幻灯片中显示的各类元素，然后通过占位符来确定各类元素在幻灯片中的位置。因此，版式不包括字体大小、颜色等细节因素，这些属于主题范畴。PowerPoint 2016 提供了多种预设的版式，如"标题和内容""两栏内容""图片与标题""比较""空白"等版式，用户可以根据显示效果需要选择合适的版式。

3. 添加母版

如果需要添加母版，可以单击【幻灯片母版】|【插入幻灯片母版】命令完成，如图 5-38 所示。也可以在左侧母版列表窗格单击鼠标右键，在弹出的命令列表中选择【插入幻灯片母版】命令。

4. 删除母版

打开 PowerPoint 2016，切换到母版编辑页面，选中需要删除的母版页，单击鼠标右键，在弹出的命令列表中选择【删除母版】命令即可。

5. 母版的操作

(1) 设置版式：选择第一张幻灯片母版，选择【幻灯片母版】|【母版版式】功能组的【母版版式】命令。

(2) 重命名：可以为母版设置新的名字。

(3) 设置背景格式：选择母版或版式，单击鼠标右键，在弹出的命令列表中选择【设置背景格式】，在【设置背景格式】窗格中设置填充的颜色，如图 5-39 所示。

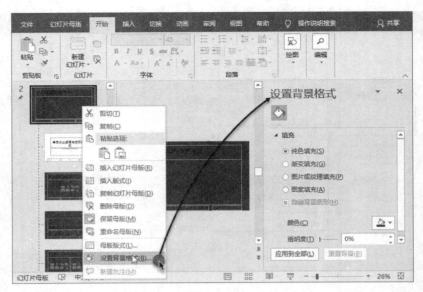

图 5-39　设置幻灯片母版背景格式

- 设置母版页的背景，将会自动应用到所有版式。
- 设置版式页的背景，将只会应用到所选的版式页面。

(4) 修改母版或版式页中各对象的字体、项目符号、占位符等信息。

5.3.5　设置幻灯片版式、主题及背景

1. 设置幻灯片版式布局

PowerPoint 2016 为用户提供了 12 种不同形式的版式，用户可以在创建幻灯片时指定版式，也可以在创建幻灯片后设置和更换版式。

更换版式操作步骤如下：选定幻灯片，单击右键，在弹出的菜单中选择【版式】，单击需要的版式后，该版式将自动应用于被选定的幻灯片，如图 5-40 所示。如果要同时更换多张幻灯片的版式，只要同时选定多张幻灯片即可。此外，用户也可以自定义版式，例如调整字体大小、占位符位置、背景等细节。

图 5-40　设置或更换幻灯片版式

2. 设置幻灯片主题

主题与版式不同，它是预定义好背景、配色方案、标题和文本格式等内容的幻灯片效果组合，是内容的效果组合，而非内容的位置布局。主题作为一套独立的方案应用于演示文稿中，可以简化演示文稿的创建过程，使演示文稿具有统一的风格。设置或更换幻灯片演示文稿主题的操作步骤是：选择【设计】选项卡，在功能区的主题列表中单击合适的主题后即可将主题自动应用于演示文稿的所有幻灯片，如图 5-41 所示。

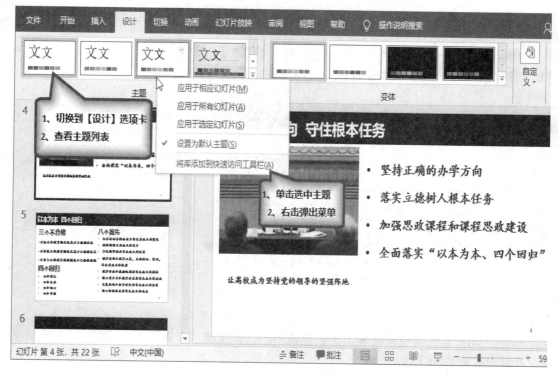

图 5-41　幻灯片主题设置

注意：

（1）当鼠标指针悬停在主题上方时，可以预览将该主题应用于当前幻灯片的效果。

（2）鼠标单击主题可将主题自动应用到当前演示文稿的所有幻灯片。

（3）如果要将主题只应用于选定的幻灯片，则需要在主题上方单击鼠标右键，选择【应用于选定幻灯片】选项。

3. 设置背景

背景是演示文稿中非常重要的对象，它直接影响到演示文稿的艺术性、可观赏性，制作精美、搭配合理的背景能够突出重点，容易给观众留下深刻的印象。

在 PowerPoint 2016 中，用户既可以为幻灯片设置单一的背景颜色，也可以使用填充效果作为幻灯片的背景，还可以将渐变、纹理、图案甚至图片设置为背景，以便更好地体现鲜明个性。具体操作步骤包括：打开电子演示文稿，选择【设计】选项卡中的【设置背景格式】命令，如图 5-42 所示，打开设置背景格式窗格。

图 5-42　背景设置

注意：在默认情况下，背景将自动应用到当前电子演示文稿的所有幻灯片，如果需要应用到指定的幻灯片，操作与主题类似，将鼠标指针悬停于主题上方，然后单击鼠标右键，选择相应的选项即可。

如图 5-43 所示，在【设置背景格式】窗格的【填充】栏中有 4 种背景填充方式，即【纯色填充】、【渐变填充】、【图片或纹理填充】、【图案填充】。

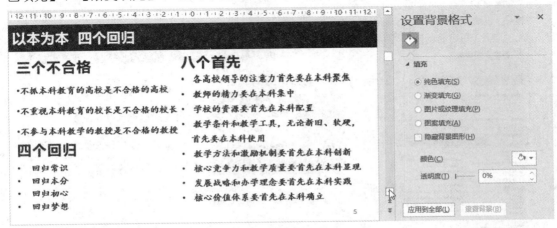

图 5-43　【设置背景格式】窗格

• 纯色填充：将某种系统预定义颜色或用户自定义颜色设置为幻灯片背景，如果有需要，可以设置颜色的【透明度】。

• 渐变填充：将两种或两种以上的颜色混合在一起，并设置以某种特定的方式完成过渡的渐变效果作为幻灯片背景。在提供的渐变工具组中可以设定渐变的预设颜色、类型、方向、角度、渐变光圈、位置、亮度、透明度等。

• 图片或纹理填充：将用户自定义的图片文件或系统预定义纹理设置为幻灯片背景，这是自定义背景操作中最常用的一种方式。

• 图案填充：将一些简单的线条、点、方框等组成的图案作为背景，可以设置图案的前景色和背景色。

当用户选择【图片或纹理填充】选项时，可以单击 插入(R)... 剪贴板(C) 按钮选择自定义图片文件作为背景，然后通过【图片校正】选项设置图片的锐化和柔化、亮度和对比度；也可以通过【图片颜色】选项设置颜色饱和度、色调；还可以通过【艺术效果】选项设置图片的纹理效果。

注意：上述操作的背景效果将自动应用于当前演示文稿的所有幻灯片，如果要应用于指定的幻灯片，可以先选择幻灯片，然后单击鼠标右键，在弹出的菜单中选择【设置背景格式】命令即可弹出相应对话框进行类似操作。

5.4　幻灯片的基本制作

制作演示文稿的目的是希望通过幻灯片向用户传达重要信息，而信息的载体则需要依托图片、文字、表格、声音、视频和动画等对象。在 PowerPoint 2016 中可以插入文本、图形、艺术字、图表、表格、SmartArt 对象、音频、视频、超链接和动作按钮、动画等多种对象，使幻灯片的内容显得层次清晰、美观大方、形象生动、契合主题、富有感染力，以便更好地实现信息传达的目的。

5.4.1　输入和编辑文字

在 PowerPoint 2016 中，输入文字是最基本的操作，但是文字对象不能直接插入幻灯片中，而是需要使用占位符或文本框输入。其中，PowerPoint 2016 包含 3 种占位符，即标题占位符、副标题占位符和对象占位符，其中标题占位符用于输入幻灯片的标题，对象占位符则可以输入正文文字，插入图片、图表等对象。

1. 在占位符中输入文本

选择占位符，将鼠标光标定位到占位符中，即可输入或粘贴所需的文本，如图 5-44 所示。

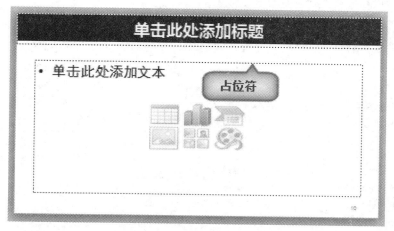

图 5-44　在占位符中输入文本

2. 在文本框中输入文字

如果没有文字占位符或要在占位符外输入文字，可以先创建一个文本框再输入文字。文本框类似于一种能移动并可以调整大小的容器，在文本框中可以实现文字横排或垂直排版。具体操作步骤如下：

单击【插入】选项卡中的【文本】功能组的【文本框】下拉按钮，在下拉列表中选择【绘制横排文本框】或【竖排文本框】命令，如图 5-45 所示，在幻灯片中需要的地方单击即可完成文本框插入，单击文本框即可输入文字。

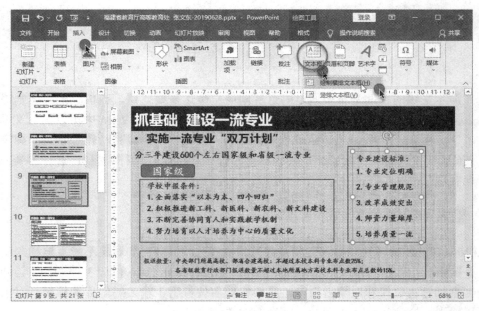

图 5-45 在文本框中输入文字

根据需要在【开始】选项卡的【字体】、【段落】、【绘图】功能组或者【绘图工具】的【格式】选项卡中使用相应命令对文本框进行美化。也可以选中文本框，右击鼠标，在下拉菜单中选择【设置形状格式】命令后打开设置窗格，分别对形状和文本对象从填充与线条、效果、大小与属性等多方面进行更详细的外观修饰，如图 5-46 所示。

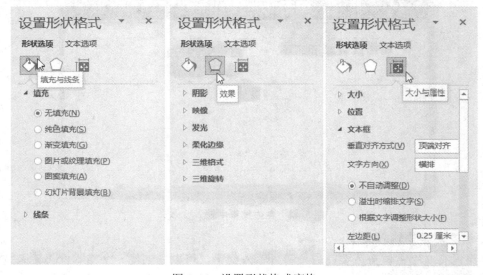

图 5-46 设置形状格式窗格

此外，也可向幻灯片中插入艺术字，增强其演示效果，更加引人注目。具体操作步骤如下：

单击【插入】选项卡中【文本】功能组的【艺术字】下拉按钮，选择艺术字样式后完成艺术字占位符的插入如图 5-47 所示，接着编辑文字内容即可。

图 5-47　插入艺术字

5.4.2　插入图片

图片是幻灯片中非常重要的对象之一，通过图片可以起到辅助文字的作用和丰富演示文稿的内容，使之更具可看性。

1. 插入本地图片

PowerPoint 2016 允许插入存储在本地计算机中的图片素材，以便制作更加个性化、更具专业性的幻灯片。具体操作步骤如下：

选择【插入】选项卡中的【图像】功能组，单击【图片】下拉按钮，打开【插入图片来自此设备】对话框，选择图片，单击【插入】按钮即可。

2. 插入屏幕截图

若想将当前打开的窗口作为图片插入幻灯片中，直接使用 PowerPoint 的屏幕截图功能即可。具体操作步骤如下：

单击【插入】选项卡的【图像】功能组中的【屏幕截图】下拉按钮，在下拉列表中选择【可用的视窗】或【屏幕剪辑】命令即可，如图 5-48 所示。

图 5-48　插入屏幕截图

3. 图片的基本操作

在幻灯片中插入图片后，可以对图片进行必要的编辑，使之能够满足我们的要求。单击图片将自动切换到【图片工具】的【格式】选项卡，如图 5-49 所示，其操作主要包括以下内容：

(1) 校正图片，如锐化/柔化、亮度/对比度，调整图片的色调和饱和度，设置艺术效果。

(2) 设置图片样式，如边框、效果、版式。

(3) 排列图片，如层次次序调整，对齐或旋转。

(4) 调整图片的大小和位置。

- 选择图片后，图片四周会呈现圆形控制点，通过这些点可以调整图片的长度和宽度。
- 当鼠标指针悬停于图片上方呈现十字形状时，按住鼠标左键可进行移动位置。
- 按住 Ctrl 键的同时移动鼠标，则可复制图片。
- 裁剪图片。

图 5-49　图片编辑工具

5.4.3　插入图形图表

在演示文稿中可以灵活使用诸如关系图、流程图等图形，还可以使用表格和图表来表达数据信息，实现文本信息图形化，既提升了演示文稿的整体质量，也方便将作者准备表达的信息或意图快速传达给读者。

1. 插入形状

和 Word 一样，在演示文稿中可使用的形状包括线条、矩形、圆形、箭头、流程图、旗帜和星形等，同时按每一种形状的特点为其划分了具体类别，用户可以根据需要选择相应的形状。其操作主要包括以下内容：

(1) 插入：单击【插入】|【插图】功能组中的【形状】下拉按钮，选择合适形状，如图 5-50 所示。

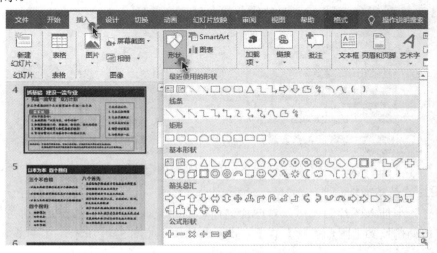

图 5-50　插入形状

（2）修饰：插入形状后可在形状中添加文字，或者通过【格式】选项卡对其进行样式、轮廓、颜色、效果等方面的修饰细节的设置。

因其插入和编辑的方法也与 Word 相同，这里不再赘述。

2. 插入 SmartArt 图形

SmartArt 图形广泛应用于演示文稿中，因为它可以清楚地表明组织的结构、事件的流程及各部分之间的关系，对表达一些抽象的事务有很大帮助。具体操作如图 5-51 所示，主要包括以下内容：

（1）插入：选择【插入】选项卡|【插图】功能组中的【SmartArt】命令，选择合适图形；

（2）设计：插入完成后通过【设计】选项卡可进行创建图形、更换版式、设置 SmartArt 样式、更改颜色、重置等操作，如图 5-52 所示。

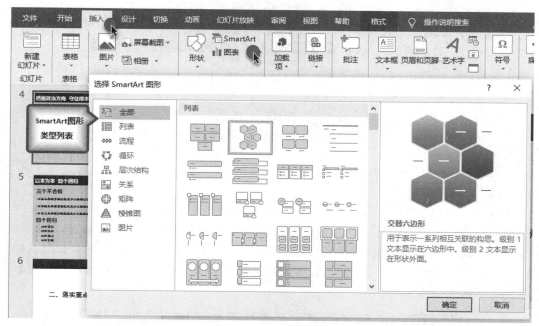

图 5-51　插入 SmartArt 图形

图 5-52　设计 SmartArt 图形

3. 插入表格

在制作数据相关的演示文稿时，例如，销售数据报告、生产记录统计等，如果使用传统的文字或图片往往较难表达清楚内容含义，而以表格形式却能让数据含义更加清晰、更容易理解。在幻灯片中插入表格可以有多种方式。

方式一：以粘贴形式插入。

用户可以先在 Word 或 Excel 中编辑好表格，然后选择复制，再在幻灯片编辑区右击，从弹出的快捷菜单中选择【粘贴】命令，即可将表格复制到幻灯片中，然后双击表格，激活"表格工具"后利用表格工具在样式设计和布局两方面进一步编辑表格，如图 5-53 所示。

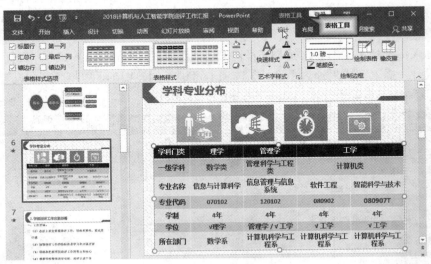

图 5-53　表格工具选项

方式二：绘制表格。

PowerPoint 和 word 类似，可根据需要手动绘制表格。具体操作步骤如下：

选定需要插入表格的幻灯片，选择【插入】选项卡中的【表格】功能组，单击【表格】命令下拉按钮，在表格模型中拖动鼠标，确定表格的行数和列数并单击即可完成默认样式的表格插入。此处也可单击【表格】命令下拉按钮，选择【插入表格】或【绘制表格】命令来创建表格，如图 5-54 所示。

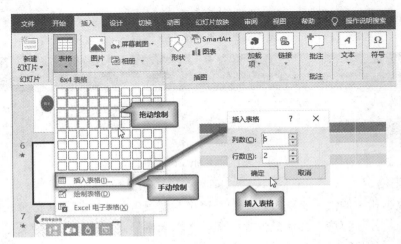

图 5-54　绘制表格、插入表格

方式三：嵌入 Excel 表格。

PowerPoint 支持直接在幻灯片中嵌入 Excel 表格，具体操作步骤如下：

选定需要嵌入 Excel 表格的幻灯片，选择【插入】选项卡中的【表格】功能组，单击【表格】命令下拉按钮，在下拉列表中选择【Excel 电子表格】命令，即可在幻灯片中插入一个空的 Excel 表格，并在 PowerPoint 中调用 Excel 工具来对表格进行处理。

4. 插入图表

图表以数据对比的方式来显示数据，它可以轻松地体现数据之间的关系，让数据表现更为直观。在演示文稿中除了可以将 Excel 中已编辑好的图表复制到幻灯片中以外，还可以直接在幻灯片中插入图表。具体操作步骤如下：

选定需要插入图表的幻灯片，选择【插入】选项卡中的【插图】功能组，单击【图表】命令按钮，在弹出的【插入图表】列表中选择图表类型，单击【确定】按钮，如图 5-55 所示。

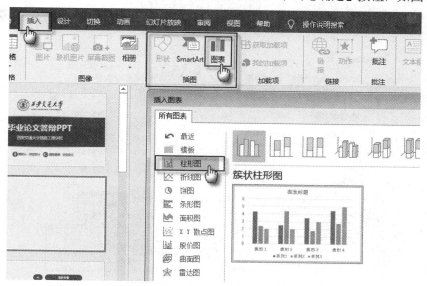

图 5-55　插入图表

创建图表后，可单击图表打开【图表设计】选项卡的各功能组，对图表的元素、布局、样式、数据、类型进行编辑修改，如图 5-56 所示。

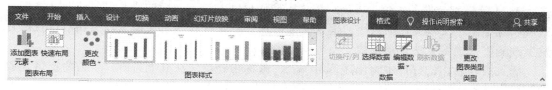

图 5-56　图表设计工具

5.4.4　插入声音和视频

PowerPoint 2016 支持制作多媒体演示文稿，不仅具有插入文本、图片、图表等功能，而且可以插入音频和视屏，使之有声有色，增加幻灯片的播放效果，烘托幻灯片的场景。

1. 插入音频

PowerPoint 2016 可以插入剪辑管理器中的声音、文件中的声音(支持扩展名为 wav、wma、mp3 和 mid 的文件)和录制的声音文件。具体操作步骤如下：

选定需要插入音频的幻灯片，选择【插入】选项卡中的【媒体】功能组，单击【音频】命令下拉按钮，如图 5-57 所示。当选择【PC 上的音频】选项时会弹出【插入音频】对话框，如图 5-58 所示，选择音频文件后，单击【插入】命令下拉按钮，在两个选项中任选其一即可，但要注意区别。

图 5-57　插入音频

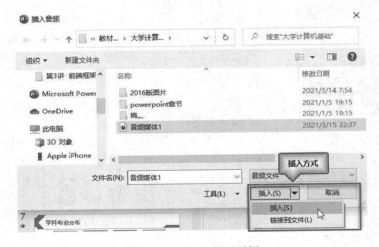

图 5-58　插入音频对话框

- 【插入】命令：将音频文件插入幻灯片中，幻灯片拷贝或放映时不必当心音频文件的丢失。
- 【链接到文件】命令：将在幻灯片中插入指向音频的地址而不是文件本身，这种方式可以减小演示文稿文件的大小，但是必须确保音频文件和演示文稿文件的相对位置没有发生改变，否则将无法正常播放。

插入成功后，幻灯片中将出现图标 ，鼠标指针悬停在其上方时，下方将出现播放控制条 。

2. 录制音频

在演示文稿中除了可以插入已有的声音外，还可以根据需要录制来自计算机声卡的或来自话筒的声音。具体操作如下：

切换到需要插入录音的幻灯片，选择【插入】选项卡中的【媒体】功能组，单击【音频】命令下拉按钮，在下拉列表中选择【录制音频】命令，打开【录制声音】对话框，单

击右侧录音按钮  即可开始录音，单击中间方形按钮 ■ 即可终止录音，单击【确定】按钮即可完成录音，如图 5-59 所示。

图 5-59　【录制声音】对话框

3. 编辑音频

播放插入的音频时，可以通过音频播放功能选项对音频进行简单的编辑，如图 5-60 所示，也可通过【剪裁音频】对话框对音频进行必要的剪辑，如图 5-61 所示。

图 5-60　音频播放功能选项

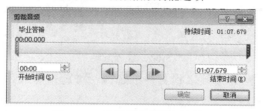

图 5-61　【剪裁音频】对话框

4. 插入视频

相对声音而言，视频的表现力更丰富、直观，更容易被观众理解和接受。幻灯片中也可以插入自带或本机的视频、网上视频、Flash 等，其支持的视频格式有 AVI、ASF、MPEG、WMV 等。插入视频以及播放功能选项如图 5-62 所示。因插入视频的操作和插入音频非常类似，此处不再赘述。

图 5-62　插入视频以及播放功能选项

5.4.5　插入超链接和动作按钮

在幻灯片中创建超链接，不仅可以扩充幻灯片的内容，还可以实现幻灯片页面的快速跳转，让演讲者对演讲进程的控制更加流畅。在 PowerPoint 2016 中，可以通过直接插入超链接或通过动作按钮两种方式来实现超链接。

1. 通过对象插入超链接

在 PowerPoint 2016 中，用户可以为文本、图片、图形、形状或艺术字等对象设置超链接，来控制演示文稿在放映时从一张幻灯片跳转到另一张幻灯片以及打开网页或文件。具体操作步骤如下：

(1) 在幻灯片中选定要设置为超链接的对象，选择【插入】选项卡中的【链接】功能组，单击【链接】按钮，如图 5-63 所示，打开【插入超链接】对话框，如图 5-64 所示。

图 5-63　插入超链接

(2) 根据需要在对话框的【链接到】栏中选择一种链接方式，如图 5-64 所示。

图 5-64　【插入超链接】对话框

(3) 如果需要删除超链接，只要在超链接对象上方单击鼠标右键，在弹出的对话框中选择【取消超链接】命令即可。

2. 插入动作按钮

除了可以直接为幻灯片中的各类对象添加超链接外，还可自行绘制动作按钮，并为其创建超链接。具体操作步骤如下：

（1）选定插入动作按钮的幻灯片，选择【插入】选项卡中的【插图】功能组，单击【形状】命令下拉按钮，在下拉列表底部【动作按钮】组中根据需要单击相应图标即可。常见的按钮有"后退或前一项""前进或下一项""转到开头""转到结尾""转到主页""上一张"等，如图 5-65 所示。

图 5-65　形状下拉列表中的【动作按钮】

（2）单击图 5-65 所示图标按钮后将打开【动作设置】对话框，如图 5-66 所示，设置好动作方式后，单击【确定】按钮即可在幻灯片中插入一个动作按钮。

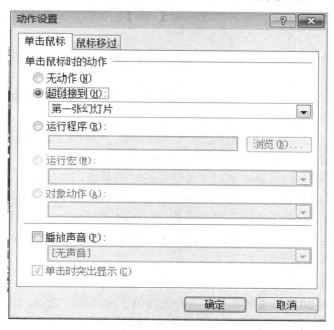

图 5-66　【动作设置】对话框

5.5　幻灯片的动画效果与放映

演示文稿的直观、形象、更具吸引力等特性越来越被人们所重视。PowerPoint 2016 既可以设置丰富的幻灯片切换效果，也可以为幻灯片中的对象添加各种动画效果，从而提高演示文稿的趣味性和观赏性，吸引用户的注意力。

5.5.1　设置幻灯片切换效果

幻灯片切换是指演示文稿在播放过程中从前一张幻灯片切换到后一张幻灯片的方式和

效果，即放映时幻灯片进入和离开屏幕的方式。在 PowerPoint 2016 中，默认情况下是静态
(即前一张直接消失，后一张直接出现)手工切换(即在演示文稿放映的过程中，通过单击鼠
标左键或使用键盘上空格键、回车键进行切换)，用户可以根据需要设置动态切换、自动切
换和排练计时等功能。

1. 设置动态切换效果

定位到要设置切换效果的幻灯片，在【切换】选项卡的【切换到此幻灯片】功能组中
选择一种切换效果，如图 5-67 所示。

图 5-67　幻灯片【切换】选项卡

注意:

(1) 可以选择【效果选项】命令可对选中的效果进行其他设置，不同的效果有不同的
效果选项。

(2) 通过【计时】功能组根据需要对切换速度、换片声音、换片方式及自动换片时间
等项目进行设置。

• 在【声音】下拉框中可以选择系统内置的音效，当幻灯片过渡到所选幻灯片时将播
放该声音，也可以选择"无声音""停止前一声音"等。

• 在【持续时间】栏可以设置幻灯片切换的时间长度，单位为秒。

• 【应用到全部】命令可以将此切换效果应用于当前演示文稿的全部幻灯片。

• 勾选【单击鼠标时】复选框可以设置在放映时通过单击鼠标切换幻灯片。

• 勾选【设置自动换片时间】复选框可以在右侧的文本框设置输入时间，放映时每隔
所设定的时间就自动切换幻灯片。

2. 排练计时切换幻灯片

虽然 PowerPoint 2016 在【切换】选项卡中提供了定时换片功能，但如果要对所有的幻
灯片都设置定时切换，则会非常烦琐。因此 PowerPoint 2016 还提供了另一种更为科学的换
片方式——排练计时，即在幻灯片正式放映前，先由演讲者以试讲的方式来设置每一页幻
灯片的播放时间，系统会自动将每一页所需的时间记录在演示文稿中，当下一次播放时，
自动按预先设置的时间间隔来自动切换幻灯片。

(1) 选择【幻灯片放映】选项卡中的【设置】功能组，单击【排练计时】按钮，PowerPoint
会从第一张幻灯片起自动放映，并在屏幕上显示如图 5-68 所示的【录制】对话框。

图 5-68　【录制】对话框

（2）从第一张幻灯片放映开始，试讲人就可以根据内容进行试讲。随着试讲的进行，对话框左边的计时框中显示本张幻灯片所用的时间，其右边显示排练总计时。当讲完一张后，可单击"下一步"按钮，对下一张幻灯片进行试讲、计时。单击"重复"按钮可以重新计时。如此反复，就可以对所有幻灯片设定时间。

（3）当最后一张幻灯片设定时间后，在对话框中显示演示文稿放映所需的时间，单击【是】按钮，退出排练计时。切换到【幻灯片浏览】视图可显示每张幻灯片切换的时间间隔，如图 5-69 所示。

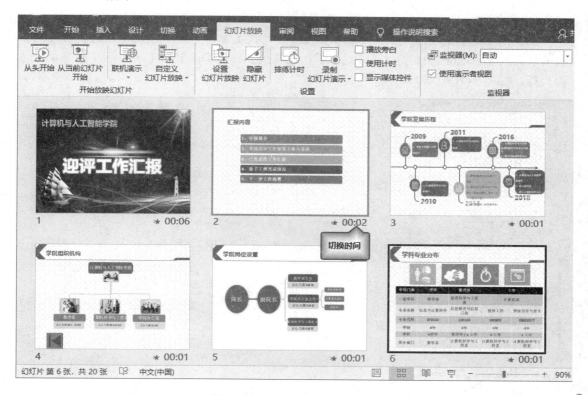

图 5-69　幻灯片切换时间间隔

5.5.2　设置动画

幻灯片切换虽然可以为演示文稿设置一定的动态效果，但这种效果是对整张幻灯片设置的，如果要单独为幻灯片中的各种对象分别设置动画效果和播放顺序，则需要用到 PowerPoint 自定义动画功能。

注意：虽然在演示文稿中设置动画可以增加演示的趣味性、生动性和感染力，但过多的动画会分散观众的注意力，不利于信息的传达，所以设置动画应遵从适当、简化和创新的原则。

1．为对象添加动画

PowerPoint 2016 几乎可以为所有对象添加动画效果，使之以动态的方式出现在屏幕中，包括它们的进出顺序，出现、变化和消失的方式。为对象添加动画的操作步骤如下：

选定要设置动画效果的对象，选择【动画】选项卡中的【动画】功能组，单击相应的动画效果即可将其应用到选择的对象上，如图 5-70 所示。

图 5-70　【动画】选项卡

如果需要更多的动画效果，可以单击【添加动画】命令下拉按钮，打开动画效果的下拉列表。PowerPoint 2016 提供了【进入】、【强调】、【退出】和【动作路径】等 4 种动画类型，如图 5-71 所示。

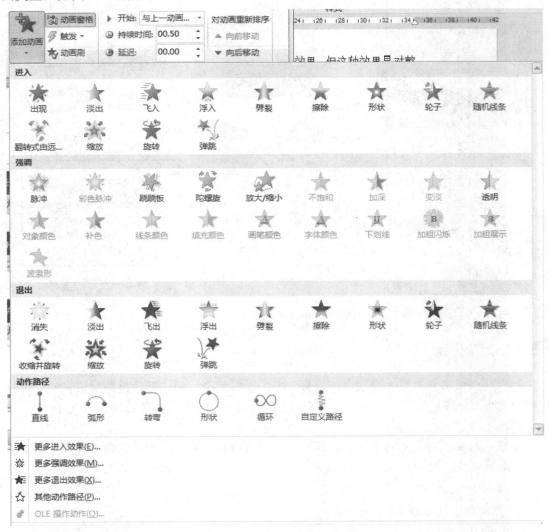

图 5-71　系统内置动画效果

- 【进入】命令：设置对象在播放时从外部进入或出现在屏幕中的方式。
- 【强调】命令：设置在播放过程中需要突出显示的对象。
- 【退出】命令：设置对象离开时的方式。
- 【动作路径】命令：设置播放时对象的移动路径，如弧形、直线、循环甚至自定义路径等。

如果要得到全部的动画效果，可以在如图 5-71 所示的对话框中选择【更多进入效果】、【更多强调效果】、【更多退出效果】等命令选项打开相应的效果选择对话框，如图 5-72 所示。

图 5-72　更多的进入、强调、退出动画效果

2. 设置动画效果

为对象添加动画后，还可以进一步为动画设置更多的效果，如设置动画开始播放的时间，播放次序，添加或删除动画效果等，如图 5-73 所示。

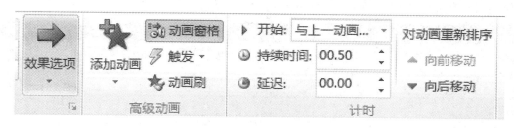

图 5-73　动画功能选项卡

- 【效果选项】命令：用于设置动画效果的运动方向、图案、颜色等，效果选项列表中的内容会随着动画类型和动画对象的不同而不同。
- 【添加动画】命令：为所选对象增加新的动画效果，将叠加在之前动画效果之上。

· 【动画窗格】命令：以列表形式显示当前幻灯片中所有对象的动画效果，包括动画类型、对象名称、先后次序等，如图 5-74 所示。选择其中的动画效果，单击鼠标右键可进行更加详细的效果设置。

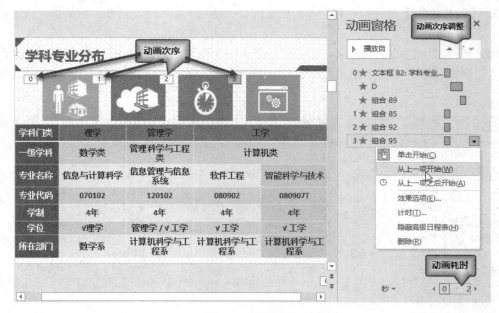

图 5-74　动画窗格

· 【动画刷】：与 Word 中的格式刷非常相似，可以完成动画格式的复制。如果预先对某对象设置了一系列的动画效果，而演示文稿中还有其他对象也需要相同的设置，则可使用动画刷快速完成。

5.5.3　设置放映参数

放映是制作演示文稿的最终目的，要想把制作好的演示文稿展示给所有观众，必须通过放映来实现。但是在放映前必须做好相应的准备工作，包括设置放映方式、设置排练计时以及录制幻灯片演示等，如图 5-75 所示。

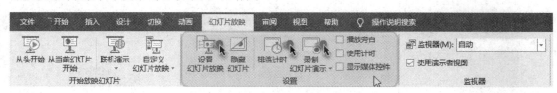

图 5-75　设置幻灯片放映方式

1. 设置放映方式

放映演示文稿前需先设置放映方式，以确定幻灯片的放映类型、选项及换片方式等，具体操作步骤如下：

(1) 打开演示文稿，选择【幻灯片放映】选项卡中的设置功能组，单击【设置幻灯片放映】命令按钮，弹出【设置放映方式】对话框，如图 5-76 所示。

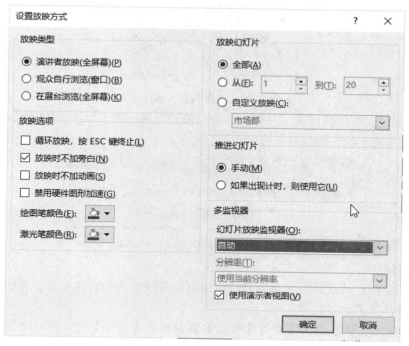

图 5-76　【设置放映方式】对话框

(2) 选择放映类型。

·【演讲者放映】：默认类型，以全屏幕状态放映，放映过程中，演讲者具有完全的控制权，可以手动切换幻灯片和播放动画效果。

·【观众自行浏览】：以窗口形式放映，观众可利用滚动条和 PageDown 和 PageUp 翻页键或窗口中的菜单命令进行幻灯片切换。

·【在展台浏览】：最简单的一种，将以全屏方式自动循环放映演示文稿，不需要手动控制，可通过 Esc 键结束放映。

(3) 设置【放映选项】：确定放映时是否循环，是否加旁白、动画。

(4) 设置【放映幻灯片】：指定需要放映的幻灯片。

(5) 设置换片方式：确定放映时的换片方式。如果选择【手动】，则将忽略预设的排练计时；如果选择下一个选项，意味着将使用预设的排练计时自动运行幻灯片放映。

2. 排练计时

幻灯片的放映可以分为人工放映和自动放映，其中自动放映时需要为每张幻灯片设置放映时间，这要通过排练计时实现。

排练计时是指在放映前，事先进行排练演讲，并将排练时间记录在每一张幻灯片中，这样用户可通过放映整个演示文稿提前预估所需的时间，以便演讲者把握整个进度，这对限时演讲特别有辅助作用。排练计时的主要操作步骤如下：

(1) 打开演示文稿，选择【幻灯片放映】选项卡中的【设置】功能组，单击【排练计时】命令按钮，打开【录制】工具栏，如图 5-77 所示。

图 5-77　【录制】工具栏

(2) 通过单击 ⬚ 按钮进入下一张幻灯片，录制完毕后弹出如图 5-78 所示的对话框，单击【是】或【否】按钮决定是否保存。

图 5-78　排练计时保存确认对话框

3. 录制旁白

若是演示文稿在放映时没有演讲者，可以通过录制旁白的方式将演讲者的演说词提前录入，主要操作步骤如下：

(1) 打开演示文稿，选择【幻灯片放映】选项卡的【设置】功能组，单击【录制幻灯片演示】命令下拉按钮，在下拉列表中选择【从当前幻灯片开始录制】选项。

(2) 根据需要在【录制幻灯片演示】对话框中进行相应设置并单击【开始录制】按钮，则演示文稿自动进入放映状态并在屏幕中显示【录制】控制条。

(3) 根据内容逐一对每一张幻灯片进行讲解，必要时可设置荧光笔对屏幕进行圈注。

(4) 录制完一张幻灯片后，单击鼠标左键或滑动鼠标滚轮，接着录制下一张，在录制过程中，可在【录制】控制条上单击暂停按钮。

(5) 全部播放完成后按任意键退出放映并返回到幻灯片浏览视图。

5.5.4　设置放映方式

幻灯片的放映方式主要包括以下 4 种：

1. 从头开始放映

从头开始放映方式是从演示文稿的第一张幻灯片开始依次播放，可以通过快捷键 F5 实现，或者选择【幻灯片放映】选项卡的【开始放映幻灯片】功能组中的【从头开始】命令按钮。

2. 从当前幻灯片开始放映

从当前幻灯片开始放映方式是从当前幻灯片开始播放演示文稿，可以通过快捷键 Shift＋F5 实现，也可以通过底部状态栏 ⬚ 中的 ⬚ 按钮实现。

3. 联机演示

联机演示方式是 Microsoft Office 附带提供的一项免费公共服务，通过此服务向可以在

Web 浏览器中观看并下载内容的人员演示。此服务需要 Microsoft 账户才能开始联机演示。

4. 自定义幻灯片放映

自定义幻灯片放映方式满足不同的人群对同一个演示文稿不同的放映需求，例如其中的一部分只关注演示文稿中的前 10 张幻灯片，另外一部分人要关注演示文稿的后 20 张幻灯片。或者针对不同场合或观众，同一份演示文稿放映的顺序或内容也随之调整，这些都可以通过自定义幻灯片放映方式实现，具体操作步骤如下：

(1) 打开需设置自定义幻灯片放映的演示文稿。

(2) 选择【幻灯片放映】选项卡中的【开始放映幻灯片】功能组，单击【自定义幻灯片放映】命令，打开【自定义放映】对话框。如图 5-79 所示。

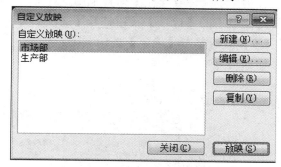

图 5-79　【自定义放映】对话框

(3) 在对话框中单击【新建】按钮，打开【定义自定义放映】对话框，如图 5-80 所示。

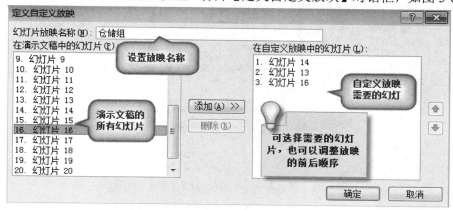

图 5-80　【定义自定义放映】对话框

(4) 输入自定义放映名称和选择需要放映的幻灯片后，单击【确定】按钮保存。

(5) 在图 5-79 所示的【自定义放映】对话框中选择相应的放映名称，单击右下角的【放映】按钮即可放映自定义的演示文稿。

5.6　演示文稿的输出

PowerPoint 2016 可以将演示文稿输出为多种形式的文件，如大纲文件、讲义等，同时还能将幻灯片以附件形式发送或保存到网页中，也可以打印、输出为视频、打包发布等。

5.6.1 输出为 PDF 文件

PDF 是比较通用的文件格式，兼容性好，打开工具较多且不受阅读工具版本差异的影响，因此深受用户青睐。PowerPoint 2016 支持将演示文稿另存为 PDF 格式，以便更好地打印、阅读和交流共享。主要操作步骤如下：

(1) 打开演示文稿，选择【文件】选项卡中的【另存为】选项，单击【浏览】选择存储位置。

(2) 在【另存为】对话框中的【保存类型】下拉框中选择 PDF 格式。

(3) 单击【另存为】对话框中的【选项】按钮打开【选项】对话框，如图 5-81 所示，设置要打印的幻灯片范围等参数后单击【确定】按钮关闭。

(4) 单击【保存】按钮即可完成。

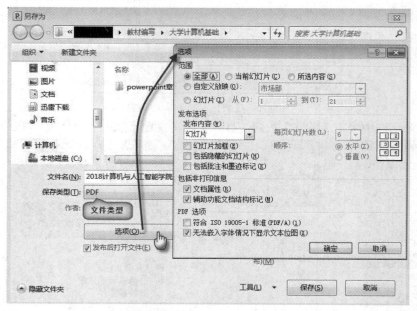

图 5-81　【另存为】对话框和【选项】对话框

5.6.2 打印演示文稿

虽然演示文稿主要用于屏幕展示，但 PowerPoint 2016 仍然提供了打印的功能，帮助观众或演讲者更直观地查阅和备用。

(1) 设置幻灯片大小、页面方向和起始幻灯片编号，如图 5-82 所示。

① 选择【设计】选项卡中的【自定义】功能组，单击【自定义幻灯片大小】命令按钮。

② 在弹出的【幻灯片大小】对话框中，选择要打印的纸张大小。

③ 设置纸张打印方向，在【方向】窗格下的【幻灯片】中单击【横向】或【纵向】单选按钮。

④ 在【幻灯片编号起始值】框中，设置幻灯片编号的起始值。

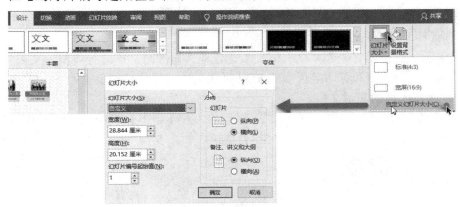

图 5-82　设置幻灯片大小、页面方向和起始幻灯片编号

(2) 设置打印选项，打印幻灯片或讲义。

完成页面设置以后，可以开始打印演示文稿，如图 5-83 所示，具体操作步骤如下。

① 单击【文件】选项卡。

② 选择【打印】命令。

③ 在【打印】窗格中设置打印份数、打印机、幻灯片的打印范围、每页纸上打印几张幻灯片、单双面打印等参数。

④ 单击【打印】按钮。

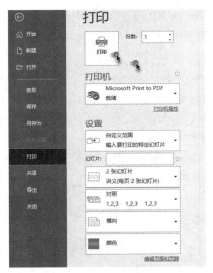

图 5-83　打印演示文稿

5.6.3　导出演示文稿

在 PowerPoint 2016 中，除了能输出 PDF 格式文档和常规打印外，还提供了创建视频、将演示文稿打包成 CD、创建基于 Word 的讲义等功能，以便将演示文稿及其包含的所有链

接文件(如链接的声音、电影及文稿中使用的特殊字体等)甚至 PowerPoint 播放器捆绑在一起，使演示文稿在其他没有安装 Microsoft PowerPoint 的计算机上也能播放其全部内容。

1. 创建 PDF/XPS 文档

如果演示文稿需要与他人共享，但又不想让他人修改时，可选择将演示文稿导出为具有通用性高、方便共享和打印等优点的 PDF 格式文档。具体操作步骤如下：

(1) 打开要转换的演示文稿。

(2) 选择【文件】选项卡中的【导出】命令，在右侧【导出】窗格中选择【创建 PDF/XPS 文档】命令，双击右侧的【创建 PDF/XPS】按钮，如图 5-84 所示。

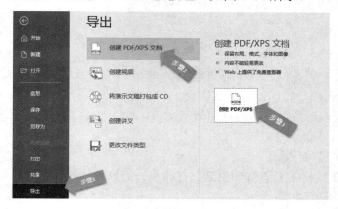

图 5-84　创建 PDF/XPS 文档

(3) 在弹出的【发布为 PDF 或 XPS】对话框中选择文件存储位置，输入文件名，单击【发布】按钮即可完成，如图 5-85 所示。

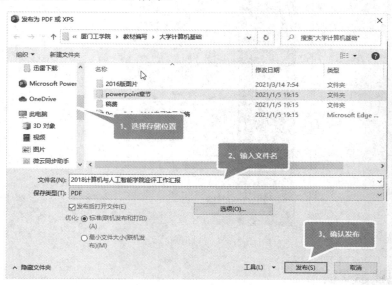

图 5-85　【发布为 PDF 或 XPS】对话框

2. 创建视频

PowerPoint 2016 支持将演示文稿转化为视频，在视频中可以包含幻灯片的所有元素，如旁白、动画、指针运动轨迹、计时等，这样既能比较好地还原演讲现场，也方便受众在不同设备中观看。创建视频具体操作步骤如下：

(1) 打开要转换的演示文稿。

(2) 选择【文件】选择卡中的【导出】命令，在右侧【导出】窗格中选择【创建视频】命令，在【创建视频】窗格中设置视频分辨率、是否包括旁白和计时、每张幻灯片的默认播放时间等选项，单击【创建视频】按钮，如图 5-86 所示。

(3) 在弹出的【另存为】对话框中选择视频文件存储位置，输入文件名，选择保存类型(MPEG-4 视频或 Windows Media 视频)，单击【保存】按钮即可完成。

(4) 若要播放新创建的视频，切换到文件存储位置，然后双击文件即可。

上面提及的视频分辨率与视频质量直接相关，视频的质量越高，文件大小就越大，创建视频的时间也越长，可能需要几个小时，这取决于视频长度和演示文稿的复杂程度。因此，创建时需要选择合适的选项，具体选项说明如表 5-1 所示。

表 5-1　视频分辨率选项说明

选　项	分　辨　率	适合应用的场景
Ultra HD(4K) *	3840×2160，最大文件大小	大型显示器
全高清(1080p)	1920×1080，较大文件大小	计算机和 HD 屏幕
高清(720p)	1280×720，中等文件大小	Internet 和 DVD
标准(480p)	852×480，最小文件大小	便携式设备

在图 5-86 所示【创建视频】窗格的第二个文本框中设置演示文稿是否包括旁白和计时，可能存在以下情况：

- 如果演示文稿本身没有录制计时旁白，默认的是不使用录制的计时和旁白。此时，可在下方【放映每张幻灯片的秒数】框中设置，默认值为 5 秒。

- 如果已经录制计时旁白，默认值为"使用录制的计时和旁白"。

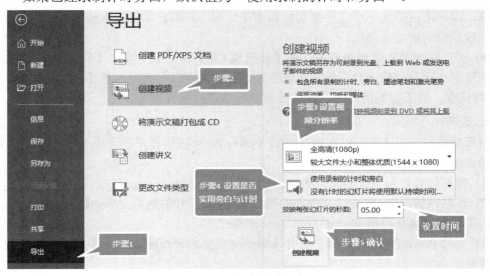

图 5-86　创建视频

3. 将演示文稿打包成 CD

为了方便在没有安装 PowerPoint 软件的计算机上播放幻灯片，可以通过 PowerPoint 提供的"将演示文稿打包成 CD"功能实现，具体操作步骤如下：

(1) 打开要打包的演示文稿。

(2) 选择【文件】|【导出】|【将演示文稿打包成 CD】命令选项，在右侧【将演示文稿打包成 CD】窗格中双击【打包成 CD】按钮。

(3) 弹出的【打包成 CD】对话框显示了当前要打包的演示文稿，如图 5-87 所示，若希望将其他演示文稿也一起打包，则单击【添加】按钮，打开【添加文件】对话框，从中选择要打包的文件。

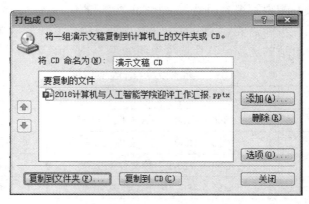

图 5-87 打包成 CD 对话框

(4) 在默认情况下，打包功能包含了与演示文稿相关的"链接文件"和"嵌入的 Truetype 字体"，若想改变这些设置，单击【选项】按钮打开【选项】对话框进行设置，然后单击【确定】按钮返回到【打包成 CD】对话框。

(5) 若在【打包成 CD】对话框中单击【复制到文件夹】按钮，则打开【复制到文件夹】对话框，用户可以指定一个文件夹名称和路径位置，并单击【确定】按钮，则系统开始打包并存放到设定的文件夹中。

(6) 若已经安装光盘刻录设备，在【打包成 CD】对话框中单击【复制到 CD】按钮也可以将演示文稿打包到 CD，此时要求在光驱中放入空白光盘，出现【正在将文件复制到 CD】对话框，提示复制的进度，完成后面的操作后打包完成。

4. 放映

演示文稿打包后，就可以在没有安装 Power Point 应用程序的环境下放映演示文稿了，具体操作步骤如下：

(1) 打开包含打包文件的文件夹。

(2) 在联网情况下，双击该文件夹的网页文件，在打开的网页上单击【Download Viewer】按钮，下载并安装播放器 PowerPoint Viewer exe。

(3) 启动 PowerPoint 播放器，打开【Microsoft PowerPoint Viewer】对话框，定位到打包文件夹。

(4) 选择某个演示文稿文件，并单击【打开】按钮，即可放映该演示文稿。

5. 创建讲义

PowerPoint 2016 支持将演示文稿创建为可以在 Word 中编辑和设置格式的讲义，具体操作步骤如下：

(1) 打开演示文稿。

(2) 选择【文件】|【导出】命令，在弹出的【导出】窗格中选择【创建讲义】命令，在右侧【在 MicrosoftWord 中创建讲义】窗格中双击【创建讲义】按钮，如图 5-88 所示。

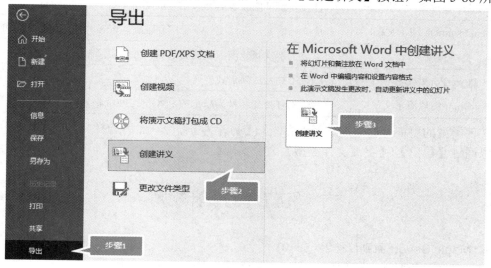

图 5-88　创建讲义

(3) 在弹出的【发送到 Microsoft Word】对话框中选择使用的版式，单击【确定】按钮即可，如图 5-89 所示。

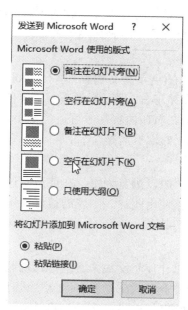

图 5-89　【发送到 Microsoft Word】对话框

6. 更改文件类型

为了更好地满足不同的应用场景需求，演示文稿除了可以发布为 PDF、视频、CD 等文件外，还支持另存为其他类型的文件。常见的文件类型选项说明如表 5-2 所示。

表 5-2　文件类型选项说明

文件类型	选 项 说 明
PowerPoint 97-2003 演示文稿	方便在安装了低版本的 PowerPoint 环境中打开
OpenDocument 演示文稿	开放文档格式，确保文件不受厂商限制，可在其他应用程序中打开
模板	可以成为下次新建演示文稿的起点，方便快速制作
PowerPoint 放映	自动以幻灯片放映形式打开
PowerPoint 图片演示文稿	将每张幻灯片均转换为指定的 PNG 或 JPEG 格式图片

文件类型的更换可以通过选择【文件】|【另存为】命令，然后选择文件类型操作实现，也可以通过【导出】|【更改文件类型】命令实现。

5.7　幻灯片的设计规则

1. Magic Seven 原则(7±2＝5～9)

在设计幻灯片时，为达到幻灯片的演示效果，每张幻灯片传达的概念不可过多，以 5 个左右效果最好。7 个概念人脑恰恰可以完全处理，超过 9 个概念负担则会过重了。

2. KISS(Keep It Simple and Stupid)原则

PPT 受众一般较多，其目的是把幻灯片所承载的内容灌输给听众，内容需要简明，深入浅出。幻灯片中的字体类型要合适，最好使用一种，一般不要超过 3 种。

3. 10/20/30 法则

演示文稿要保证在 10 页左右(展示型文稿除外)，演示时间不可过长，根据实际情况，普通文稿演示一般控制在 20 分钟左右，保证观者具有最佳的接收效果，演示时使用的标题文字字号控制在 30 号(30 point)左右，内容字号可适当缩小，最好控制在 24 号以上，避免在播放时字体过小，观者不能很好地看清楚。

4. 能用图表就用图表

PPT 的功能是演示，演示一般以浏览为主，在使用中过多的文字说明会让观者目不暇接，所以在制作幻灯片时，能够使用图片、图表的最好使用图片和图表，即能用图，不用表；能用表，不用字。

5. 动画及切换效果要少

动画及切换效果的使用可以让演示文稿丰富活泼，增强动感，增加观者的接收效果，但是如果动画及切换效果太多则会让人感觉眼花缭乱，设计中最好使用同一种切换方式，同一种动画方式，最好不要添加动画声音动画及切换效果时，长篇文稿可以适当多一些，一般不要超过 3 种。

6. 色彩搭配

在 PPT 设计中，色彩不可过多，当然色彩教程除外。整个文稿中的色彩要在一个主基调下进行变动，做到前后统一，格调鲜明。一般深色背景配浅色字体，或者浅色背景配深色字体，对比度要强。如果字体与背景颜色相近，观者会看不清楚，影响文稿显示效果。另外，文稿播放一般是使用投影仪将幻灯片投影在幕布上，幕布上的显示效果和电脑显示器的显示效果有很大的差别。如果需要投影在幕布上时，色彩的基调及对比要根据在幕布上的显示效果来确定。

7. 保证文稿的协调性与美观性

协调性和美观性是 PPT 在具有一定内容基础上的重要因素。协调性好，受众更易于接收，更不易产生视觉疲劳；美观性好，才能激发受众看下去的欲望；文稿大方得体，才能让受众摆脱局促和约束。

要保证文稿的协调性与美观性，需要注意以下几点：

(1) 少用带边框和阴影的框，尽量使用色块来体现。

(2) 尽量使用直角椭圆框代替椭圆框。

(3) 需要强调的文字尽量用加粗，尽量不要使用下划线与边框。

(4) 避免使用带圈字符，尽量使用色块加反白的字符。

(5) 在正式场合避免使用气泡来突出显示文字，尽量使用括号和文字效果或增大字体来体现。

(6) 多使用单色图片或灰度图片，少用彩图，这样可以尽量减少不协调。

本 章 小 结

PowertPoint 是办公自动化软件 Microsoft Office 家族中的一员，主要用于设计和制作广告宣传、产品展示、课堂教学课件等演示文稿，是人们在各种场合下进行信息交流的重要工具，也是计算机办公软件的重要组成部分。本章主要介绍了 PowerPoint 2016 的基本操作、幻灯片的基本操作和制作方法、动画效果与放映设置、打印输出等内容。

习题

1. 简述有几种方式可以在 PowerPoint 2016 中创建演示文稿。

2. 简述演示文稿与幻灯片、模板与版式的关系。

3. 利用"现代型相册"模版新建一个演示文稿，在幻灯片浏览视图中复制第 2 和第 4 张幻灯片，然后将第 8 张幻灯片的图片更换为自己喜欢的图片，并将演示文稿保存为"我的 PPT"。

4. 制作一张幻灯片，向其中插入一个图片并添加切换效果，再插入一个视频文件，最后将文件打包。

5. 请简述演示文稿各种放映方式的特点和使用场景。

6. 在幻灯片中插入一个艺术字，然后为其添加 3 种不同的动画效果，并让 3 个动画逐个顺序播放。

7. 请简述幻灯片设计时需要注意的规则。

第6章

计算机网络基础

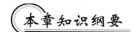

　　计算机网络目前已经成为人们生活中不可或缺的技术，深刻影响着人们工作、学习和生活的各个方面。本章介绍计算机网络的基本概念、通信模型的基本概念、数据交换技术的基本概念、网络协议和体系结构、局域网通信基本知识、IP 地址等概念、邮件和搜索等Internet 服务、一些密码学和信息安全的基本知识，以及一些新兴的网络技术，如物联网、云计算等基本知识。最后还给出了目前很多人都关心的《中华人民共和国网络安全法》和《中华人民共和国密码法》的简介。

本章知识纲要

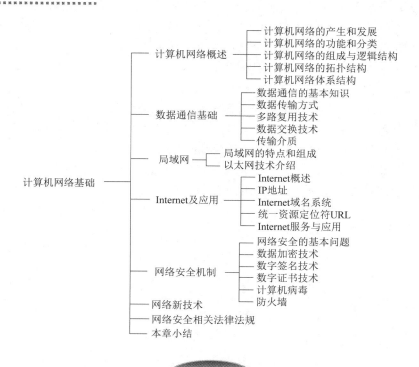

6.1 计算机网络概述

6.1.1 计算机网络的产生和发展

21 世纪是信息时代，海量信息之所以能迅速为全国甚至全世界知道，靠的就是如今发达的网络技术。2018 年，软件公司 DOMO 在第 6 版报告中称，互联网每天产生的数据超过 2.5 EB($1 \text{ EB} = 10^9 \text{ GB} = 10^{18} \text{ Byte}$)，到 2020 年，互联网数据量产生速度会达到平均每个居民每秒 1.7 MB。

2001 年 3 月 15 日通过的"十五"计划纲要第一次明确提出"三网融合"：促进电信、电视、计算机三网融合。2006 年 3 月 14 日通过的"十一五"规划纲要，再度提出积极推进"三网融合"。开始时，电信网络向用户提供电话、电报和传真服务，有线电视网向用户传送各种电视节目，而计算机网络则允许用户在计算机之间传送和共享数据文件。随着时代发展，电信网络和有线电视网络都融入了计算机网络的技术，而计算机网络也能够向用户提供语音通信、视频通信等服务。理论上说，这其实就是"三网融合"，其中发展最快并起核心作用的就是计算机网络。

计算机网络是指将地理位置不同的、具有独立功能的多台计算机及其连接的外部设备，通过通信线路连接起来，在网络操作系统、网络管理软件及网络通信协议的管理和协调下，实现资源共享和信息传递的计算机系统。计算机网络由若干结点和链路组成。结点可以是工作站或个人计算机，还可以是服务器、打印机或其他网络连接的设备，如集线器、交换机，或者路由器等。每一个工作站、服务器、终端设备、网络设备，即拥有自己唯一网络地址的设备都是网络结点。整个网络就是由许许多多的网络结点组成的，把许多的网络结点用通信线路连接起来，形成一定的几何关系，这就是计算机网络拓扑。链路指无源的点到点的物理连接，即上文提到的通信线路。

图 6-1 左侧子图展示的简单网络包含四个结点，三条链路。其中最重要的结点是最上方的集线器，其他的计算机都连到集线器上，构成一个简单的网络。图 6-1 的右侧子图是一个复杂一点的网络，我们可以称之为互连网(internetwork 或 internet)。每个云形符号代表一个小网络，这些小网络由路由器连接起来，最终形成一个较大的网络。有时为了突出互连网内主机，而忽略内部网络拓扑，可以采用图 6-2 所示的表示法。

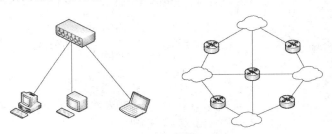

图 6-1 简单网络和互连网

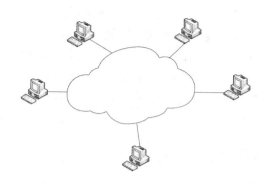

图 6-2　互连网与外侧的主机

我们习惯上把连接到网络的计算机称为主机(host)。如图 6-1 和 6-2 所示，如果把主机都单独画出来，云符号表示的互连网就只包含网络连接设备和连接这些设备的链路了。这里的网络连接设备主要是路由器，它是一种连接不同网络的关键设备。要强调的是，仅仅把这些主机和设备连起来，是不能构建可以工作的网络的，这些设备上必须要有适当的软件支持网络通信的各项工作细节才行。

迄今为止，计算机网络的产生和发展经历了四个阶段：远程终端联机阶段，计算机网络阶段，计算机网络互联阶段，国际互联网与信息高速公路阶段。

第一阶段：计算机技术与通信技术相结合，形成了初级的计算机网络模型。此阶段网络应用的主要目的是提供网络通信、保障网络连通。这个阶段的网络严格来说仍然是多用户系统的变种。所有核心任务均由一台中央服务器完成，用户使用各自终端发送自己的命令要求。美国在 1963 年投入使用的飞机订票系统 SABBRE-1 就是这类系统的代表。

第二阶段：在计算机通信网络的基础上，实现了网络体系结构与协议完整的计算机网络。此阶段网络应用的主要目的是提供网络通信、保障网络连通、网络数据共享和网络硬件设备共享。这个阶段的里程碑是美国国防部的 ARPAnet 网络。目前，人们通常认为它就是网络的起源，同时也是 Internet 的起源。ARPAnet 实际上是冷战的产物。20 世纪 60 年代，古巴危机事件导致美苏冷战情况骤然严重，与此同时，美国入侵越南，许多第三世界国家出现政治危机。美国国防部认为，如果只有一个军事指挥中心，万一该中心被苏联的核武器摧毁，则整个国家的军事指挥将处于瘫痪状态，因此有必要设计一个分散的指挥系统——该系统由一个个分散的指挥点组成，当部分指挥点被摧毁后，其他指挥点仍能正常工作，而这些分散的指挥点又能通过某种形式的通信网络取得联系。这种思想实际就是要求网络中要有冗余结点。

第三阶段：计算机解决了计算机联网与互连标准化的问题，提出了符合计算机网络国际标准的"开放式系统互连参考模型(OSI/RM)"，从而极大地促进了计算机网络技术的发展。此阶段网络应用已经发展到为企业提供信息共享服务的信息服务时代，具有代表性的系统是 1985 年美国国家科学基金会的 NSFnet。

第四阶段：计算机网络向互联、高速、智能化和全球化发展，并且迅速得到普及，实现了全球化的广泛应用，其中最具代表性的就是 Internet。

20 世纪 90 年代以来，计算机网络，尤其是其中的 Internet，在全球得到了广泛的应用。

原本它是美国的免费教育科研网络，现在却是全球化的商业网络。毫不夸张地说，Internet 是自印刷术以后人类在存储和交换信息领域中的最大变革。中国人目前将其翻译为"因特网"或者"互联网"，不论哪个，它都是一个覆盖全世界的、可以互相通信的网络。这里要和上文中提到的"互连网"稍加区分，"互连网"可能覆盖了很大区域，但不是唯一的、覆盖全世界的。在英文对比上，我们可以看到，互联网是首字母大写的 Internet，而互连网则是全部字母小写的 internet。

6.1.2　计算机网络的功能和分类

1. 计算机网络的主要功能

计算机网络的主要功能有两个：数据通信和资源共享。要实现数据通信，网络就要有连通性(connectivity)，即使用这个网络的用户，不管地理位置相距多远，都可以以方便、经济的方式交换各种信息，包括文本、音频，甚至视频数据。而传统的电信网虽然也支持远距离电话通信，但是电话资费，尤其是跨国电话资费是非常高的。资源共享的含义是多方面的，可以是信息共享、软件共享，甚至是硬件共享。例如，互联网上有很多服务器里存储了大量电子文档，如软件、文本资料等，可以让用户进行读取或者下载。这个过程可能免费，也可能收费。这些资源就好像在用户自己电脑上一样能方便使用。

2. 计算机网络的分类

在考察计算机网络时，我们一般从如下几个角度进行分类：基于网络作用范围、基于网络使用者，以及基于传输介质。

(1) 基于网络作用范围，计算机网络可以分为四种：广域网(Wide Area Network，WAN)、城域网(Metropolitan Area Network，MAN)、局域网(Local Area Network，LAN)、个域网(Personal Area Network，PAN)。

广域网是连接不同地区局域网或城域网进行通信的远程网络。它通常跨接很大的地理范围，所覆盖的范围从几十公里到几千公里。它能连接多个地区、城市和国家，甚至横跨几个洲并提供远距离通信，形成国际性的远程网络。需要注意的是，广域网并不等同于互联网。

城域网是在一个城市范围内所建立的计算机通信网，作用距离大约为几十公里。城域网的网中传输时延较小，它的传输媒介主要是光缆，传输速率通常在 100 Mb/s 以上。

局域网存在于一个局部的地理范围内(如一个学校、工厂和公司)，一般是方圆几公里。它是将各种计算机、外部设备及数据库等互相连接起来组成的小型计算机通信网。局域网内的主机可以通过数据通信网或专用数据电路，与远方的局域网、数据库或事务处理中心相连接，构成一个较大范围的信息处理系统。局域网可以实现文件管理、打印机共享、扫描仪共享及电子邮件通信服务等功能。严格意义上说，局域网是封闭的，所包含的设备数量可以从某个办公室内几台直至学校、公司里成千上万台。

个域网是把个人使用的电子设备用无线技术连接起来的小范围的网络。用户个人家庭、办公室或个人携带的信息设备之间无需使用电线、电缆等进行相互连接，而只需要在互联的设备上加上一片很小的无线电收发芯片，就可以实现个人身边的各种信息设备之间的互联。其覆盖范围一般在半径 10 米以内。

(2) 基于网络使用者，计算机网络可以分为公用网(public network)和专用网(private network)。公用网一般是国家邮电部门建造的网络。"公用"的意思就是指所有愿意按邮电部门规定缴纳服务费用的人都可以使用。公用网络的通信线路是公共用户集体共享使用的。专用网指某些机构或部门为了满足特殊业务工作的需要而建造的网络。它不能向本机构或者部门以外的人提供服务。军队、银行、电力等系统都有自己的专用网。

(3) 基于传输介质，计算机网络可以分为有线网络和无线网络。有线网络就是用双绞线、同轴电缆或者光纤连接的网络。无线网络就是用无线介质连接的网络，主要技术包括微波通信、红外线通信和激光通信。目前这两种网络都很常见。

6.1.3　计算机网络的组成与逻辑结构

从工作方式上看，互联网可以划分为边缘部分和核心部分。边缘部分由所有连接在互联网上的主机组成，用户可以直接使用这些主机进行通信和资源共享。核心部分包含大量网络和连接网络的路由器，并为边缘部分提供服务(连通性和交换)，如图 6-3 所示。路由器是核心部分的骨干设备。

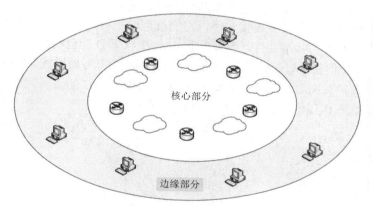

核心部分

边缘部分

图 6-3　互联网边缘部分和核心部分

互联网边缘部分的主机又叫作端系统(end system)。端系统在功能上可能有很大差别，可能是一台大型计算机、一台个人电脑、一个智能手机，或者一个网络摄像头。我们通常表述"主机 A 和主机 B 进行通信"，其实是说"主机 A 的某个进程 a 与主机 B 上的一个进程 b 进行通信"。换句话说，主机间的通信实质上是进程间的通信。在端系统之间的通信方式可以划分为两大类：客户-服务器模式(Client/Server model，C/S 模式)和对等连接模式(Peer-to-Peer model，P2P 模式)。

如图 6-4 所示就是客户-服务器模式的例子。所谓客户和服务器都是主机内运行的应用进程。主机 A 运行客户程序，主机 B 运行服务器程序。A 发出服务请求，B 向 A 提供服务，即客户是服务请求方，是主动方；服务器是服务提供方，是被动方、应答方。但无论是客户还是服务器主机，都需要使用网络核心部分提供的服务。客户程序被用户调用后运行，通信时主动向远程服务器发起通信请求，因此，客户程序必须知道服务器程序地址。而服务器程序则需要持续运行，随时监听来自远程的客户端的服务请求，并给出能否进行服务的应答，并可以同时处理多个客户程序的请求，但不需要知道客户端地址。从系统和硬件要求看，客户端无需很高的配置，而服务器端则需要强大的硬件和操作系统支持。如果客户端仅仅采用浏览器，则我们也称其为浏览器/服务器模式(Browser/Server model，B/S 模式)。

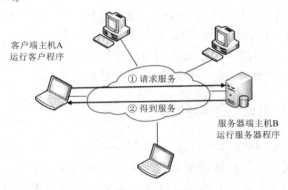

图 6-4   客户-服务器模式

如图 6-5 所示则是对等连接模式，指两台主机在通信时不区分服务请求方和服务提供方。只要两台主机都运行了对等连接软件，它们就可以平等、对等连接通信。此时，双方都可以下载对方硬盘中的共享文件。图 6-5 中，A、B、C、D 四台机器都运行了 P2P 程序，它们可以对等通信。但是，对等通信从本质上说还是客户-服务器模式，只是对等连接中的每一台主机既是客户又同时是服务器。如主机 B，当 B 请求 C 的服务时，C 就是服务器，B 就是客户。但如果 B 还给 A 提供服务，则 B 同时也是服务器。

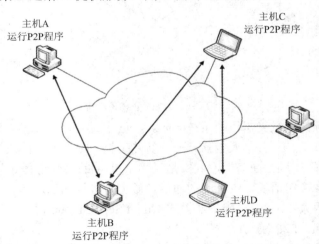

图 6-5   对等连接模式

6.1.4   计算机网络的拓扑结构

计算机网络的拓扑结构是指不管网络中的具体设备，而把网络中的计算机抽象为点，把两点间的连接抽象为线，用简单的拓扑图描绘出的网络上的计算机连接方式。局域网常见的拓扑结构有如下几种：总线型、星型、环型及树型。这里我们所说的局域网是指传统的有线局域网，无线局域网的一些知识将在后面单独叙述。

1. 总线型拓扑结构

总线型拓扑结构是将网络中的所有节点设备用一根总线(如同轴电缆等)挂接起来，实现计算机网络的功能，如图 6-6 所示。总线型拓扑结构的数据传输是广播式传输，数据信号从一台计算机发送给网络上的所有其他的计算机，只有计算机地址与信号中的目的地址相匹配的计算机才会接收源主机发来的包，其他接到信号的计算机则直接丢掉地址不匹配的包。总线两端有匹配电阻吸收传播到总线尽头的信号。

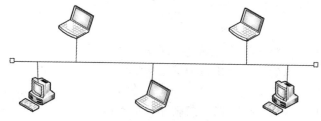

图 6-6　总线型拓扑结构

总线型拓扑结构的优点如下：

(1) 网络结构简单，节点的插入、删除比较方便，网络易于扩展。

(2) 设备少，造价低，安装和使用比较方便。

(3) 具有较高的可靠性，因为单个节点的故障不会影响整个网络。

总线型拓扑结构的缺点如下：

(1) 总线传输距离有限，通信范围受到限制。

(2) 故障诊断和隔离比较困难。一旦传输出现故障，就需要将整个总线切断。

(3) 易于发生数据碰撞，线路争用现象比较严重。

(4) 分布式协议不能保证信息的及时传送，不具有实时功能。

2. 星型拓扑结构

星型拓扑结构中，网络中的各节点通过点到点的方式连接到一个中央节点(一般是集线器或交换机)上，由该中央节点向目的节点传送信息，如图 6-7 所示，笔记本和台式机都连接在同一个集线器上。中央节点执行集中式通信控制策略，因此中央节点相当复杂，负担比其他节点重得多。在星型网中任何两个节点要进行通信都必须经过中央节点控制。

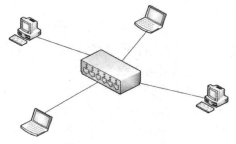

图 6-7　星型拓扑结构

星型拓扑结构的优点如下：

(1) 控制简单。任何一个站点只和中央节点相连接，因而介质访问控制方法简单，访问协议也十分简单，这样易于网络监控和管理。

(2) 故障的诊断和隔离容易。中央节点对连接线路可以逐一隔离进行故障检测和定位，单个连接点的故障只影响一个设备，不会影响全网。

(3) 服务方便。中央节点可以方便地向各个站点提供服务，或者重新配置网络。

星型拓扑结构的缺点如下：

(1) 需要耗费大量的电缆，安装、维护的工作量也增加很多。

(2) 中央节点是整个网络的"瓶颈"，负担很重，一旦发生故障，则全网都受影响。

(3) 各站点的分布处理能力较低。

3．环型拓扑结构

环型拓扑结构是使用公共电缆组成一个封闭的环，各节点直接连到环上。每个环型拓扑结构中的信息沿着环按一定方向从一个节点传送到另一个节点，如图 6-8 所示。环接口一般由发送器、接收器、控制器、线控制器和线接收器组成。在环型拓扑结构中，有一个控制发送数据的数据结构称为令牌，它按一定的方向单向环绕传送，每经过一个节点都要被接收，然后每个节点判断一次。若信息是发给该节点的则接收，否则就将数据送回到环中继续往下传。相对总线型和星型，这种拓扑结构比较少见。

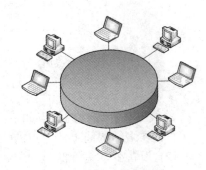

图 6-8　环型拓扑结构

环型拓扑结构的优点如下：

(1) 电缆长度短，只需要将各节点逐次相连。

(2) 可使用光纤。光纤的传输速率很高，十分适合于环型拓扑的传输。

(3) 所有站点都能公平访问网络的其他部分，网络性能稳定。

环型拓扑结构的缺点如下：

(1) 因为数据传输需要通过环上的每一个节点，若某一节点发生故障，则会引起全网故障。

(2) 节点的加入和撤出过程复杂。

(3) 介质访问控制协议采用令牌传递的方式，在负载很轻时信道利用率相对较低。

4．树型拓扑结构

树型拓扑结构是一种类似于总线型拓扑结构的局域网拓扑结构，如图 6-9 所示。树型网络可以包含分支，每个分支又可包含多个结点。树型拓扑结构实际上是星型拓扑结构的发展和补充，为分层结构，具有根节点和各分支节点，适用于分支管理和控制的系统。所有子树的根节点都是集线器。

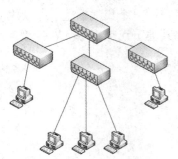

图 6-9　树型拓扑结构

树型拓扑结构的优点如下：

(1) 易于扩展。该拓扑结构可以延伸出很多分支和子分支，因而容易在网络中加入新的分支或新的节点。

(2) 易于隔离故障。如果某一线路或某一分支节点出现故障，它主要影响局部区域，因而能比较容易地将故障部位跟整个系统隔离开。

树型拓扑结构的缺点与星型拓扑结构类似，若根节点出现故障，则会导致全网不能正常工作。

6.1.5　计算机网络体系结构

考虑让两台计算机能互相传送文件，则要做一些基础工作，简单列举如下：

(1) 发起通信的计算机必须将数据通信的通路激活，保证要传送的数据可以在这条通路上正确传输。

(2) 要通知网络中转结点如何识别目标计算机。

(3) 发起通信的计算机要探明目标计算机是否已经开机并正常联网，另外，发起通信的计算机中的应用程序必须弄清楚目标计算机是否已经做好了接收文件和存储文件的准备工作。

(4) 若两台计算机操作系统不同，则要知道发送的文件是否要在其中一台计算机上进行格式转换。

(5) 如果出现了各种差错，如数据传送错误、丢失或重复等，应该有可靠的措施保证接收方计算机最终能收到正确的文件。

由此可见，能够互相通信的计算机之间需要达到一种高度的"协调性"。早在 ARPAnet 设计时，专家们就提出了分层的办法，这样就把庞大和复杂的问题，转化为若干较小且容易处理的局部问题。1974 年，IBM 公司宣布了系统网络体系结构(System Network Architecture，SNA)，该网络标准就是按分层方法制定的。不久后，还有一些公司也推出自己公司的体系结构。但是，这和全球经济一体化趋势产生了冲突，在 1977 年，国际标准化组织 ISO 成立专门机构研究这个问题。最后，开放系统互连基本参考模型 OSI/RM(Open Systems Interconnection Reference Model)被提出。其中开放这个词意味着，只要遵循 OSI 标准，一个系统就可以和世界上任何地方同样遵循该标准的其他系统通信。1983 年该模型的正式文件形成。

同样在 1983 年，TCP/IP 协议族成为 ARPAnet 上的标准，世界上只要使用 TCP/IP 协议的计算机都可以利用互连网相互通信。这些互连网络的出现使得互联网的雏形形成。因此人们也把 1983 年作为互联网的诞生年。到了 20 世纪 90 年代，整套 OSI 标准都制定好了，人们却发现，基于 TCP/IP 的互联网已经在全世界很大范围内成功运行，但却没有什么厂家生产出符合 OSI 标准的网络产品。很显然，OSI 只取得了一些理论成果，在推向市场时却失败了。因此，人们称 TCP/IP 为"事实上的国际标准"，OSI 只是一个"法律上的国际标准"。

在计算机网络中交换数据，就必须遵守一些事先约定好的规则。这些为进行网络中的

数据交换而建立的规则、标准或约定就称为网络协议(Network Protocol),简称为协议。它包括如下三个部分:

(1) 语法:即数据和控制信息的格式或结构。

(2) 语义:即需要发出何种控制信息,完成何种操作,以及做出何种响应。

(3) 同步:即事实实现顺序的详细说明。

协议通常有两种不同的存在形式:第一种是文字描述,便于人阅读理解;第二种是程序代码,让计算机理解并工作。

由于网络要完成的功能极其复杂,因此将各种任务分到不同层次去做,这样做有如下的一些好处:

(1) 各层之间是相互独立的,第 n+1 层不必知道第 n 层的服务功能是怎么实现的,只要能通过接口调用第 n 层的服务即可。同样,第 n 层也不用理会第 n+1 层怎么使用自己提供的服务,把本层要做的功能实现好就可以了。

(2) 灵活性好。如果第 n 层的服务实现技术变化了,只要能继续调用原来的接口,则第 n+1 层不受影响。

(3) 结构上可以分割。各层可以采用最合适的技术实现。

(4) 易于实现和维护。这种结构使得调试复杂的系统变得容易处理。

(5) 促进标准化工作。每一层功能都进行了明确的说明。

综上所述,计算机网络的体系结构就是这个计算机网络及其构件需要完成的功能的精确定义。或者可以说,计算机网络的各层及其协议的集合就是计算机网络的体系结构。体系结构这个词来源于建筑学科的架构(architecture),是一个抽象名词。具体的功能则要靠实现(implementation)来完成。

图 6-10 对比了 OSI/RM 和 TCP/IP 的分层结构及其相对层次位置。OSI/RM 结构是 7 层,而 TCP/IP 结构为 4 层。OSI/RM 的会话层和表示层通常只有理论意义,实际实现时与应用层合并为一个总的层次。TCP/IP 最下边的网络接口层在分析时常按 OSI/RM 模式分为物理层和数据链路层两层,并完成相应功能。

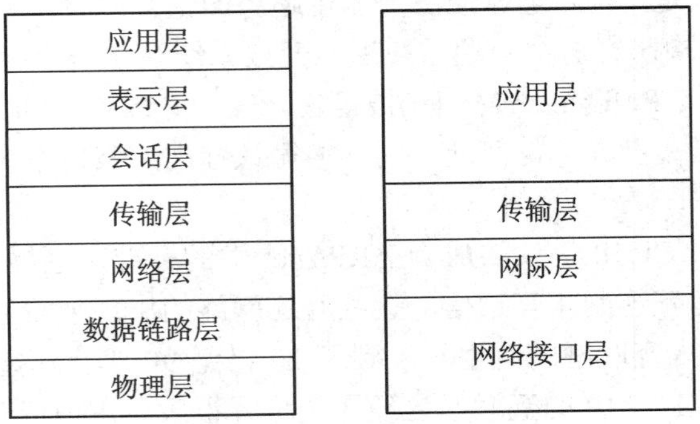

OSI/RM	TCP/IP
应用层	应用层
表示层	
会话层	
传输层	传输层
网络层	网际层
数据链路层	网络接口层
物理层	

(a) OSI/RM   (b) TCP/IP

图 6-10　OSI/RM 和 TCP/IP 分层结构对比

下面对 OSI/RM 结构每个层次的功能进行简单介绍。TCP/IP 相应各层的功能可以根据前面的介绍对 OSI/RM 结构相关层次进行合并或拆分。

(1) 应用层：属于 OSI/RM 结构的第七层，负责为应用程序提供服务并规定应用程序中通信相关的注意事项。应用层协议定义的是应用进程间通信和交互的标准，如 FTP、SMTP、HTTP、POP3 等都是应用层的协议。

(2) 表示层：属于 OSI/RM 结构的第六层，负责将应用层处理的信息转换为适合网络传输的格式，或将来自下一层的数据转换为上层能够处理的格式。因此这一层主要负责数据格式的转换，具体来说，就是将设备固有的数据转换为网络标准传输格式。

(3) 会话层：属于 OSI/RM 结构的第五层，负责建立和断开通信连接以及数据的分割等数据传输相关的管理。

(4) 传输层：属于 OSI/RM 结构的第四层，负责提供可靠的端到端服务，并只在通信双方结点上进行处理。如 TCP 和 UDP 协议都是这一层的协议。TCP 是一个可靠传输的协议，而 UDP 是尽最大努力交付的协议。

(5) 网络层：属于 OSI/RM 结构的第三层，负责将数据传输到目标地址。目标地址可以是穿过多个路由器连接成的互联网络后要找的某个地址。因此这一层主要负责寻址和路由选择。如 IP、ICMP 都是这一层的协议。

(6) 数据链路层：属于 OSI/RM 结构的第二层，负责在物理层提供服务的基础上，在通信实体间建立数据链路连接，进行数据帧的传输。帧是数据链路层的发送和接收基本数据单元。

(7) 物理层：属于 OSI/RM 结构的第一层，负责关注数据传输介质的机械特性、电气特性、功能特性和过程特性，以维持基本信号 0 和 1 的传输。

6.1.6 网络互联设备

在实际使用 TCP/IP 体系时，需要网络设备完成相应功能。常见的网络互联设备包括：

(1) 网关(Gateway)：又称网间连接器、协议转换器。网关在网络层以上实现网络互连，是最复杂的网络互联设备，仅用于两个高层协议不同的网络互连。网关既可以用于广域网互连，也可以用于局域网互连。

(2) 路由器(Router)：连接因特网中各局域网、广域网的设备，它会根据信道的情况自动选择路由，寻找最佳路径，按前后顺序发送信号。它用于连接多个逻辑上分开的网络，所谓逻辑网络是代表一个单独的网络或者一个子网。数据从一个网络传输到另一个网络，可通过路由器的路由功能来完成。因此，路由器具有判断网络地址和选择 IP 路径的功能，它能在多网络互联环境中建立灵活的连接，可用完全不同的数据分组和介质访问方法连接各种网络，路由器只接受源站或其他路由器的信息，是在网络层工作的一种互联设备。如6.1.1 小节中图 6-1 右边子图所示，各网络之间都是用路由器连接的。

(3) 网桥(Bridge)/交换机(Switch)：将两个相似的网络连接起来，并对其中数据的流通进行管理。它工作于数据链路层，不但能扩展网络的距离或范围，而且可提高网络的性能、可靠性和安全性。但网桥不能连接不同网段，连接不同网段必须靠路由器。判断是否处于同一网段的关键在于网络 IP 的分配情况。网桥对站点所处网段的了解是靠"自学习"实现的。如图 6-11 所示，当主机 H1 向主机 H6 发出消息时，该数据包将到达网桥 B1 的端口 1，如果 B1 中没有 H1 和 H6 的记录，则 B1 会记录下 H1 发的包从端口 1 进入的信息，然后从端口 2 转发出去。网桥 B2 的端口 1 收到这个数据包，查找本机的地址表，如果也没有 H1 和 H6 的记录，则 B2 会记录下 H1 发的包从端口 1 进入的信息，然后从端口 2 转发出去。这样 B1 和 B2 都"学习"到了 H1 相对自己的位置。如果下次其他主机，如 H5 向 H1 发数据包，则 B2 和 B1 通过查找地址表都知道应该从自己的端口 1 转发这个数据包才能到 H1。如果是 H3 向 H1 发数据包，B2 从端口 1 接到 H3 发的包，查找地址表得到 H1 也在端口 1 一侧，则 B2 不会再转发该数据包，而是直接丢弃。这就相当于一种过滤机制，减轻了 B2 尤其是它的端口 2 的负担。交换机就是一种多接口的网桥，比网桥更先进。

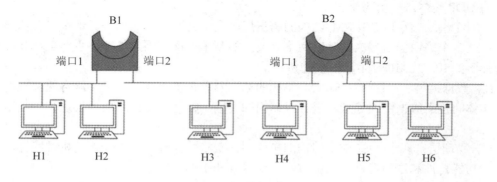

图 6-11　网桥连接

(4) 中继器(Repeater)/集线器(Hub)：工作在物理层上的连接设备，适用于完全相同的两类网络的互联，主要功能是通过对数据信号的放大或者转发扩大网络传输的距离。中继器负责在两个节点的物理层上按位传递信息，完成信号的复制、调整和放大功能，以此延长网络的长度。由于存在能量损耗，在线路上传输的信号功率会逐渐衰减，衰减到一定程度时将造成信号失真，因此会导致接收错误。中继器就是为解决这一问题而设计的，它完成物理线路的连接，对衰减的信号进行放大，保持与原数据相同。集线器是一种多端口中继器，可以将来自多个计算机的双绞线集中到一起，并将接收到的数据转发到每一个端口。

6.2　数据通信基础

6.2.1　数据通信的基本知识

如图 6-12 所示，数据通信系统包含三个子系统：源系统、传输系统和目的系统。源系统又称为发送方或发送端，包括源点和发送器；传输系统又称为传输网络；目的系统又称为接收方或者接收端，包括接收器和终点。两端的计算机主机分别是整个通路的源点和终点。各种信息，例如文字或者图像，被输入发送端计算机。计算机内部传输的是数字信号，或者称为离散信号，表示消息的参数取值是离散的。而计算机 CPU 又将需要发送给其他计算机的数据传送到调制解调器，或者说是源系统中的发送器。调制解调器对数字信号进行调制，将数字信号变成模拟信号。公用电话网里传输的是模拟信号，又称为连续信号，表示消息的参数取值是连续的。当到达目标计算机的调制解调器时，调制解调器对模拟信号进行解调，重新恢复为数字信号，在接收方计算机内传输，最终经过 CPU 处理，形成人可以识别的输出信息。如今公用电话网、有线电视网、微波与卫星通信都可以传输模拟信号，而数字通信基本采用光纤为媒介。

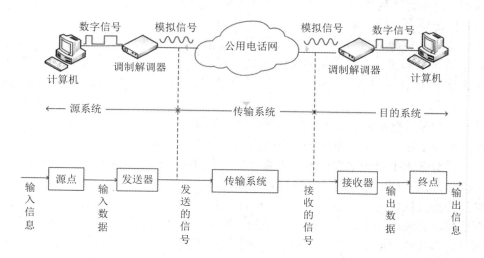

图 6-12　数据通信系统模型

严格地说，调制就是对信号源的信息进行处理加到载波上，使其变为适合于信道传输的形式的过程。一般来说，信号源的信息(也称为信源)含有直流分量和频率较低的频率分量，称为基带信号。基带信号一般是数字信号，它往往不能作为传输信号，因此必须把基带信号转变为一个相对基带频率而言频率非常高的信号以适合于信道传输，一般是模拟信号。调制是通过改变高频载波即消息的载体信号的幅度(调幅)、相位(调相)或者频率(调频)，使其随着基带信号幅度的变化而变化来实现的。而解调，则是从已调信号中恢复出原调制信号的过程，也就是一个模拟信号转变为数字信号的过程。如果仅仅是对基带信号波形进行变换使之与信道特性相适应，变换后仍然是基带信号，则称为基带调制，或者叫编码，因为这个过程仅仅是把数字信号从一个形式转换为另一个形式。

在传输信息时，信息必须通过信道(channel)。信道一般表示向某一个方向传送信息的媒体，因此，一条通信电路常包含一条发送信道和一条接收信道。从通信双方交互的方式看，有以下三种基本方式：

(1) 单向通信，又称单工通信，即通信只能在一个方向进行而没有反方向交互过程。典型例子是无线电广播和电视广播。

(2) 双向交替通信，又称半双工通信，即通信双方都可以发送信息，但不能同时发送或接收。也就是说，某段时间只能一方向另一方发送消息，过段时间后可以反过来。

(3) 双向同时通信，又称全双工通信，即通信双方可以同时发送和接收消息。

按信道的概念，单向通信只需要一条信道，而双向交替通信和双向同时通信都需要两条信道。

6.2.2 数据传输方式

数据传输方式(Data Transmission Mode)是数据在信道上传送所采取的方式。若按数据传输的顺序可以将数据传输方式分为并行传输和串行传输；若按数据传输的同步方式可将其分为同步传输和异步传输。

并行传输是将数据以成组的方式在两条以上的并行信道上同时传输。例如采用 8 单位代码字符可以用 8 条信道并行传输，一条信道一次传送一个字符，因此不需额外的措施就实现了收发双方的字符同步。其缺点是传输信道多，设备复杂，成本较高，故较少采用。

串行传输是数据流以串行方式在一条信道上传输。该方法易于实现，缺点是要解决收、发双方码组或字符的同步，需外加同步措施。串行传输采用较多。在串行传输时，接收端如何从串行数据流中正确地划分出发送的一个个字符所采取的措施称为字符同步。根据实现字符同步方式不同，数据传输有异步传输和同步传输两种方式。

异步传输每次传送一个字符代码(5～8 bit)，在发送每一个字符代码的前面均加上一个"起"信号，其长度规定为 1 个码元，后面均加一个"止"信号。"止"信号长度为 1 或 2 个码元。字符可以连续发送，也可以单独发送；不发送字符时，连续发送"止"信号。每一字符的起始时刻可以是任意的，但在同一个字符内各码元长度相等。接收端则根据字符之间的"止"信号到"起"信号的跳变("1"→"0")来检测识别一个新字符的"起"信号，从而正确地区分出每个字符。

同步传输是以固定时钟节拍来发送数据信号的。在串行数据流中，各信号码元之间的相对位置都是固定的，接收端要从收到的数据流中正确区分发送的字符，必须建立位定时同步和帧同步。位定时同步又叫比特同步，其作用是使数据电路终端设备接收端的位定时时钟信号和数据电路终端设备收到的输入信号同步，以便数据电路终端设备从接收的信息流中正确判决出信号码元，产生接收数据序列。

6.2.3 多路复用技术

复用是通信技术里的重要概念。计算机网络的信道广泛采用各种复用技术。

如图 6-13(a)所示，A1、B1 和 C1 分别使用一个独立的信道和 A2、B2 和 C2 通信，这样需要 3 个信道。但如果用了复用器和分用器，就可以把 3 个信道上的数据合并在 1 个信道里进行传输了。如图 6-13(b)所示，使用复用分用技术肯定要增加经济耗费，包括复用器、分用器和增加信道容量所需的资金，但如果用户数量多，从经济上看还是比较划算的。

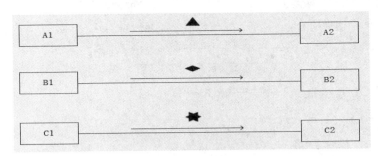

(a) 使用前

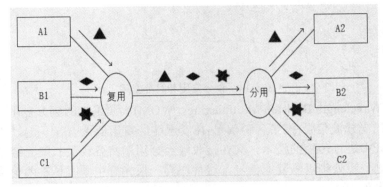

(b) 使用后

图 6-13　使用复用分用技术前后对比

复用技术分为频分复用、时分复用、波分复用和码分复用。

频分复用(Frequency Division Multiplexing，FDM)就是将用于传输信道的总带宽划分成若干个子频带(或称子信道)，每一个子信道传输一路信号。频分复用要求总频率宽度大于各个子信道频率之和，同时为了保证各子信道中所传输的信号互不干扰，应在各子信道之间设立隔离带。频分复用技术的特点是所有子信道传输的信号以并行的方式工作，每一路信号传输时可不考虑传输时延，因而频分复用技术得到了非常广泛的应用。

时分复用(Time Division Multiplexing，TDM)就是将提供给整个信道传输信息的时间划分成若干时间片(简称时隙)，并将这些时隙分配给每一个信号源使用，每一路信号在自己的时隙内独占信道进行数据传输。时分复用技术的特点是时间片事先规划分配好且固定不变。其优点是时间片分配固定，便于调节控制，适于数字信息的传输；缺点是当某信号源没有数据传输时，它所对应的信道会出现空闲，而其他繁忙的信道无法占用这个空闲的信道，因此会降低线路的利用率。

如图 6-14 上半部分所示，采用频分复用技术后，用户分配到固定的一个频带，无论什么时候都可以使用，即频分复用所有用户在同样的时间占用不同的频率带宽。而采用时分复用技术后，每个用户可以占用全部频带，但只能在分配好的时间段使用，如图 6-14 下半部分所示。这里以 3 个用户 A、B 和 C 作为范例，每个用户所占时间片周期性出现，即时分复用的所有用户在不同时间占用同样的频带宽度。频分复用和时分复用都比较成熟，但都不够灵活。

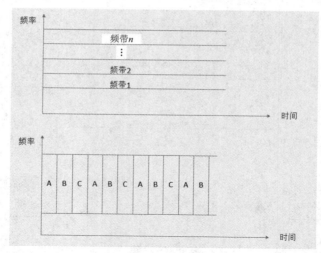

图6-14 频分复用和时分复用

波分复用(Wavelength Division Multiplexing，WDM)实质是光的频分复用，是将两种或多种不同波长的光载波信号(携带各种信息)在发送端经复用器聚合在一起，并耦合到光线路的同一根光纤中进行传输的技术。其在接收端经分用器将各种波长的光载波分离，然后由光接收机做进一步处理以恢复原信号。这种在同一根光纤中同时传输两个或众多不同波长光信号的技术称为波分复用，如图6-15所示。

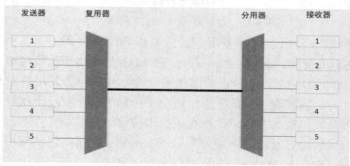

图6-15 波分复用

码分复用(Code Division Multiplexing，CDM)是用一组包含互相正交的码字的码组携带多路信号，更常见的名字是码分多址(Code Division Multiple Access，CDMA)。它采用同一波长的扩频序列，频谱资源利用率高，与WDM结合可以大大增加系统容量。码分复用有码分多址、频分多址、时分多址和同步码分多址等相关技术。

码分多址系统为每个用户分配了各自特定的地址码，利用公共信道来传输信息。CDMA系统的地址码相互具有准正交性，用来区别地址，而在频率、时间和空间上都可能重叠。也就是说，每一个用户有自己的地址码，这个地址码用于区别每一个用户，地址码彼此之间是互相独立的，也就是互相不影响的，但是由于技术等种种原因，我们采用的地址码不可能做到完全正交，或者说完全独立、相互不影响，所以称为准正交。由于有地址码区分用户，所以我们对频率、时间和空间没有限制，在这些方面它们可以重叠。这种系统发送的信号频谱类似于白噪声，抗干扰能力较强，不易被敌人发现。

6.2.4　数据交换技术

在网络的核心部分，路由器起着至关重要的作用。它是实现分组交换的关键部件，其作用就是转发收到的分组。实际上，在数据传送阶段，有三种基本交换方式：电路交换、报文交换、分组交换。

1. 电路交换

电路交换是指整个报文的比特流连续地从源点直达终点，中间没有间断。电路连接可以参考电话网的通信。首先呼叫方要拨号请求建立连接，经过若干交换机后，被叫方听到交换机送来的铃声并摘机后，从主叫端到被叫端就建立了一条连接，形成一条专用的物理通路。它保证了双方通话时所需的通信资源，而且这些资源在双方通信时不会被其他用户占用。通话完毕挂机时，交换机释放刚才这条专用通路的资源。也就是说，电路交换要经过"建立连接—通话—释放连接"的过程。如果用户主叫时电信网资源不支持呼叫，用户只能过段时间再呼叫。但是如果用电路交换传输计算机数据，线路传输效率就很低，其原因在于计算机数据是突发式出现在传输线路上的，因此真正传送数据的时间往往很少，通信线路资源绝大多数时间都是空闲的。而且，建立连接和释放连接都要耗一些时间，从而进一步降低了时间利用率。这种方法适合传送大量数据，且传输时间远高于连接建立时间的情况。

2. 报文交换

报文交换指整个报文先传送到相邻结点，全部存储后，该结点查找转发表，再转发到下一个结点。这也是 20 世纪 40 年代电报通信采用的交换方式。在报文交换中心，每份电报被接收完之后，操作员根据报文目的站地址用相应的发报机发出去。

3. 分组交换

分组交换指单个分组(整个报文的一部分)传送到相邻结点以后，存储后经过查找转发表，转发到下一个结点。分组交换是把全部发送的信息分成多个数据包，每个数据包在传送到结点后，由结点根据路由表决定从哪条路径转发，最终都到达目标地址就可以了。这种方法适合计算机网络中存在大量突发数据这种情况。

6.2.5　传输介质

网络传输介质是指在网络中传输信息的载体，常用的传输介质分为有线传输介质和无线传输介质两大类。不同的传输介质，其特性也各不相同，而这些不同的特性对网络中数据通信质量和通信速度有较大的影响。

有线传输介质是指在两个通信设备之间实现的物理连接部分，它能将信号从一方传输到另一方。有线传输介质主要有双绞线、同轴电缆和光纤。双绞线和同轴电缆传输电信号，光纤传输光信号。

无线传输介质是指我们周围的自由空间。我们利用无线电波在自由空间的传播可以实现多种无线通信。在自由空间传输的电磁波根据频谱可将其分为无线电波、微波、红外线、激光等，信息被加载在电磁波上进行传输。

1．双绞线

双绞线(Twisted Pair，TP)，是综合布线工程中最常用的传输介质，由两根具有绝缘保护层的铜导线组成。把两根绝缘的铜导线按一定密度互相绞在一起，每一根导线在传输中辐射出来的电波会被另一根线上发出的电波抵消，可以有效降低信号干扰的水平。双绞线分为屏蔽双绞线(Shield Twisted Pair，STP)与非屏蔽双绞线(Unshield Twisted Pair，UTP)，如图6-16所示。非屏蔽双绞线外边有个套层，里边就是绝缘层包裹的导线，价格便宜，传输速度偏低，抗干扰能力较差。屏蔽双绞线在外边套层和包着导线的绝缘层之间还有个屏蔽层，它抗干扰能力较好，具有更高的传输速度，但价格相对较贵。我们平时在家里使用的网线就属于双绞线。

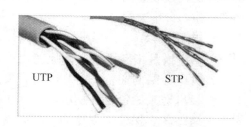

图6-16　非屏蔽双绞线和屏蔽双绞线

2．同轴电缆

同轴电缆(Coaxial Cable)是指有两个同心导体，而导体和屏蔽层又共用同一轴心的电缆。最常见的同轴电缆由绝缘材料隔离的铜线导体组成，在里层绝缘材料的外部是另一层环形导体及其绝缘体，然后整个电缆由聚氯乙烯或特氟纶材料的护套包住。它目前是CATV系统中使用的标准，既可使用频分多路复用的模拟信号发送，也可传输数字信号。同轴电缆的价格比双绞线贵一些，但其抗干扰性能比双绞线强。当需要连接较多设备而且通信容量相当大时可以选择同轴电缆。目前同轴电缆在有线电视网居民小区中可以见到，如图6-17所示。

图6-17　同轴电缆

3．光纤

光纤(Fiber)又称为光缆或光导纤维，由光导纤维纤芯、玻璃网层和能吸收光线的外壳组成，如图6-18所示。它是由一组光导纤维组成的用来传播光束的、细小而柔韧的传输介质。它工作时应用光学原理，由光发送机产生光束，将电信号变为光信号，再把光信号导入光纤，在另一端由光接收机接收光纤上传来的光信号，并把它变为电信号，经解码后再处理。与其他传输介质比较，光纤的电磁绝缘性能好、信号衰减小、频带宽、传输速度快、传输距离大，主要用于要求传输距离较长、布线条件特殊的主干网连接。光纤具有不受外界电磁场的影响、无限制的带宽等特点，可以实现每秒万兆位的数据传送，尺寸小、重量轻，数据可传送几百千米，但价格昂贵。第一个提出光纤可以作为信息传输载体的是前香港中文大学校长高锟，他1966年发表相关论文在Proc IEE上，并因此获得了2009年诺贝尔物理学奖。

图6-18　光纤

4．无线电波

无线电波是指在自由空间(包括空气和真空)传播的射频频段的电磁波。无线电技术是通过无线电波传播声音或其他信号的技术。利用导体中电流强弱的改变会产生无线电波这一现象，通过调制可将信息加载于无线电波之上。当电波通过空间传播到达收信端时，电波引起的电磁场变化又会在导体中产生电流。通过解调将信息从电流变化中提取出来，就达到了信息传递的目的。

5. 微波

微波是指频率为 300 MHz～300 GHz 的电磁波，是无线电波一个有限频段的简称，即波长在 1 米(不含 1 米)到 1 毫米之间的电磁波。微波频率比一般的无线电波频率高，通常也称为超高频电磁波。

6. 红外线

红外线是太阳光线中众多不可见光线中的一种，由英国科学家赫歇尔于 1800 年发现，又称为红外热辐射。红外传输不易被人发现和截获，保密性强，而且红外传输几乎不会受到人为干扰，抗干扰性强。此外，红外线通信机体积小、重量轻、结构简单、价格低廉。但是它必须在非常近的直视距离内通信，且传播受天气的影响。在不能架设有线线路，而使用无线电又怕暴露自己的情况下，使用红外线通信是比较好的。

6.3　局　域　网

6.3.1　局域网的特点和组成

局域网一般为一个单位所有，且地理范围和站点数目均有限。局域网通信距离较短，数据传输速度快，可达到每秒传输数兆至数百兆位信息；软件控制简单，通信协议单纯，硬件设备少，成本低，使用方便灵活；线路专用，具有很好的保密性。这里所讲的局域网可以认为是由路由器连接的小规模网络，内部可以由网桥或者中继器扩大范围。

局域网由网络硬件(包括服务器、工作站、网络适配器、集线器等)和网络传输介质(双绞线、光纤等)，以及网络软件(局域网操作系统、网络数据库管理系统、网络应用软件等)组成。

一般来说，服务器是网络中具有高计算能力和配置的计算机，可以以集中方式管理局域网中的共享资源。工作站则是为本地用户访问本地资源和网络资源提供服务的配置低的计算机。网络适配器俗称网卡，它是一块插件板，插在计算机主板扩展槽中。网卡适配器接口上可以连接线缆，从而让使用该适配器的服务器和工作站能够实现联网，如图 6-19 所示。

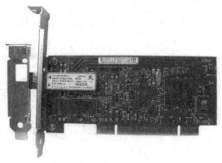

图 6-19　网卡

局域网里的设备必须要安装软件才能正常工作。网络操作系统是网络环境下用户和网络资源间的接口，用来对网络管理和控制。世界上较为流行的网络操作系统包括 Microsoft 公司的 Windows Server 系列(2018 年 11 月发布 2019 版)、UNIX 系统和 Linux 系统。过去还有一些著名的网络操作系统如 Novell 公司的 Netware(最后一次为 6.5 版升级补丁是 2009 年)，以及 IBM 公司的 LAN Server(1999 年最后一次更新为 5.1 版)。网络数据库管理系统就是在网络上以各种形式数据组织起来并能进行使用和传输的系统软件，如 SQL Server、Oracle、Informix 等。网络应用软件是软件开发者根据网络用户的需要，用开发工具开发的各种直接让用户使用的软件，如收银台收款软件、聊天软件等。

无线局域网络(Wireless Local Area Networks，WLAN)如图 6-20 所示。它利用射频(Radio Frequency，RF)技术，使用电磁波取代旧式双绞线所构成的局域网络，在空中进行通信连接，使得无线局域网络能利用简单的存取架构让用户透过它自由存取信息。组建一个最简单的家庭无线局域网只需要有一台联网的无线路由器和包含无线网卡的上网设备，如笔记本、手机等。

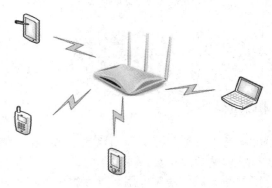

图 6-20　无线局域网

6.3.2　以太网技术介绍

局域网中的服务器工作站需要共享信道才能让它们之间进行数据传输。共享信道一个重要的问题就是如何让众多用户合理而且顺畅地共享通信媒体资源，一般可以从以下两个角度考虑。

1. 静态划分信道

在 6.2.3 小节里已经介绍了频分复用、时分复用等技术，其目的就是让用户分配到的信道资源不会和其他用户产生冲突，但这种划分法代价较高，不适合局域网使用。

2. 动态媒体接入控制

动态媒体接入控制又称为多点接入。信道并非在用户通信时固定分配。该技术可以进一步分为以下两种。

(1) 受控接入：用户不能随机发送信息，要服从一定控制。典型例子是集中控制的多点线路轮询方式和分散控制的令牌环局域网。

(2) 随机接入：所有用户可以随机发送信息，但如果碰巧有两个甚至多个用户同时发送，那么在共享媒体上必然产生碰撞(或者称为发生冲突)，使得这些发送都失败，因此，设计一种解决碰撞的网络协议是该技术的重点。

以太网的前身是由 Xerox 公司在 1975 年发明的。DEC、Intel 和 Xerox 公司在 20 世纪 70 年代末期将其标准化了，称之为以太网的 DIX 实现。DIX 是根据三个创始厂商的名字得来的，该版本规定在共享介质上的数据传输速度是 10 Mb/s。在此基础上，IEEE 802 委员会的 802.3 工作组在 1983 年制定了第一个 IEEE 的以太网标准 IEEE 802.3，数据率也是 10 Mb/s。802.3 局域网对以太网标准的帧格式做了一点改动，不过这两种标准的硬件都可以在同一局域网上运行。

这里简单介绍一下计算机是如何连接到局域网上的。计算机连接到局域网要通过网络适配器，即网卡来运作。这个适配器安装了处理器和存储器，存储器包括 RAM 和 ROM。应该说，网络适配器本身工作于物理层和数据链路层两个层次。

一般来说，适配器和局域网之间连接双绞线，以串行通信方式交换数据，而适配器和计算机主机之间通信则使用主板上的 I/O 总线以并行通信方式交换数据，如图 6-21 所示。显然同一网卡上串行和并行通信数据率是有差别的，此时适配器上就需要有缓存。如果这个网络适配器是自行安装的，则还要安装相应驱动程序让适配器正常工作。适配器接收和发送帧时不用计算机的 CPU。当适配器接收的帧有错误时，它自行丢弃这个帧，不通知计算机。当适配器收到正确的帧时，它使用中断通知计算机，并将帧去掉首部和尾部交付网络层。当计算机要发送 IP 数据报时，就由协议栈把 IP 数据报向下交付给适配器，由适配器加上帧首部和尾部后，将拼装的帧发送到局域网。网络适配器的地址是一个 48 位的字符串，在出厂时就写入了网络适配器的 ROM 中，也称为 MAC 地址或者物理地址。MAC 是 Media Access Control Address 的缩写，是早期数据链路层分为上下两层时下层的名称，当时网络适配器就在该层工作，因此这个地址用 MAC 命名。现在的以太网最高速率已经达到了 100 Gb/s。我们称 10 Mb/s 速率的以太网为传统以太网，本书也仅简单介绍了其原理，高速以太网的原理不再讨论。

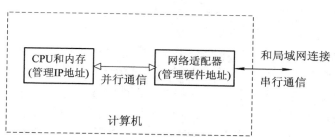

图 6-21 网络适配器在通信过程中的位置

总线法是最早的以太网连接模式。当一台计算机发送数据时，总线上连接的所有计算机都能检测到这个数据，这就是广播通信。但广播通信并不是每次都需要，因此每个网络适配器都要有一个和其他网络适配器不一样的地址。在发送数据帧时，只要在帧内写明要接收该数据包的主机所拥有的网络适配器地址就可以了。接收到数据的网络适配器只需要检查一下该数据帧指定的接收方的网络适配器地址是否与自己的一致，一致则接收，否则丢弃。这些数据帧不进行编号，接收方也不发回确认。这种服务是一种尽最大努力的交付，是一种不可靠的交付。帧的内容如果出错，是否重传由高层决定，但即使重传，以太网也不知道这是重传帧，而是把它当作新数据帧。在同一时刻只有一台主机可以传数据，为了解决上面提到的冲突问题，该方式采用了载波监听多点接入/碰撞检测(Carrier Sense Multiple Access with Collision Detection，CSMA/CD)协议。总线型网络里，计算机肯定在总线上的很多点分别接入。所谓载波监听，就是用电子技术检测总线上是否有其他计算机也在发送数据。不管在发送数据前，还是发送数据过程中，每台计算机必须不停检测信道。如果有其他计算机已经发送数据了，则必须等到信道空闲才能发送数据。碰撞检测意味着"边发送边监听"。当几台计算机同时在总线上发送数据时，总线上的信号电压由于互相叠加，变化幅度会增大。当信号电压变化幅度超过一定门限值，就可以认为总线上有最少两台计算机在发送数据。如果此时本机也在发送数据，则必须立刻停止发送，然后等待一段时间后再发送。

传统以太网最初用粗同轴电缆，后来用细同轴电缆，最后用双绞线。此种以太网采用星型拓扑结构，星型中心是集线器，用双绞线将集线器和主机连接起来。1990 年 IEEE 制定了 10BASE-T 的标准 802.3i-10 表示 10 Mb/s 的数据率，BASE 表示连接线的信号是基带信号，T 代表双绞线，它的出现是局域网发展历史上的一个里程碑。

6.4   Internet 及应用

6.4.1   Internet 概述

Internet 的成功，深刻地改变着人类社会的发展，改变了人们的生活理念。全世界因为 Internet 的发展，变成了一个地球村。1967 年，时任 IPTO 处长的劳伦斯·罗伯茨着手筹建"分布式网络"，1968 年，罗伯茨提交研究报告《资源共享的计算机网络》，提出 ARPAnet 的构想，意使该网络的计算机达到互相连接以共享彼此的研究成果。根据该报告组建的国防部"高级研究计划网"，就是著名的 ARPAnet，劳伦斯·罗伯茨也就自然成为"Father of ARPAnet"。ARPAnet 于 1969 年第一期工程投入使用，由西海岸的四个节点构成，第一个节点选在加州大学洛杉矶分校,因为罗伯茨过去的麻省理工学院同事 L.克莱因罗克教授(创造了用于网络信息交换的分组交换协议)正在该校主持网络研究。第二个节点选在斯坦福研究院，那里有道格拉斯·恩格巴特等一批计算机网络的先驱人物。此外，加州大学圣巴巴拉分校和犹他大学都有计算机绘图研究方面的专家，从而分别被选为第三和第四节点。到了 1972 年，这个系统已经连接了 50 多个大学和研究机构。1982 年，ARPAnet 又实现了与其他多个网络的互联。1983 年，TCP/IP 成为通用协议，旧的被废除。中国在 1994 年正式接入 Internet。到 20 世纪末，已经建成了中国科技网(CSTNET)、中国教育和科研网(CERNET)、中国金桥网(CHINAGBN)、中国计算机互联网(CHINANET)四大中国互联网主干网。前两个是非经营性网络，由中科院和教育部管理；后两个为经营性网络，由电信部门管理。随着国民经济信息化建设的迅速发展，拥有国际出口的互联网已经由上述四家发展成八大网络，另外四家是中国联通(在 2009 年合并了中国网通，否则总共应该是九家)、中国移动、中国长城宽带网和中国国际经济贸易网。Internet 从开始就具有开放、共享、平等、低廉和交互的特性，这些特性也使得 Internet 得到了迅猛的普及。

　　开放性：互联网是世界上最开放的计算机网络。任何一台计算机只要支持 TCP/IP 协议就可以连接到互联网上，而且没有时间和空间的限制，没有地理上的距离限制。

　　共享性：网络用户可以随意看公开的网页或电子公告板，从中寻找自己需要的信息和资料。搜索引擎为用户提供了更加便利的查找渠道。有些网站还提供下载功能，用户可以通过付费甚至免费的方式共享信息。

　　平等性：在 Internet 上人人平等。在互联网内，你是怎样的人，仅仅取决于你通过键盘操作而表现出来的你。

　　低廉性：在互联网内，虽然有一些付款服务，但绝大多数的互联网服务都是低价甚至是免费提供的，而且在互联网上有许多信息和资源也是免费的。因为早期 Internet 为学术交流服务，那时都是免费的。进入商业化以后，网络服务提供商一般采用低价策略占领市场，使用户通信费和网络使用费比较低廉。

　　交互性：主要包括三个方面，一是通过网页实现实时人机对话，主要工具是超文本链接；二是通过电子公告板或电子邮件实现异步人机对话；三是采用通信工具进行即时对话。

6.4.2　IP 地址

　　为了让用户无障碍地使用 Internet 资源，必须用 IP 地址唯一标识 Internet 上的网络实体。整个的互联网被看作是一个单一的、抽象的网络。IP 地址就是给互联网上每台主机或者路由器的每个接口都分配一个全世界范围内唯一的标识符。我们现在见到的 IP 地址版本有两个，IPv4 和 IPv6。前者采用 32 位二进制串标识 IP 地址，而后者采用 128 位二进制串。IPv4 是在 20 世纪 70 年代末设计的。随着互联网的飞速发展，到 2011 年 2 月，IPv4 地址已经用完，网络服务提供商已经无法申请到新的 IP 地址块了。中国在 2014 到 2015 年也逐步停止向新用户和应用分配 IPv4 地址，同时开始商用部署 IPv6。IPv6 是解决目前地址耗尽的唯一思路，可以应付目前物联网设备爆炸式增长的情况。中国工程院院士邬贺铨在 2017 年指出，"截至 2017 年 6 月底，我们固网的网民数是 7.51 亿，移动互联网用户 7.24 亿，但我国的 IPv4 地址只有 3.3845 亿，平均每个固网网民可分配 IPv4 地址是 0.45 个，半个都不到……数据显示，截至 2017 年 7 月 IPv6 用户占网络用户之比到 56%左右了，美国也到了 30%多，中国是最需要 IPv6 的，但中国的 IPv6 占比还不到 0.3%。"

　　这里对比一下 IPv4 和 IPv6 的地址数量。IPv4 是 32 位，如果每个 IP 对应分配给一台计算机(下文会提到，之前为了满足日益增长的联网需求，实际不是这样分配的)，可以分配给 2^{32} 台计算机，其数量稍大于 4×10^9 台。IPv6 是 128 位，如果每个 IP 对应分配给一台计算机(当然实际也不是这样分配的，这里只是估算一下上限)，可以分配给 2^{128} 台计算机，其数量大约是 3.4×10^{38} 台。这个数量是天文数字，大到无法想象，地球上每一平方米，都可以有 10 的 26 次方个地址，甚至空中的尘埃都可以拥有地址。

　　因为我们目前仍然普遍采用 IPv4，所以这里重点讲解一下 IPv4 的发展过程。IPv4 编址方法经历了三个历史阶段：分类的 IP 地址、划分子网和构成超网。

所谓分类的 IP 地址，就是把 IP 地址划分为若干个固定类别，包括 A、B、C、D 和 E 类五种。其中 A、B、C 三类都由两个固定长度字段组成，第一个是网络号(net-id)，第二个是主机号(host-id)。网络号在整个互联网里必须唯一，主机号在本网络号所指明的网络范围内必须唯一。这样就组成了一个全网唯一的 IP 地址。这里 A、B、C 三类都是单播地址，即一对一通信。

如图 6-22 所示，A 类、B 类和 C 类地址网络号字段分别是 1 个、2 个和 3 个字节长，而在网络号字段最前面有 0、10 和 110 的类别位，而实际上这几类网络的定义也是这样的。开头是 0 的 IP 地址为 A 类地址，开头是 10 的 IP 地址为 B 类地址，开头是 110 的 IP 地址为 C 类地址，开头是 1110 的 IP 地址为 D 类地址，开头为 1111 的 IP 地址为 E 类地址。这里要注意，A 类、B 类和 C 类地址网络号包括了前边的 0、10 和 110。因为 IPv4 地址长度是 32 位，那么 A 类、B 类和 C 类地址的主机号字段分别是 3 个、2 个和 1 个字节的长度。D 类地址用于多播，即一对多通信。E 类地址定义为以后使用。划分这些类别最初的考虑是各种网络差别很大，有的网络主机多，有的网络主机少，分成不同数量的类别有利于满足不同用户的要求。某个单位可以申请一个同样网络号的地址块，单位内具体主机的地址则由单位内部分配。

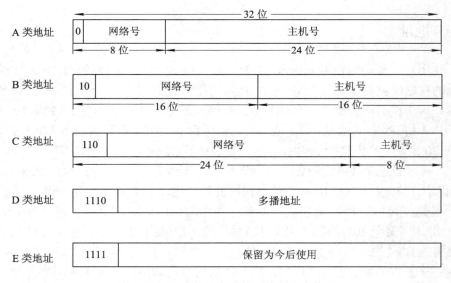

图 6-22　IPv4 地址发展第一阶段分类情况

但是对于一般计算机用户来说，记忆 32 位二进制数地址显然不是一件容易的事情。我们通常用的记法叫作点分十进制记法，即把 32 位二进制数每 8 位(1 个字节)分为一段，两段之间用点隔开(输入时用英文句号或者小数点都可以)。为了增加可读性，被分开的 4 个字节各自转化为十进制数表示。如 138.49.212.56 就比 10001010001100011101010000111000 好记忆的多，具体的记法过程如图 6-23 所示。每个字节能表示的整数范围是 0～255，这就是说，IPv4 地址点分十进制记法所包含的四个十进制数必须在 0～255 之间，否则就是不合法的地址。

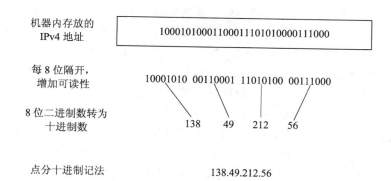

图 6-23　点分十进制记法

特别说明，不是每个 IPv4 地址都可以分配给主机，一些特殊的 IPv4 地址见表 6-1。

表 6-1　特殊的 IPv4 地址

网络号	主机号	用于源地址	用于目的地址	含　义
0	0	可以	不可以	在本网络上的本主机
0	host-id	可以	不可以	在本网络上某台主机 host-id
全 1	全 1	不可以	可以	仅在本网络进行广播
net-id	全 1	不可以	可以	对 net-id 上所有主机进行广播
127	非全 0 或全 1	可以	可以	本地软件环回测试

如图 6-24 所示，IP 地址和前边讲述的网络适配器里的 MAC 地址是不一样的。MAC 是写入硬件的实际地址，通常不改变。IP 地址则是逻辑地址，是用软件实现的，可以由网络管理人员分配。

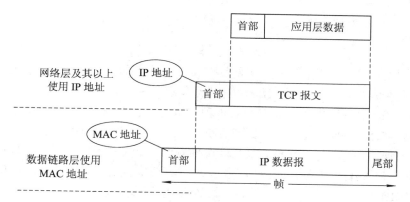

图 6-24　IP 地址和硬件地址的区别

早期两级 IP 的方法很快就出现了一些问题。第一，IP 地址空间利用率有时很低。比如一个单位申请了一个 B 类地址块，有 6 万多个地址可以分配，但该单位并没有那么多主机需要分配，可是又不愿意申请几个 C 类地址块，这样就造成了很大的浪费。第二，给每个物理网络都分配一个网络号，路由器要存储的信息以及信息查找就要耗费很多时间。第三，两级 IP 地址不够灵活。如果某单位需要在新地点开通新网络，则必须申请新 IP，而不能在已经申请的 IP 地址块基础上增加网络。为了解决这些问题，1985 年起，IP 地址变成了三级地址，又增加了一个子网号，这种方式就叫划分子网。划分子网是将一个单位已经分配到的网络号进一步内部划分，外部并不需要知道内部是如何划分的。原来的网络号是不能动的，只能从主机位再划分出若干位作为子网号。

划分子网后，从 IP 数据报本身已经无法简单的区分网络位和主机位，因此必须采用子网掩码。原来的 A 类地址子网掩码是 255.0.0.0，原来的 B 类地址子网掩码是 255.255.0.0，原来的 C 类地址子网掩码是 255.255.255.0。而划分子网后，子网掩码就不是固定的了。如图 6-25 所示，138.49.212.56 是一个 B 类地址，如果将第 3 字节划分成子网网络号部分，则主机号只有 8 位，现在的网络号就是原来第 1、2 字节的网络号加上第 3 字节的子网号。从图 6-25 上可以看出，网络号实际是 IP 地址和子网掩码进行位与(AND)操作后得到的。

图 6-25　两级 IP 地址和三级 IP 地址的对比

划分子网增加了灵活性，但减少了能够连接在网络上的主机总数。到了 1992 年，互联网又面临了几个亟待解决的问题：第一，B 类地址在 1992 年已经分配了一半，很快就要全部分配完；第二，互联网主干网上路由表中项目数量增长太快；第三，可以预见整个 IPv4 地址空间将全部耗尽，而且这个时间最终在 2011 年到来。对于前两个问题，无分类编址这种方式很快出现了，对其进行缓解，最后一个问题则由专门的 IPv6 工作组来解决。我们简单介绍一下无分类编址方法，正式名称是无分类域间路由选择(Classless Inter-Domain Routing，CIDR)。

CIDR 特点如下：第一，消除了传统的 A、B、C 类地址以及划分子网的概念，从而更加有效地分配 IPv4 地址空间。在 CIDR 方式中，IP 地址又恢复为两个部分，前边部分是"网络前缀"，用来指明网络，后边部分指明主机。CIDR 采用斜线记法标明网络前缀长度。第二，CIDR 把网络前缀相同的连续 IP 地址组成一个 CIDR 地址块。只要知道该块内任一地址，就可以知道该块最小地址和最大地址。

例如，已知 IP 地址 153.20.177.9 是某 CIDR 地址块中一个地址，用二进制表示后，前 21 位是网络前缀，后 11 位是主机号，即

153.20.177.9/21 = **10011001 00010100 10110**001 00001001

并可以得到该地址块的最小和最大地址如下：

最小地址　153.20.176.0　　　**10011001 00010100 10110**000 00000000
最大地址　153.20.183.255　**10011001 00010100 10110**111 11111111

与前面一样，主机位全 0 和全 1 这两个 IP 通常不分配给主机，中间那些则可以进行分配。可以看到，该地址块共 2^{11}=2048 个地址，可以分配给主机的为 $2^{11}-2$=2046 个地址。地址块网络前缀可以写成地址掩码的形式，与子网掩码通用。如，/21 的地址掩码就是 11111111111111111111100000000000。这样在路由表中就可以利用 CIDR 地址块查找目的网络了，这种地址的聚合称为路由聚合。

在 IPv4 地址协议中预留了 3 个 IP 地址段，作为私有地址，供组织机构内部使用。这三个地址段分别位于 A、B、C 三类地址内。

A 类地址：10.0.0.0--10.255.255.255
B 类地址：172.16.0.0--172.31.255.255
C 类地址：192.168.0.0--192.168.255.255

这样就可以解决企业或学校内部网络的需要了。这些地址是不会被 Internet 分配的，它们在 Internet 上也不会被路由，虽然它们不能直接和 Internet 网连接，但通过技术手段仍旧可以和 Internet 通信。我们可以根据需要来选择适当的地址类，在内部局域网中将这些地址像公用 IP 地址一样使用。但内网要想和外部 Internet 连接就需要转换成公网唯一 IP 与外部连接，需要使用路由(网络地址转换，Network Address Translation，NAT)。

当在专用网内部的一些主机本来已经分配到了本地 IP 地址(上边列举的 3 个 IP 段中的地址)，但现在又想和因特网上的主机非加密通信时，可使用 NAT 方法。这种方法需要在专用网连接到因特网的路由器上安装 NAT 软件。装有 NAT 软件的路由器叫作 NAT 路由器，它至少有一个有效的外部全球 IP 地址。这样，所有使用本地地址的主机在和外界通信时，都要在 NAT 路由器上将其本地地址转换成全球 IP 地址，才能和因特网连接。

6.4.3　Internet 域名系统

域名系统(Domain Name System，DNS)是互联网使用的命名系统，用来将人们方便使用的机器名字转换为 IP 地址。许多应用层软件都使用 DNS，但计算机用户却觉察不到该系统的使用。人类容易记忆有规律的字符串，而对于和自身关系不大的 IP 地址却不怎么关心。为了方便用户使用互联网上的主机资源，这些主机不但需要有 IP 地址，还要有一个便于人类记忆的名字。但计算机内部不好处理变长的域名，因此为了解决人和计算机认知的矛盾，DNS 就产生了。为了防止单个域名服务器负担过重而瘫痪，1983 年起，互联网就开始采用层次树状结构命名法，并用了分布式的域名系统 DNS。

任何一个连接在互联网上的主机或者路由器，都有一个唯一的层次结构的名字，即域名。域是名字空间中一个可被管理的划分。域可以进一步划分成子域，这样做下去，就形成了顶级域、二级域等。但域名只是一个逻辑概念，并不代表计算机的物理地点。域名长度不固定，一般有含义，但主要是为了让人记忆。一个完整的域名由两个或两个以上部分组成，各部分之间用英文的句号来分隔，最后一个英文句号的右边部分称为顶级域名，左边部分称为二级域名，二级域名的左边部分称为三级域名，以此类推，每一级的域名控制它下一级域名的分配。如图 6-26 所示的域名包含四级，其中 cn 表示中国大陆，com 表示商业机构且在中国注册，sina 是公司的名字，travel 是前边三级域名下的一个版块名字。

图 6-26　不同级别的域名

顶级域名分为三大类：国家顶级域名、通用顶级域名和基础结构域名。国家顶级域名用来表示国家或者地区；通用顶级域名是供一些特定组织使用的顶级域名；基础结构域名用于反向地址解析。常见的国家顶级域名和通用顶级域名见表 6-2 和表 6-3。

表 6-2　常见国家顶级域名

国家或地区	顶级域名	国家或地区	顶级域名
美国	us(一般省略不写)	中国大陆	cn
英国	uk	中国香港	hk
俄罗斯	ru	中国台湾	tw
加拿大	ca	日本	jp
德国	de	法国	fr

表 6-3　常见通用顶级域名

域名	含　义	域名	含　义
com	公司企业，商业机构	net	网络服务机构
org	非营利性组织	int	国际组织
edu	教育机构	gov	政府机构
mil	军事部门	museum	博物馆

6.4.4　统一资源定位符 URL

统一资源定位符(Uniform Resource Locator，URL)是对可以从互联网上得到的资源的位置和访问方法的一种简洁的表示，是互联网上标准资源的地址。互联网上的每个文件都有一个唯一的 URL，它包含的信息指出文件的位置以及浏览器应该怎么处理它。这里的资源包括任何可以在互联网上访问的对象，如文件目录、文档、声音、图像等。

URL 相当于文件名在互联网范围的扩展，实际上，URL 是与互联网相连机器上任何可访问对象的一个指针。另外，URL 还需要指出读取某个对象时所采用的协议。这样，URL 的基本结构如下所示：

协议://[用户名:口令@]主机 [:端口号]/目录/文件名.文件后缀?参数=值#标志

一些典型例子如下：

ftp://abc:abc123@157.85.96.20:2345/test/computer.txt

http://www.abc.com/url.php?name=china&page=1

http://www.example.com/index.html#print

不是结构里所有元素都需要在一个 URL 中同时出现。带方括号的元素用户名、用户口令和端口号属于可选项，必要时可以出现。如第一个 URL 中用户名 abc、用户口令 abc123 和端口 2345 是 IP 为 157.85.96.20 的主机开放的 FTP 服务设置的访问参数，必须写上才能访问该主机的 FTP 服务；/test/computer.txt 则为要访问的文件的路径。? 后边跟着的是 URL 的参数，多个参数用&连接，如第 2 个 URL 中的 name 和 page 都是要访问页面的参数，值分别为"china"和"1"。URL 参数可使用户将用户提供的信息从浏览器传递到服务器。当服务器收到请求，而且参数被追加到请求的 URL 上时，服务器在将请求的页提供给浏览器之前，于处理该页时放置这些参数。#则代表页面的位置，如第 3 个 URL 代表网页 index.html 的 print 位置，浏览器读取这个 URL 后，会自动将 print 位置滚动至可视区域。

WWW(World Wide Web)是环球信息网的缩写，中文名字为万维网或环球网，常简称为 Web，分为 Web 客户端和 Web 服务器程序。WWW 可以让 Web 客户端(常用浏览器)访问浏览 Web 服务器上的页面。它是一个由许多互相链接的超文本组成的系统，通过互联网访问。万维网并不等同于互联网，万维网只是互联网所能提供的服务之一，是靠着互联网运行的一项服务。访问万维网的网点一般要用 HTTP 协议，一般格式为

http://主机[:端口]/目录/文件名.文件后缀

例如：http://www.weather.com.cn/zt/tqzt/3171056.shtml 是中国天气网一则新闻"成都机场遭受雷暴天气，9000 余名旅客受影响"的 URL。

HTTP 协议全称为超文本传输协议(HyperText Transfer Protocol)。该协议定义了浏览器(万维网客户进程)怎样向万维网服务器请求万维网文档，以及服务器怎样把文档传送给浏览器。它是一个面向事务的协议，也就是说，每一次信息交换系列操作是一个整体，要么所有信息都交换完成，要么不交换。它可以使浏览器更加高效，使网络传输减少。它不仅能保证计算机正确快速地传输超文本文档，还能确定传输文档中的哪一部分，以及哪部分内容首先显示(如文本先于图形)等。

HTTP 是客户端浏览器或其他程序与 Web 服务器之间的应用层通信协议。在 Internet 上的 Web 服务器上存放的都是超文本信息，客户机需要通过 HTTP 协议传输所要访问的超文本信息。HTTP 包含命令和传输信息，不仅可用于 Web 访问，也可以用于其他因特网/内联网应用系统之间的通信，从而实现各类应用资源超媒体访问的集成。

此类服务可以通过浏览器进行访问。如图 6-27 所示，在 Windows 7 自带的浏览器 Internet Explorer 8.0 上方地址栏输入"http://www.iplaysoft.com"，即可访问网站"异次元软件世界"。

图 6-27　通过 Internet Explorer 8.0 访问"异次元软件世界"网站

除了 IE 以外，常见的浏览器还有 Chrome、Firefox、世界之窗等。

6.4.5　Internet 服务与应用

Internet 可以给用户提供多种服务，除了前一节讲的 WWW 外，还有电子邮件、搜索引擎等。

实时通信的电话有个很大的缺点：主叫方和被叫方必须能有条件同时通话。如果存在作息时差，或者一方没时间通话，则实时通话就不能顺利进行。因此，电子邮件(E-mail)这种通信方式成为了非常受用户欢迎的一种应用。

如图 6-28 所示，电子邮件发送有几个关键要素：发件人、收件人、主题、正文。只要登录了邮箱，发件人会标在邮件页面的某个位置，即页面最上边的框里的内容，包括发件人名字和邮件地址。邮件地址的格式：用户名@邮件服务器域名。用户名在邮件服务器域名里必须是唯一的，邮件服务器域名在互联网所有网络域名里必须是唯一的；收件人则是需要按邮件地址正确写出的；主题就是对邮件主要内容的简单概括；正文则和我们写一般的信件差不多。另外，正文文本框上方还有添加附件的功能，一些图片、视频等只要不超过规定的文件大小，都可以通过该功能发给收件人。

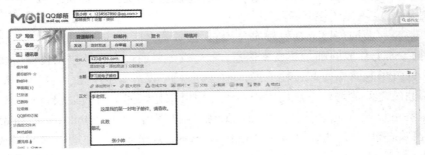

图 6-28　电子邮件界面

一个电子邮件系统要有如图 6-29 所示的主要组成构件：用户代理、邮件服务器和邮件协议(包括发送邮件和接收邮件所用的协议)。用户代理(User Agent，UA)是用户与电子邮件的接口，大多数情况下是运行在用户电脑中的一个程序，因此又被称为电子邮件客户端软件。微软的 Outlook Express 和 Foxmail 都是比较有名的 UA。邮件服务器的功能是发送和接收邮件，并向发件人报告邮件传送结果，如已交付、被拒绝、丢失等。邮件服务器按照 C/S 模式工作。SMTP 是简单邮件传输协议(Simple Mail Transfer Protocol)，用于用户代理向邮件服务器发送邮件或在邮件服务器之间发送邮件。POP3 是邮局协议版本 3(Post Office Protocol Version 3)，用于用户代理从邮件服务器读取邮件。邮件服务器必须能同时作为客户端和服务器存在。当邮件服务器 S1 向邮件服务器 S2 发送邮件时，如果采用的协议是 SMTP，则 S1 就是 SMTP 客户端，S2 就是 SMTP 服务器端。SMTP 和 POP3 都是建立在 TCP 这种可靠传输机制上的。

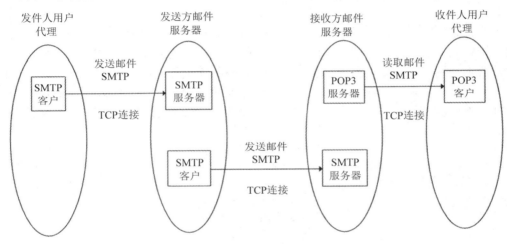

图 6-29　电子邮件组成构件

由于 SMTP 只能传送可打印的 7 位 ASCII 码邮件，因此 1993 年又提出了通用互联网邮件扩充(Multipurpose Internet Mail Extensions，MIME)。MIME 是设定某种扩展名的文件用一种应用程序来打开的方式类型，当该扩展名文件被访问的时候，浏览器会自动使用指定应用程序打开，多用于指定一些客户端自定义的文件名，以及一些媒体文件打开方式。它是一个互联网标准，扩展了电子邮件标准，使其能够支持非 ASCII 字符文本和非文本格式附件(二进制、声音、图像等)。它是由多部分(Multiple Parts)组成的消息体，包含非 ASCII 字符的头信息(Header Information)。

POP 协议是一个很简单、功能非常有限的邮件读取协议，现在普遍用的是第 3 版 POP3。POP3 也采用 C/S 模式，在接收邮件的用户计算机中的用户代理必须运行 POP3 客户程序，而在收件人所连接的邮件服务器则运行 POP3 服务器程序和 SMTP 服务器程序。但是，POP3 协议有个问题，只要用户从 POP3 服务器读取了邮件，POP3 服务器就把该邮件删除。为了解决这个问题，POP3 进行了一个改进，例如让用户能够事先设置邮件读取后还能在服务器存放的时间。另一个以 C/S 模式运行的收邮件协议是交互式邮件存取协议(Internet Mail Access Protocol，IMAP)，它是跟 POP3 类似的邮件访问标准协议之一。不同的是，开启了

IMAP 后，用户在电子邮件客户端收取的邮件仍然保留在服务器上，同时在客户端上的操作都会反馈到服务器上，如删除邮件、标记已读等，服务器上的邮件也会做相应的动作。所以，无论从浏览器登录邮箱或者客户端软件登录邮箱，看到的邮件以及状态都是一致的。

如图 6-29 所示，用户要使用电子邮件，必须在自己使用的计算机中安装 UA，如果出门却没有带自己的电脑，要使用别人的电脑则是很不方便的。20 世纪 90 年代中期，Hotmail 推出了基于万维网的电子邮件。今天我们看到的所有邮箱服务提供者，基本都提供了万维网电子邮件，常见的如谷歌的 Gmail、网易的 163、新浪以及腾讯。万维网电子邮件可以让用户不管在什么地方上网，只要用浏览器就可以非常方便地收发邮件。

搜索引擎(Search Engine)是互联网提供的另一个重要功能。它指根据一定的策略、运用特定的计算机程序从互联网上搜集信息，在对信息进行组织和处理后，为用户提供检索服务，将用户检索的相关信息展示给用户，大体可以分为全文检索搜索引擎和分类目录搜索引擎。

全文检索搜索引擎是通过搜索软件(像 Spider 程序)到互联网上收集信息的，可以从一个网站链接到另一个网站，像蜘蛛爬行一样，然后按规则建立一个很大的在线索引数据库让用户查询。用户只需要输入关键词，就能在该数据库进行查询。这个查询结果并不是实时的在互联网上检索到的信息，因此很可能是过期的数据。建立该数据库的网站必须定期对已建立的数据库进行维护。现在全世界使用最多的全文检索搜索引擎是谷歌(Google)，如图 6-30 所示。

图 6-30　谷歌(Google)搜索引擎

谷歌搜索引擎利用在互联网上相互连接的计算机快速查找搜索结果，缩短了查找时间。它的软件核心算法就是著名的 PageRank。谷歌的两位创始人，当时还是美国斯坦福大学研究生的佩奇和布林开始了对网页排序问题的研究。他们借鉴了学术界评判学术论文重要性的通用方法——统计论文的引用次数，由此想到网页的重要性也可以根据这种方法来评价。于是 PageRank 的核心思想就诞生了，基本思想有两条：如果一个网页被很多其他网页链接，说明这个网页比较重要，PageRank 值会相对较高；如果一个 PageRank 值很高的网页链接到一个其他的网页，那么被链接到的网页的 PageRank 值会相应地提高。互联网中的众多网页可以看作一个有向图，每个网页 PageRank 值用公式迭代，最终达到稳定值。但是其缺点也很明显：第一，没有区分站内导航链接；第二，没有过滤广告链接和功能链接；

第三，对新网页不友好。有人据此提出改进的 TrustRank 算法，算出网页 TrustRank 值，与 PageRank 值联合判断网页重要性。谷歌的网页排列顺序完全是按照算法结果得到的，厂商不可能用钱购买网页的排名。

　　分类目录搜索引擎是利用各网站向搜索引擎提交网站信息时的关键词和网站描述等信息，经过人工审核编辑后，如果认为符合网站登录的条件，则录入到分类目录数据库里，供网上用户查询的。如图 6-31 所示为凤凰网首页的分类目录。此类搜索只需要按照分类查找，从大类到小类，直至找到最底层的信息。相比全文检索，其准确度较好，但检索结果有限。

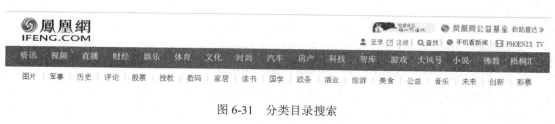

图 6-31　分类目录搜索

6.5　网络安全机制

6.5.1　网络安全的基本问题

　　网络安全问题一直伴随着计算机网络的发展而发展。现在互联网上每天产生海量数据，其存储和传输都是不可忽视的问题。我们在 6.2 节里介绍的计算机网络通信模型是个非常理想化的模型，只有发送方和接收方，而实际上网络上还存在大量攻击者，对网络传输和存储的数据进行各种攻击。如图 6-32(a)所示为之前介绍的基本通信模型，如图 6-32(b)所示为实际应该考虑的保密通信模型。这里从发送者到接收者的数据流应该是经过加密的，接收者收到加密数据流后再解密。攻击者可能会获取这些加密数据流并全力破解。

(a) 基本通信模型　　　　　　　　(b) 保密通信模型

图 6-32　基本通信模型和保密通信模型对比

　　计算机网络通信面临的安全威胁可以分为两个大类：被动攻击和主动攻击。被动攻击，如窃听或者偷窥，非常难以被检测到，但可以防范，主要包括窃听(Eavesdropping)和流量分析(Traffic Analysis)。图 6-32 中的保密通信模型就描述了被动攻击的情况。主动攻击，常常是对数据流的修改，可以被检测到，但难以防范，主要包括中断(Interruption)、消息篡改(Modification of Message)、伪装(Masquerading)、重放(Replaying)以及拒绝服务(Denial of Service，DoS)，如图 6-33 所示。

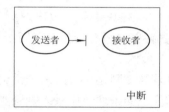
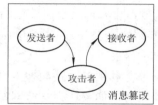
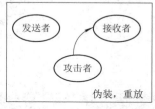
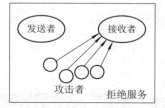

图 6-33　主动攻击

中断主要是由一些故障的出现导致的，如硬盘等硬件的毁坏、通信线路的切断、文件管理系统的瘫痪等。消息篡改包括改变数据文件，改变程序使之不能正确执行，修改信件内容等。伪装就是伪造出合法用户的消息发给接收者。重放就是将合法发送者发过的消息重新发送给接收者。拒绝服务就是攻击者向互联网某个服务器不停发送大量分组，使该服务器不能正常提供服务，甚至瘫痪。

人们希望能设计出安全的计算机网络，但是根据著名信息安全专家 Dorothy Elizabeth Denning 在 1982 年出版的 *Cryptography and Data Security* 里的观点，网络的安全性是不可判定的。我们只能针对各种被动和主动的威胁提出如下的目标来检验计算机网络的安全性。

(1) 保密性(Confidentiality)：保证信息为授权者使用而不泄漏给未经授权者。

(2) 完整性(Integrity)：包括数据完整性和系统完整性。前者指数据未被未经授权者篡改或者损坏，后者指系统未被未经授权者操纵，能够按既定的功能运行。

(3) 可用性(Availability)：保证信息和信息系统随时为授权者提供服务，而不要出现被未经授权者滥用却对授权者拒绝服务的情况。

(4) 不可否认性(Non-repudiation)：要求无论发送方还是接收方都不能抵赖所进行的数据传输。

(5) 鉴别(Authentication)：鉴别就是确认实体是它所声明的，适用于用户、进程、系统、信息等。

(6) 审计(Accountability)：确保实体的活动可被跟踪。

(7) 可靠性(Reliability)：特定行为和结果的一致性。

上述特征中最基本的三个是：保密性、完整性和可用性，简称 CIA。

6.5.2　数据加密技术

一般的数据加密模型如图 6-34 所示。加密密钥和解密密钥 K 是一串秘密的二进制串。主机 A 是发送方，将明文 X 用加密算法 E 进行加密，本次计算采用加密密钥 K，得到密文 Y。该密文穿过互联网，最终到达接收方主机 B。B 利用解密算法 D 和解密密钥 K，最终得到明文 X。

我们可以用公式表示出图 6-34 描述的过程，即

$$Y = E_K(X), \quad X = D_K(Y) = D_K(E_K(X))$$

图 6-34 中我们假设加密密钥和解密密钥一样，都是 K。但实际上，这两个串是可以不一样的。如果密钥需要被传递，则必须通过一个安全信道。安全信道是一种理论模型，在分析任何安全协议时，初始参数都要先通过安全信道传递给通信各方，然后才能进行正式的通信过程的分析。

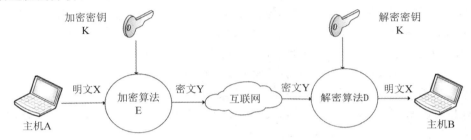

图 6-34 数据加密模型

图 6-35 则是一个对字符串加密解密的例子。明文"我要去公园散步"和密钥2834587694821763 在加密算法(这里用的是 AES 算法，CBC 模式，128 位密钥，初始向量6521534489013457，可以通过在线 AES 网站进行验证)的作用下，得到一个字符串，简单起见，这里采用十六进制串来描述。同样，可以用上述密钥和对应的解密算法，将刚才得到的密文还原为字符串"我要去公园散步"。

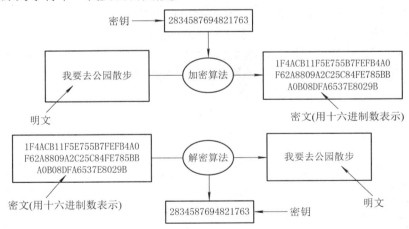

图 6-35 对称加密解密

如果无论攻击者获取多少密文，都无法获得足够信息确定出对应的明文，则这一密码体制就是无条件安全的，或者叫理论上不可破的。在没有限制的条件下，目前所有的数字密码体制均可破解。因此，人们关心的是能不能研制出计算上不可破的密码体制，即不能在一定时间内被当前可以使用的计算资源破译。

19 世纪时，奥古斯特·柯克霍夫提出了柯克霍夫原则(Kerckhoffs's principle)：即使密码系统的任何细节已为人悉知，只要密钥未泄漏，它也是安全的。1949 年，信息论创始人

香农发表文章，论证了之前的古典密码体制都是可破的。随着计算机技术和电子信息技术的发展，抽象代数、可计算理论和计算复杂性理论等学科的深入研究，20 世纪 70 年代后期，数据加密标准(Data Encryption Standard，DES)和公钥密码体制(Public Key Cryptosystem)均被提出，称为当代密码学发展史上的重要里程碑。

DES 是 1972 年美国 IBM 公司研制的对称密码体制加密算法。明文按 64 位进行分组，密钥长 64 位，密钥事实上是 56 位参与 DES 运算(第 8、16、24、32、40、48、56、64 位是校验位，使得每个密钥都有奇数个 1)分组后的明文组和 56 位的密钥按位替代或交换的方法形成密文组的加密方法。该算法的保密性仅取决于对密钥的保密，而算法是公开的。56 位的密钥意味着存在 2^{56} 个密钥，大约 7.6×10^{16} 个。后来出现了差分分析法针对该算法进行破解，1998 年，电子前哨基金会建造了一台不超过 250 000 美元的计算机"深译"，仅用 56 小时就成功破解了一条 DES 加密的消息。2001 年美国标准与技术协会经过 4 年左右的选拔，确定了新的对称加密算法——高级加密标准(Advanced Encryption Standard，AES)。AES 加密密钥有 128、192 和 256 位三种，至今还没有有效的破解方法。另外，IDEA、Blowfish 也是比较有名的对称加密算法。

公钥密码体制是 1976 年斯坦福大学研究人员 Diffie 和 Hellman 提出的。与对称密码体制不同的是，公钥密码的加密密钥和解密密钥是不一样的。现在常见的公钥密码有 RSA 公钥密码、ElGamal 公钥密码、椭圆曲线密码。

如图 6-36 所示，加密密钥 PUK(Public Key，即公钥)是可以公开的，而解密密钥 PRK(Private Key，即私钥)是需要保密的，而且即使知道 PUK，也没有办法计算出 PRK。加密算法 E 和解密算法 D 也是公开的。密钥产生器(安全第三方)产生出主机 C 的一对密钥(这是个容易的事情)，即加密密钥 PUK_C 和解密密钥 PRK_C。如果主机 A 向主机 C 发送消息，就用 C 的公钥 PUK_C 加密这个消息，C 接到被加密的消息后，就用自己的私钥 PRK_C 解密。但是，这种加解密方式比对称密钥加、解密慢很多，而且可能需要加密传输的信息量比较大，因此现实中没有人采用这种加解密方法来保证明文的安全。

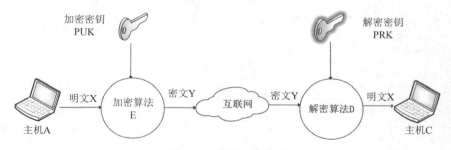

图 6-36　公钥加密模型

公钥算法一般是利用一些数学难题，或者说多项式时间内难以攻破的数学难题设计的。如 RSA 就是用了大数的因子分解难题，ElGamal 公钥密码基于有限域离散对数难题，椭圆曲线密码则采用了椭圆曲线加法群的离散对数难题。

对称加密方法是通常使用的对明文进行直接加密的方式。但是前边已经提到，对称密钥必须要经过安全信道发送，现实中却没有安全信道。那么对称密码要如何配送？可以想到的解决途径有四个：事先共享密钥、密钥分配中心分配密钥、通过公钥密码，以及利用

Diffie-Hellman 难题。

事先共享密钥需要有一种安全的方式将密钥交给对方，比方说把密钥交给坐在身旁的同事。但如果要交给一个几天前刚在网上认识的好友就非常难，电子邮件可能被窃听，邮寄存储卡可能会丢失或被别人窃取。即使安全方式可以解决，如果会话圈里人数很多，N 个人就需要 N(N−1)/2 对密钥来互相保密通信。因此该方法有很大局限性。

对于参与会话人数很多的情况，可以使用密钥分配中心(Key Distribution Center，KDC)。每个新加入的用户都被 KDC 分配一个密钥，用户和 KDC 共享此密钥。如果有 N 个人，则存在 N 个密钥。如果用户 A 和 B 要通信，则 A 和 B 要分别和 KDC 通信，从 KDC 获取一个随机会话密钥。随着用户的增加，KDC 负担也增加；而且如果 KDC 崩溃，整个网络都瘫痪了。

如果 A 想发起和 B 的会话，则只需要用 B 的公钥加密 A 选定的会话密钥发给 B，B 再利用自己的私钥解密得到会话密钥，之后再通过对称加密传输数据即可。但是，会话密钥完全由 A 生成，这在一定程度上对 B 来说是很不公平的。

Diffie-Hellman 方法是一种确保共享的会话密钥安全穿越不安全网络的方法，在 1976 年由 Whitfield Diffie 和 Martin Hellman 提出，称为 Diffie-Hellman 密钥交换算法 (Diffie-Hellman Key Exchange Algorithm)。这个机制的巧妙在于需要安全通信的双方可以用这个方法确定对称密钥，然后可以用这个密钥进行加密和解密。但是这个密钥交换算法只能用于密钥的交换，而不能进行消息的加密和解密。双方在确定要用的密钥后，要使用其他对称密钥操作加密算法实现加密和解密消息。但是单纯的 Diffie-Hellman 方法容易遭受中间人攻击。

6.5.3　数字签名技术

鉴别(Authentication)和加密不同，它是另一个重要的网络安全技术。鉴别是验证对方确实是自己要通信的对象，而不是别的冒充者，并且发送的报文是完整的，未被攻击者篡改过。

考虑如下问题：A 的办公室的电脑里存了一个 Excel 文档，里面的重要数据很多。一天 A 有急事出去，回来时看见 B 正在自己电脑桌前坐着。B 看到 A 回来就走了，A 坐下后，突然想知道那个重要的 Excel 文档是不是被 B 修改了，哪怕是一个空白单元格里加了一个空格都意味着文档已经被修改了。怎么能快速知道这个问题的答案呢？

在刑侦学上，指纹是一个掌握案情非常有力的工具。同样，对于上述问题，可以给 A 的文档生成一个"指纹"，把 B 到来之前和走以后那个重要文档的"指纹"进行对比即可。实现这个功能的方法就是单向散列函数，或者称为 hash 函数。

单向散列函数有个输入值，称为消息，输出值称为散列值。散列值用来检查消息的完整性。这里的消息可能是一个字符串，一个图像文件，甚至是一个磁盘分区的所有文件。散列函数可以计算出一个固定长度的二进制串，而不论输入值长度是多少。如现在流行的 SHA2-256，消息值长度在 0 到 $2^{64}-1$ 之间，散列值长度一直为 256 比特。过去非常流行的 MD5 和 SHA1 散列值分别是 128 和 160 比特。如果消息发生了 1 比特的变化，则散列值要变化很多比特。如图 6-37 所示，以第 1 个文本里的句子为标准，第 2 个比第 1 个少了句号，第 3 个在第 2 个句子中的单词"a"后边加了一个空格。对比一下散列值，差别是非常大的。

而且即使攻击者知道了散列值,是很难恢复出原文的。"单向"这个词的意义就在于此。如果源数据需要验证,则验证者只需要计算一下源数据的这个"指纹"就可以了。

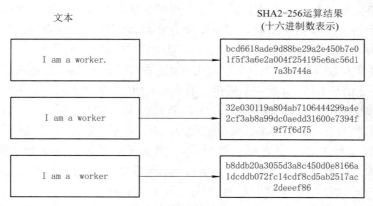

文本　　　　　　　　　　　　　　　　　SHA2-256运算结果
(十六进制数表示)

I am a worker.　→　bcd6618ade9d88be29a2e450b7e0
1f5f3a6e2a004f254195e6ac56d1
7a3b744a

I am a worker　→　32e030119a804ab7106444299a4e
2cf3ab8a99dc0aedd31600e7394f
9f7f6d75

I am a worker　→　b8ddb20a3055d3a8c450d0e8166a
1dcddb072fc14cdf8cd5ab2517ac
2deeef86

图 6-37　单向散列函数

再考虑如下问题:A 在网络上买了一只股票,但不幸的是,A 买入后该只股票马上跌停了。A 想否认曾经转账买过这只股票。那么交易中心的人要拿什么证据证明 A 进行了这次交易呢?这种情况下,就必须用数字签名机制。

数字签名就是附加在数据单元上的一些数据,或是对数据单元所作的密码变换。这种数据或变换允许数据单元的接收者用以确认数据单元的来源和数据单元的完整性并保护数据,防止被攻击者进行伪造。数字签名需要用到公钥机制和单向散列函数。签名分很多种,常见的是基于 RSA 的签名、Schnorr 签名和 DSA 签名。另外,根据使用情况不同,还有聚合签名、不可拒绝签名等。

如图 6-38 所示,数字签名产生实际上就是签名者先把源文件数据经过单向散列函数加密得到散列值,然后用自己的私钥对散列值进行加密,就构成了数字签名。该签名和源文件一起被发送到验证者那里。验证者对源文件用单向散列函数加密得到散列值,然后将得到的数字签名用签名者的公钥进行解密,将解密结果和散列值对比,如果一样就说明文件保持了完整性,否则就认为文件可能被篡改了。

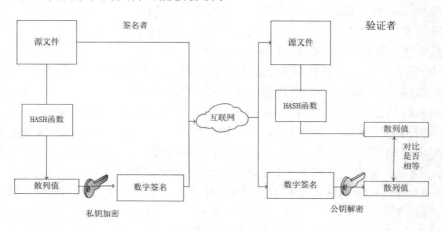

图 6-38　数字签名过程

可能已经有人注意到了，这两个例子里，源数据或者源文件都没有进行加密，而是直接进行验证计算。注意，这两项技术的核心不是让数据保密，而是保证数据没有被篡改，关注的是数据的完整性。

6.5.4　数字证书技术

在与别人通信时，如何让别人相信自己的公钥是合法的，没有被伪造，这就需要数字证书。数字证书是一个经证书授权中心数字签名的包含公开密钥拥有者信息以及公开密钥的文件。最简单的证书包含一个公开密钥、名称以及证书授权中心的数字签名。数字证书还有一个重要的特征就是只在特定的时间段内有效。数字证书可以由证书授权(Certificate Authority，CA)中心发布。这个 CA 必须是一个可信第三方，一个可信的认证机构。

如图 6-39 所示，B 生成自己的公钥私钥对，自己保管好私钥。当然这里该密钥对也可以由认证机构生成。B 将自己的公钥发给认证机构，认证机构用自身的私钥对 B 的公钥进行签名并生成证书。该证书至少包含 B 的公钥和认证机构对这个公钥的签名。数字证书还有一项重要的内容就是它的有效时间，图中没表示出来。A 得到这个证书后，用认证机构公钥验证签名合法性，从而认定 B 的公钥是合法的。然后 A 就可以用 B 的公钥加密消息发给 B，B 用自己的私钥解密得到 A 发的消息。

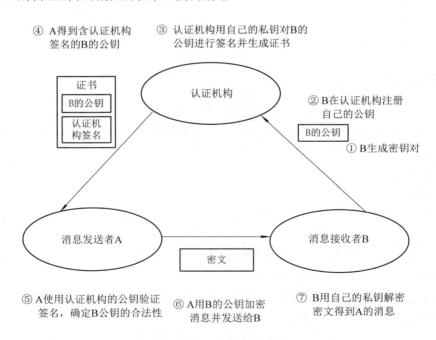

图 6-39　证书的生成和使用

如图 6-40 所示为一个证书的信息，我们可以从图上看到所展示的这个证书的一些内容，包括签名哈希算法、有效期、公钥、公钥参数等。通常证书满足 X.509 规范。

图 6-40　证书的信息

6.5.5　计算机病毒

计算机病毒(Computer Virus)在《中华人民共和国计算机信息系统安全保护条例》中被明确定义，是指编制或者在计算机程序中插入的破坏计算机功能或者毁坏数据，影响计算机使用，并能自我复制的一组计算机指令或者程序代码。

1. 计算机病毒的特性

计算机病毒具有以下特性：

(1) 繁殖性。计算机病毒可以像生物病毒一样进行繁殖，当正常程序运行时，它进行自身复制。是否具有繁殖的特征是判断某段程序是否为计算机病毒的首要条件。

(2) 破坏性。计算机中毒后，可能会导致正常的程序无法运行，删除或损坏文件，破坏引导扇区及 BIOS，甚至破坏硬件环境。

(3) 传染性。计算机病毒传染性一般是指计算机病毒通过修改别的程序将自身的复制品或其变体传染到其他无毒的程序上。

(4) 潜伏性。计算机病毒潜伏性是指计算机病毒可以依附于其他媒体寄生的能力，侵入后的病毒潜伏到条件成熟才发作，会使电脑变慢。

(5) 隐蔽性。计算机病毒具有很强的隐蔽性，少数可以通过病毒软件检查出来。隐蔽水平较高的计算机病毒时隐时现、变化无常，处理起来非常困难。

(6) 可触发性。编制计算机病毒的人，一般都为病毒程序设定了一些触发条件，例如，系统时钟的某个时间或日期、系统运行了某些程序等。一旦条件满足，计算机病毒就会发作，使系统遭到破坏。

2. 计算机病毒的生命周期

在病毒的生命周期中，可能会经历如下几个阶段：潜伏→传染→触发→发作。潜伏阶段的病毒处于休眠状态，这种病毒最终会被一些条件所激活，如特定日期、特定文件的出现等，但不是所有病毒都有这种阶段。传染阶段，病毒程序将自身复制到其他程序或磁盘某个区域上，每个被感染的程序也包含了病毒复制品，可以继续传染。触发阶段指病毒被激活后，会执行某一特定功能，从而达到某些既定目的。触发条件一般是一些系统事件，如病毒复制自身次数，时间达到一定要求。发作阶段是指病毒在系统中进行干扰和破坏，根据病毒种类的不同，危害程度也不同。

3. 计算机病毒的分类

为了能够复制其自身，病毒必须能够运行代码并能够对内存运行写操作。基于这个原因，许多病毒都是将自己附着在合法的可执行文件上。如果用户企图运行该可执行文件，那么病毒就有机会运行。病毒可以根据运行时所表现出来的行为分成两类：非常驻型病毒和常驻型病毒。非常驻型病毒会立即查找其他宿主并伺机加以感染，之后再将控制权交给被感染的应用程序。常驻型病毒被运行时并不会查找其他宿主。一个常驻型病毒会将自己加载内存并将控制权交给宿主，该病毒于后台中运行并伺机感染其他目标。

计算机病毒还可以从其他角度进行分类，具体包括：

(1) 按破坏程度强弱分为良性病毒和恶性病毒。所谓良性病毒是指病毒不对计算机数据进行破坏，但会造成计算机程序工作异常。恶性病毒往往没有直观的表现，但会对计算机数据进行破坏，有的甚至会破坏计算机硬件，造成整个计算机瘫痪。良性病毒一般比较容易判断，虽然影响程序的正常运行，但病毒发作时会尽可能地表现自己，重新启动后可继续工作。恶性病毒感染后一般没有异常表现，病毒会想方设法将自己隐藏得更深。一旦恶性病毒发作，等人们察觉时，已经对计算机数据或硬件造成了破坏，损失将很难挽回。

(2) 按传染方式可分为引导区型病毒、文件型病毒、混合型病毒、宏病毒。引导区型病毒主要通过软盘在操作系统中传播，感染引导区，蔓延到硬盘，并能感染到硬盘中的主引导记录。文件型病毒是文件感染者，也称为寄生病毒，它运行在计算机存储器中，通常感染扩展名为 COM、EXE、SYS 等类型的文件。混合型病毒具有引导区型病毒和文件型病毒两者的特点。宏病毒是指用BASIC语言编写的病毒程序寄存在Office文档上的宏代码。宏病毒影响对文档的各种操作。

(3) 按链接方式可分为源码型病毒、入侵型病毒、操作系统型病毒、外壳型病毒。源码型病毒攻击高级语言编写的源程序，在源程序编译之前插入其中，并随源程序一起编译、链接成可执行文件。源码型病毒较为少见，也很难编写。入侵型病毒可用自身代替正常程序中的部分模块或堆栈区，因此这类病毒只攻击某些特定程序，针对性强。一般情况下也难以被发现，清除起来也较困难。操作系统型病毒可用其自身部分加入或替代操作系统的部分功能。因其直接感染操作系统，这类病毒的危害性也较大。外壳型病毒通常将自身附在正常程序的开头或结尾，相当于给正常程序加了个外壳，大部分的文件型病毒都属于这一类。

4．计算机病毒的传播方式

计算机病毒主要通过移动存储介质和网络传播。

计算机和手机等数码产品常用的移动存储介质主要包括软盘、光盘、DVD、硬盘、闪存、U盘、CF卡、SD卡、记忆棒、移动硬盘等。移动存储介质以其便携性和大容量存储性为病毒的传播带来了极大的便利，这也是其成为目前主流病毒传播途径的重要原因。例如，"U盘杀手"病毒是一个利用U盘等移动设备进行传播的蠕虫。其中的autorun.inf文件一般存在于U盘、MP3、移动硬盘和硬盘各个分区的根目录下，当用户双击U盘等设备的时候，该文件就会利用Windows自动播放功能优先运行autorun.inf文件，并立即执行所要加载的病毒程序，破坏用户机器并造成损失。

计算机病毒也可以通过各种网络途径传播，具体包括：

(1) 电子邮件。电子邮件是病毒通过互联网进行传播的主要媒介。病毒主要依附在邮件的附件中，而电子邮件本身并不产生病毒。当用户下载附件时，计算机就会感染病毒，使其入侵至系统中，伺机发作。由于电子邮件一对一、一对多的这种特性，使其在被广泛应用的同时，也为计算机病毒的传播提供了一个良好的渠道。

(2) 下载文件。病毒被捆绑或隐藏在互联网上共享的程序或文档中，用户一旦下载了该类程序或文件而不进行病毒查杀，计算机感染病毒的几率将大大增加。病毒可以伪装成其他程序或隐藏在不同类型的文件中，通过下载操作感染计算机。

(3) 浏览网页。当用户浏览不明网站的同时，病毒便会在系统中安装病毒程序，使计算机不定期地自动访问该网站，或窃取用户的隐私信息，给用户造成损失。

(4) 聊天通信工具。QQ、Skype等即时通信聊天工具，无疑是当前人们进行信息通信与数据交换的重要手段之一，是网上生活必备软件。由于通信工具本身安全性低的缺陷，加之聊天工具中的联系列表信息量丰富，给病毒的大范围传播提供了极为便利的条件。目前，仅通过QQ这一种通信聊天工具进行传播的病毒就达百种。

5．蠕虫和特洛伊木马

蠕虫的设计类似于病毒，人们视其为病毒的子类。但与病毒不同的是，蠕虫病毒从一台计算机传播到另一台计算机，能在没有任何人为帮助的条件下自动传播。蠕虫病毒的最大特点是它在系统中能够自我复制，因此计算机不会对外发送一个蠕虫病毒，而是发送数量巨大的副本，造成灾难性后果，被感染用户的名单随着蠕虫病毒的传播将会越来越长。由于蠕虫病毒的复制本质及其在网络中的传播能力，在多数情况下，最终结果都是蠕虫病毒消耗了过多的系统内存(或网络带宽)，导致Web服务器、网络服务器和各台被感染的计算机停止响应。最新的蠕虫病毒往往被设计为进入系统后，允许恶意用户远程控制计算机，如著名的冲击波蠕虫病毒。

特洛伊木马是看起来像正版应用程序的破坏性程序。与病毒不同的是，特洛伊木马不会自我复制，但它们具有同样大的破坏力。特洛伊木马还会在受害者的计算机上打开一个后门入口，使恶意用户/程序能够访问受害者的系统，窃取保密信息和个人信息。

6．计算机病毒的防治

计算机病毒的防治技术可以分成四个方面，即检测、清除、免疫和预防。计算机感染病毒后，会引起一系列变化，前面讲述的很多病毒发作的症状都可以作为检测依据。病毒的清除是指将染毒文件的病毒代码摘除，使之恢复为可正常运行的健全文件。病毒清除可手工进行，也可用专用软件杀毒。一些常见的杀毒软件如卡巴斯基、小红伞等都具有比较好的口碑。病毒免疫原理是根据病毒签名实现的，由于有些病毒在感染其他程序时要先判断是否已被感染过，即欲攻击的宿主程序是否已有相应的病毒签名，如有则不再感染。因此，可人为地在健康程序中进行病毒签名，起到免疫效果。

预防计算机病毒比杀毒更重要，要做到以下几点：

(1) 经常进行数据备份。

(2) 对新购置的计算机、硬盘和软件，先用查毒软件检测后方可使用。

(3) 尽量避免在无防毒软件的机器上使用电脑可移动磁盘，以免感染病毒。

(4) 对计算机的使用权限进行严格的控制，禁止来历不明的人和软件进入用户系统。

(5) 采用一套公认最好的驻留式防病毒软件，以便在对文件和磁盘操作时进行实时监控，及时控制病毒的入侵，并及时、可靠地升级反病毒产品。

6.5.6　防火墙

古代构筑和使用木质结构房屋的时候，为防止火灾的发生和蔓延，人们将坚固的石块堆砌在房屋周围作为屏障，这种防护构筑物就被称为"防火墙"。在计算机科学领域中，防火墙(Firewall)是一个架设在互联网与企业内网之间的信息安全系统，根据企业预定的策略来监控往来的信息。防火墙可能是一台专属的网络设备或是运行于主机上检查各个网络接口上的网络传输。它是当前最重要的一种网络防护设备，从专业角度来说，防火墙是位于两个或多个网络间，实行网络间访问或控制的一组组件集合的硬件或软件。防火墙可基于一组定义的安全规则来决定是允许还是阻止特定流量。

一个好的防火墙具备如下特点：内部和外部之间的所有网络数据流必须经过防火墙；只有符合安全策略的数据流才能通过防火墙；防火墙自身应对渗透免疫。

防火墙的访问控制能力大体集中在如下方面：

(1) 服务控制：确定哪些服务可以被访问。

(2) 方向控制：确定允许哪个方向的服务能够通过防火墙。

(3) 用户控制：根据用户来控制对服务的访问。

(4) 行为控制：能够控制一个特定的服务的行为。

防火墙对企业内部网实现了集中的安全管理，能防止非授权用户进入内部网络。另外，防火墙可以方便地监视网络的安全性并报警，可以作为部署网络地址转换 NAT 的地点，可以实现重点网段的分离，而且防火墙是审计和记录网络的访问和使用的最佳地方。

防火墙的局限性在于：限制或关闭了一些有用但存在安全缺陷的网络服务，给用户带来使用的不便；目前防火墙对于来自网络内部的攻击还无能为力；防火墙不能防范不经过防火墙的攻击；可能带来传输延迟、瓶颈及单点失效；防火墙不能有效防范数据驱动式攻击；作为一种被动的防护手段，防火墙不能防范因特网上不断出现的新的威胁和攻击。

防火墙的设计策略有两种：一切未被允许的就是禁止的；一切未被禁止的都是允许的。在此基础上设计的网络服务访问策略就是一种高层次的具体到事件的策略，主要用于定义在网络中允许或禁止的服务。

现在典型的防火墙体系结构包括包过滤防火墙、双宿主(多宿主)主机模式、屏蔽主机模式和屏蔽子网模式,如图 6-41 所示。

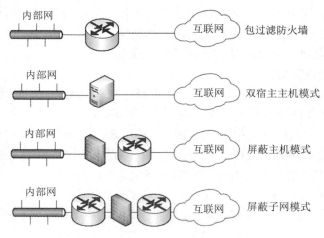

图 6-41 防火墙四种体系结构

包过滤防火墙是最简单的也是最常用的防火墙,也称屏蔽路由器。它一般作用在网络层,对进出内部网络的所有信息进行分析。它的结构比较简单、速度快、实现方便,但是安全性能较差。包过滤往往用一台路由器来实现,仅仅对所接收的每个数据包进行检查,根据过滤规则决定转发或者丢弃该包。

双宿主主机模式是围绕至少具有两个网络接口的主机而构建的。代理服务器软件在这个主机上运行,内外网络并不直接连接,而是通过这个主机作为中间方分别与它们连接。

屏蔽主机模式是由过滤器和应用网关组成的。前者是进行包过滤的,后者的作用是代理服务。过滤路由器是置在内部网络和 Internet 之间的,应用网关是放在内部网络上的。此时的路由器只接受网关发送来的数据包,所以它的安全性能更高,但这个结构的配置工作十分复杂。

被屏蔽子网模式是在屏蔽主机结构的基础上又添加了一个过滤器,两个过滤器分别位于网关的两边,这就形成了一个最安全的墙。因为入侵者必须要通过三个设备,而每一个过滤路由器对另一个路由器可以说都是透明的,因为它们都只是跟中间的代理服务器连接。

6.6 网络新技术

现代科技发展迅速,物联网、云计算、大数据、互联网+这些基于计算机网络的新名词已经在各种新闻报道中铺天盖地出现,下面我们就来简单介绍一下这些技术。

1. 物联网

物理世界的联网需求和信息世界的扩展需求催生了物联网(Internet of Things,IoT)。人们的最初构想是希望物品通过射频识别等信息传感设备与互联网连接起来,实现智能化识别和管理。或者说，物联网通过对物理世界信息化、网络化，对传统分离的物理世界和信息世界实现互联和整合。其核心在于物物之间广泛和普遍的互联。应该说，这个概念突破了传统互联网的范畴，使物联网表现出设备多样、多网融合、感控结合等特征。物联网概念起源于比尔盖茨 1995 年《未来之路》一书，书中比尔盖茨已经提及物联网概念，只是当时受限于无线网络、硬件及传感设备的发展，并未引起重视。随着技术不断进步，国际电信联盟于 2005 年正式提出物联网概念，而 2009 年奥巴马就职演讲后对 IBM 提出的"智慧地球"积极响应后，物联网再次引起广泛关注。自 2009 年 8 月温家宝总理提出"感知中国"以来，物联网被正式列为国家五大新兴战略性产业之一，写入政府工作报告，物联网在中国受到了全社会极大的关注。

物联网可以说涉及各行各业，如图 6-42 所示。但物联网至今没有一个公认的定义，原因在于：物联网理论体系还没完全建立，人们认识不足，还不能通过现象看本质。由于物联网与互联网、移动通信网、传感网都有着密切联系，不同领域研究者对物联网思考的出发点不同，因此短期内无法达成共识。

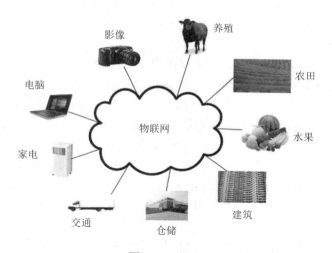

图 6-42　物联网

物联网是一个基于互联网、传统电信网等信息承载体，让所有能够被独立寻址的普通物理对象实现互联互通的网络。它具有普通对象设备化、自治终端互联化的特点，即物物互联。其目的就是沟通物理世界与信息世界，每件物体都可以寻址，每件物体都可以通信。例如，公文包提醒主人忘带什么东西；司机操作失误，汽车自动报警；药房的药自动提醒还有半年过期；到家前汽车通知家里的家电工作，像打开空调、烧洗澡水……

目前的物联网四大核心技术包含射频识别(RFID)、传感器、云计算、网络通信。

RFID 是射频识别技术(Radio Frequency Identification)的英文缩写，利用射频信号通过空间耦合(交变磁场或电磁场)实现无接触信息传递并通过所传递的信息达到识别目的。它是 20 世纪 90 年代兴起的自动识别技术，首先在欧洲市场上得以使用，随后在世界范围内普及。RFID 较其他技术明显的优点是电子标签和阅读器无需接触便可完成识别。射频识别技术改变了条形码依靠"有形"的一维或二维几何图案来提供信息的方式，通过芯片来提供存储在其中的数量巨大的"无形"信息。中国已经将 RFID 应用于铁路车号识别、身份证和票证管理、动物标识、特种设备与危险品管理、公共交通以及生产过程管理等多个领域。

如图 6-43 所示，RFID 芯片里的数据被阅读器/读写器读取，然后传送给后台服务器。服务器可以和目前数据库里存储的 RFID 芯片的相关信息进行对比。如果需要更新芯片内存储的内容，就通过读写器对芯片内部数据进行更新。

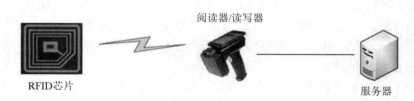

图 6-43　RFID 工作过程

无线传感器网络(Wireless Sensor Networks，WSN)是一种分布式传感网络，它的末梢是可以感知和检查外部世界的传感器。WSN 中的传感器通过无线方式通信，因此网络设置灵活，设备位置可以随时更改，还可以跟互联网进行有线或无线方式的连接，通过无线通信方式形成的一个多跳自组织网络。

最早的无线传感网概念系统是美国军方 1967 年在越南战争期间部署的 IGLOO WHITE 系统。美军利用振动感应传感器部署了一个能够长期工作、无人值守的无线传感网，用于侦察和监视"胡志明小道"上的军事活动情况。当时系统不能实时将数据发回中心处理，而是需要专门的移动车载数据收集系统定期将数据送到位于泰国的信息处理中心。当年的无线传感网已经具备了感知、计算与通信相结合的特点，但是在网络内部的处理能力和低功耗手段上存在明显缺陷。对无线传感器的系统化研究起步于 20 世纪 90 年代，包括加州洛杉矶分校 LWIM 项目(攻坚低功耗无线传感节点)和加州伯克莱分校 SmartDust 项目(攻坚微型化传感器节点)。前者的成果是发布了 WINS 节点，后者的成果是发布了 MicaZ 系列节点。

如图 6-44 所示，传感器网络里的各个传感器定时收集数据，然后按照一定路由汇聚算法发送到一个固定汇聚节点，这个节点再通过因特网把信息传送给服务器。服务器收集了数据后，经过分析整理，可以提供给人类作为决策的依据。

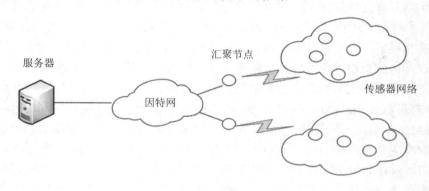

图 6-44　传感器网络

无线传感器网络所具有的众多类型的传感器，可探测包括地震、电磁、温度、湿度、噪声、光强度、压力、土壤成分以及移动物体的大小、速度和方向等周边环境中多种多样的参数值。微传感技术和无线联网技术为无线传感器网络赋予了广阔的应用前景，这些潜在的应用领域包括军事、航空、反恐、防爆、救灾、环境、医疗、保健、家居、工业、商业等。

2. 云计算

云计算最初的目标是对资源进行管理，主要集中在计算资源、网络资源、存储资源三个方面。美国国家标准与技术研究院定义：云计算是一种按使用量付费的模式，这种模式提供可用的、便捷的、按需的网络访问，进入可配置的计算资源共享池(资源包括网络、服务器、存储、应用软件、服务)，这些资源能够被快速提供，只需投入很少的管理工作，或与服务供应商进行很少的交互。云计算使计算分布在大量的分布式计算机上，而非本地计算机或远程服务器中，这使得企业能够将资源切换到需要的应用上，根据需求访问计算机和存储系统。

云计算大致分两种，私有云和公有云。私有云就是把虚拟化和云化的这套软件部署在别人的数据中心里面。所谓公有云就是虚拟化和云化软件部署在云厂商自己的数据中心里面，用户不需要很大的投入，只要注册一个账号，就能在一个网页上点一下即可创建一台虚拟电脑，例如国内的阿里云、腾讯云、网易云等。

云计算可以认为包括以下几个层次的服务：基础设施即服务(Infrastructure-as-a- Service，IaaS)、软件即服务(Software-as-a- Service，SaaS)和平台即服务(Platform-as-a-Service，PaaS)。IaaS 是指消费者通过 Internet 可以从完善的计算机基础设施获得服务。SaaS 是一种通过 Internet 提供软件的模式，用户无需购买软件，而是向提供商租用基于 Web 的软件来管理企业经营活动。PaaS 实际上是指将软件研发的平台作为一种服务以 SaaS 的模式提交给用户。

3. 大数据

大数据(Big Data)是指无法在可承受的时间范围内用常规软件工具进行捕捉、管理和处理的数据集合。大数据的特点包括 Volume(大量)、Velocity(高速)、Variety(多样)、Value(价值)，简称 4V。从技术上看，大数据与云计算的关系就像一枚硬币的正反面一样密不可分。大数据必然无法用单台的计算机进行处理，必须采用分布式架构。它的特色在于对海量数据进行分布式数据挖掘。但它必须依托云计算的分布式处理、分布式数据库和云存储、虚拟化技术。大数据包括结构化、半结构化和非结构化数据，非结构化数据越来越成为数据的主要部分。有调查报告显示，企业中 80%的数据都是非结构化数据，这些数据逐年快速增长。

物联网成为大数据的重要来源之一。所有能独立寻址的物理对象都将加入物联网，物联网连接的主体不再局限于传统的数据终端，而将涉及工业、农业、交通、国防等各个方面。大数据为物联网的智能化发展提供有力保障。这需要建立与应用相关的数学模型，用数据挖掘和分析工具，用功能强大的运算系统处理和计算，以及进行多维度信息的整合和分析。物联网强调更透彻的感知，应用需要随时随地感知、测量和传递信息，以便于及时采取应对措施。

在对大数据的网络存储中，有着各种解决方案，例如：SAN、NAS、DAS 存储网络。存储区域网络(Storage Area Network，SAN)是一种高速的、专门用于存储操作的网络，通常独立于计算机局域网(LAN)。SAN 将主机和存储设备连接在一起，能够为其上的任意一台主机和任意一台存储设备提供专用的通信通道。SAN 将存储设备从服务器中独立出来，实现了服务器层次上的存储资源共享。SAN 将通道技术和网络技术引入存储环境中，提供了一种新型的网络存储解决方案，能够同时满足吞吐率、可用性、可靠性、可扩展性及可管理性等方面的要求。

NAS(Network Attached Storage)是网络附加存储。在 NAS 存储结构中，存储系统不再通过 I/O 总线附属于某个服务器或客户机，而是直接通过网络接口与网络直接相连，由用户通过网络访问。这种专用存储服务器去掉了通用服务器原有的不适用的大多数计算功能，而仅仅提供文件系统功能。与传统以服务器为中心的存储系统相比，数据不再通过服务器内存转发，直接在客户机和存储设备间传送，服务器仅起控制管理的作用。

DAS(Direct Attached Storage)是直接附加存储，是指将存储设备通过总线(SCSI、PCI、IDE 等)接口直接连接到一台服务器上使用。DAS 购置成本低，配置简单，因此对于小型企业很有吸引力。

4．互联网+

"互联网+"是创新 2.0 下互联网发展的新业态，是知识社会创新 2.0 推动下互联网形态演进及其催生的经济社会发展新形态。通俗地说，"互联网+"就是"互联网+各个传统行业"，但这并不是简单的两者相加，而是利用信息通信技术以及互联网平台，让互联网与传统行业进行深度融合，创造新的发展生态。

国内"互联网+"理念的提出，最早可以追溯到 2012 年 11 月于扬在易观第五届移动互联网博览会的发言，他认为"在未来，'互联网+'公式应该是我们所在的行业的产品和服务，在与我们未来看到的多屏全网跨平台用户场景结合之后产生的这样一种化学公式。我们可以按照这样一个思路找到若干这样的想法，而怎么找到你所在行业的'互联网+'，则是企业需要思考的问题。"

"互联网+"把线下的商务机会与互联网结合，这就为传统的企业开辟了新的市场渠道，现在传统企业的生意越来越不容易做，成本逐渐增高，而通过"互联网+"的方法，可以降低营销的成本，开辟新的市场渠道。2019 年，政府工作报告中又出现了"智能+"。从"互联网+"到"智能+"，从"加快"到"深化"，政府工作报告表述变化的背后，是中国人生产和生活方式的又一次升级迭代。在"互联网+"时代，各种基于互联网数字技术的商业模式，改变着人们的衣食住行，一键下单、共享经济等，实现了人与人的实时连接。而随着人工智能、大数据、云计算等新兴技术的不断发展，信息技术的应用已经不再局限于连接人与人，而是将人与物，物与物连接在一起，从而带来万物互联的全新时代。从"互联网+"走向"智能+"，也被认为是一种技术发展的必然结果。

6.7　网络安全相关法律法规

1．《中华人民共和国网络安全法》(简称《网络安全法》)

在当代社会，网络信息技术的迅猛发展已经给人类生产、生活各个方面带来了深远的影响。但是，信息量的暴增，使得相对落后的网络信息管理和控制能力成了技术瓶颈。网络信息的泄露和滥用，各种网络入侵和网络攻击，以及网络上一些恐怖主义、极端主义的宣传时有发生。这样，《网络安全法》就有了立法的必要性，它的制定是落实党中央决策部署的重要举措，更是参与互联网国际竞争和国际治理的必然选择。该法于2017年6月1日正式施行。

《网络安全法》全文共七章七十九条，包括：总则、网络安全支持与促进、网络运行安全、网络信息安全、监测预警与应急处置、法律责任以及附则。从主体对象角度，可将各条款分为10大类。《网络安全法》是我国第一部针对网络安全领域的法律，也是我国第一部保障网络安全的基本法。

《网络安全法》的三项基本原则为：网络空间主权原则、网络安全与信息化发展并重原则和共同治理原则。网络空间主权原则强调网络空间主权是一国国家主权在网络空间中的自然延伸和表现。该法适用于我国境内网络以及网络安全的监督管理。这是我国网络空间主权对内最高管辖权的具体体现。网络安全与信息化发展并重原则强调安全和发展要同步推进，既要推进网络基础建设，又要加强网络安全保障。共同治理原则强调网络安全要由政府、企业、社会组织、技术社群和公民等网络利益相关者的共同参与才能实现。

对于大学生来说，首先要加强个人信息的保护。对个人信息的保护主要体现在口令的复杂化上。如今一些网站已经禁止用户使用长度低于8字节，或者只有字母或数字的口令。很多介绍信息安全技术的书上说，口令最好是方便自己记忆，而让计算机难以用口令字典猜测的较长字符串。因为我们输入口令时一般只通过键盘，所以合理混用数字、字母甚至各种标点符号才是制作一个好的口令的基础。具体的方法有很多，在这里我们给一种常见的思路，如图6-45所示。

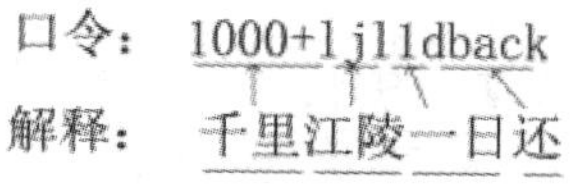

口令：　1000+1ji11dback

解释：　千里江陵一日还

图6-45　运用键盘可输入的各种符号构建口令

一定要明白天上没有白掉的馅饼，任何突如其来的好处一定不要随便相信。不要登录一些来路不明的网站，尤其是打着中奖的旗号进行诈骗的网站。对于社交软件，要注意保护自己的隐私，不要随便留下个人真实信息。

其次，大学生要正确合法地使用网络。大学生是思想相对活跃的一个群体，但可能一些时候不够冷静，没有经过认真思考就在网络上发表言论。网络不是法外之地，大学生要遵守法律法规，遵守公共秩序，尊重社会公德，在享有法律赋有的网络服务和权利外，不能危害网络安全，特别是涉及他人安全和利益，尤其是国家集体安全和利益的事情。我们要提高自己的安全意识，保护好个人信息，配合安全部门和网络部门的实名认证工作。当然，我们更要知法、守法、用法，让个人信息始终处于法律的保护之下。

2.《中华人民共和国密码法》(简称《密码法》)

2019年10月26日，十三届全国人大常委会第十四次会议通过《中华人民共和国密码法》，习近平主席签署第35号主席令予以公布，从2020年1月1日起正式施行。《密码法》是在总体国家安全观框架下，国家安全法律体系的重要组成部分，也是一部技术性、专业性较强的专门法律。《密码法》的颁布意味着要加强对大中小学生密码常识和密码安全意识的培养。

《密码法》规范了如下内容：

(1) 什么是密码。密码是采用特定变换的方法对信息等进行加密保护、安全认证的技术、产品和服务。而人们日常接触的 QQ "密码"、微信 "密码"、银行卡支付 "密码"、电子邮箱登录 "密码" 等，实际上是口令。口令是进入个人计算机、手机、电子邮箱或银行账户的 "通行证"，是一种简单、初级的身份认证手段。"口令" 不在《密码法》的管理范围之内。密码分为核心密码、普通密码和商用密码，实行分类管理。核心密码、普通密码用于保护国家秘密信息，属于国家秘密，由密码管理部门依法实行严格统一管理。商用密码用于保护不属于国家秘密的信息，公民、法人和其他组织均可依法使用商用密码保护网络与信息安全。

(2) 谁来管密码。坚持中国共产党对密码工作的领导。中央密码工作领导机构对全国密码工作实行统一领导，制定国家密码工作重大方针政策，统筹协调国家密码重大事项和重要工作，推进国家密码法治建设。国家密码管理部门负责管理全国的密码工作。县级以上地方各级密码管理部门负责管理本行政区域的密码工作。国家机关和涉及密码工作的单位在其职责范围内负责本机关、本单位或者本系统的密码工作。

(3) 怎么管密码。密码管理部门依法对核心密码、普通密码实行严格统一管理，并规定了核心密码、普通密码使用要求、安全管理制度以及国家加强核心密码、普通密码工作的一系列特殊保障制度和措施。核心密码、普通密码本身就是国家秘密，一旦泄密，将危害国家安全和利益。另外，国家鼓励商用密码技术的研究开发、学术交流、成果转化和推广应用，健全统一、开放、竞争、有序的商用密码市场体系，鼓励和促进商用密码产业发展。

(4) 怎么用密码。在有线、无线通信中传递的国家秘密信息，以及存储、处理国家秘密信息的信息系统，应当依照法律、行政法规和国家有关规定使用核心密码、普通密码进行加密保护、安全认证。另外，公民、法人和其他组织可以依法使用商用密码保护网络与信息安全，对一般用户使用商用密码没有提出强制性要求。关键信息基础设施的运营者采购涉及商用密码的网络产品和服务，可能影响国家安全的，应当按照《中华人民共和国网络安全法》的规定，通过国家网络信息部门会同国家密码管理部门等有关部门组织国家安全审查。任何组织或者个人不得窃取他人加密保护的信息或者非法侵入他人的密码保障系统，不得利用密码从事危害国家安全、社会公共利益、他人合法权益等违法犯罪活动。

2020 年 10 月 17 日，2020 世界青年科学家峰会重点活动之一 "商用密码与区块链应用专题研讨会" 在浙江温州召开。会上评选了 16 个优秀案例，其中 10 个是商用密码的应用，由一些科技公司提供，其中一些方案采用了中国自己发明的国家商用密码算法。

在现阶段，要强化组织保障，加强密码的使用管理，使行业管理者、使用者、资产所有者具有明确的权责划分；制定密码在不同场合下的使用管理制度，推动并明确密码及相关设备的使用管理办法；要加强密码使用人员的安全教育培训，提高他们的安全意识和密码使用意识；要加强密码应用的安全性评估及测评工作，让使用的密码不落伍于时代。

本 章 小 结

　　本章主要介绍计算机网络的基础知识，包括计算机网络的概念、网络协议相关知识、局域网相关知识、一些基本 Internet 应用、信息安全的一些基本知识。

　　通过本章学习，读者应该了解计算机网络的定义和功能，模拟通信和数字通信的概念，传输介质及其特点；掌握网络协议的要素，网络拓扑结构，域名系统初步知识，电子邮件和 WWW 服务的初步知识；了解网络安全的概念和一些密码学基本知识，计算机病毒、防火墙等安全领域的初步知识，以及一些网络新技术，如物联网、大数据等。

习题

　　1. 计算机网络发展分几个阶段？计算机网络是怎么组成的？计算机网络有什么功能？

　　2. 模拟通信和数字通信的区别是什么？

　　3. 数据交换技术有几种？网络传输介质如何分类？

　　4. 什么是网络协议？什么是计算机网络体系结构？网络中使用的几种重要的互联设备都是什么，分别工作在哪个层次？

　　5. 什么是域名系统？什么是资源定位符？

　　6. 53.24.26.90 是哪个类型的 IP？B 类网络子网掩码是什么？

　　7. 电子邮件从发送者到接收者的过程是怎样的？分别采用了什么协议？

　　8. 网络安全三个最基本的目标是什么？主动攻击和被动攻击一般都有哪些？

　　9. 目前最常使用的对称加密算法和公钥算法都有什么？

　　10. 计算机病毒有什么特点？如何防范？

　　11. 防火墙的特点是什么？典型的防火墙结构有几种？

　　12. 什么是物联网、大数据、云计算？

　　13. 口令和密码的差别是什么？如何打造一个好的口令？

第7章

多媒体技术基础

本章导读

　　多媒体技术是指使用计算机对文本、音频、图形、图像、视频、动画等多种媒体进行处理的交互式综合技术，融合了计算机技术、通信网络技术和广播电视技术，是当今信息技术领域发展得最快和最活跃的技术之一。近年来，多媒体技术已经成为人们关注的热点，广泛应用于通信、教育、金融、军事、医疗等行业，融入社会生活的各个方面，为人类的生活和工作方式带来了巨大的变革。本章从多媒体技术的基本概念入手，详细讲述了多媒体系统的组成，多媒体的关键技术及其应用领域，多媒体素材处理基础和常用多媒体制作软件。

本章知识纲要

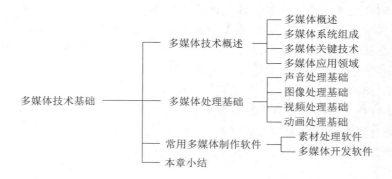

7.1　多媒体技术概述

7.1.1　多媒体概述

1. 媒体

媒体(Media)包括两种含义：一是指存储信息的载体(媒质)，如磁盘、光盘、闪存盘、各种移动存储卡等；二是指表示信息的载体(媒介)，如文本、声音、图形、图像、动画、视频等。多媒体技术中的媒体指后者，即信息的表示形式。

国际电话电报咨询委员会 CCITT(Consultative Committee on International Telephone and Telegraph，国际电信联盟 ITU 的一个分会)把媒体分成以下五种类型。

(1) 感觉媒体(Perception Media)：直接作用于人的感觉器官，使人产生直接感觉的媒体，如引起听觉反应的声音、动画、视频等，引起视觉反应的文本、图形、图像等。

(2) 表示媒体(Presentation Media)：为了传输感觉媒体而人为研究出来的中间媒体，包括各种编码，如图形编码、图像编码、文本编码、音频编码、视频编码、条形码等。

(3) 显示媒体(Display Media)：输入和输出信息的媒体。显示媒体可分为两类，一类是输入显示媒体，如键盘、鼠标、扫描仪、话筒、摄像机、光笔等；另一类为输出显示媒体，如显示器、打印机、绘图仪、扬声器等。

(4) 存储媒体(Storage Media)：用于存储表示媒体的物理介质，如磁盘、光盘、软盘、磁带、CD-ROM、纸张等。

(5) 传输媒体(Transmission Media)：传输表示媒体的物理介质，如双绞线、同轴电缆、光纤、微波、电话线、电磁波、无线电波、红外线等。

例如，某人从因特网上下载了一部动画片保存到计算机的硬磁盘中，并播放该动画片。这个过程涉及的媒体类型包含：传输媒体(互联网的网络传输设备)、存储媒体(存储动画文件的硬磁盘)、感觉媒体(动画)、表示媒体(动画文件)和显示媒体(播放动画的显示器和扬声器)。

2. 多媒体

多媒体是指一种综合多种媒体的人机交互式信息传播与交流的媒体。更广泛地，可从两方面理解多媒体一词：一方面是指多种媒体信息的组合使用；另一方面是指多媒体信息处理的技术和手段。

多媒体信息的类型及特点如下：

(1) 文本：使用文字和各种专用符号对信息进行表示的形式。它是一种在现实生活中使用得最多的存储信息与传递信息的方式，是人和计算机进行信息交换的主要媒体。文本信息可以在文本编辑软件中进行处理。

在计算机中，文本主要包含以下两种形式。

① 非格式化文本：像 TXT 格式文本那样，字符大小固定，无排版功能，只能按一种形式和类型使用。

② 格式化文本：在文本上附加了一定的格式，可对文本进行各种格式上的编排，如字体、字号、格式、对齐方式、颜色等。存在很多文本编辑软件，如 Word、WPS 等。多媒体应用程序大都可以使用由它们处理好的文本文件。

(2) 音频：即声音，是多媒体中人们最熟悉、最方便的信息传递的媒体形式，包含语音、音乐、各种音响效果等。现实世界中的声音需要转化为数字信号，并经过压缩编码以后，才能被计算机接收和处理。常见的音频文件的格式包含 WAV(波形音频文件)、MIDI(数字音频文件)、WMA(微软音频)、MP3 等。

(3) 图形：也称为矢量图，是按照数学公式使用计算机计算得到的几何图形，图形的格式是一组描述点、线、面等几何图形的大小、位置、形状及其维数的指令集合。通过读取指令可将矢量图转换为输出设备上的图像进行显示。

(4) 图像：即位图，它是多媒体软件中最重要的信息表现形式之一，决定多媒体软件的视觉效果。图像是指通过扫描仪、数码照相机和数码摄像机等输入设备获取实际的场景画面，通过数字化后，以位图的形式进行存储的画面，它是真实物体重现的影像。

(5) 视频：由一组连续画面组成，与加载的同步声音一起呈现出动态的视听效果。视频具有时序性与丰富的信息内涵，类似于电影、电视、VCD 等，有声有色，在多媒体中扮演着重要的角色。主要的视频文件的格式包含 AVI、MOV、MPEG、RMVB、RM 等。

(6) 动画：利用人眼视觉暂留特性，快速播放多幅连续的、上下文相关的画面序列而产生的动态效果。序列中的每幅画面称为一"帧"(Frame)。如果每帧画面都是由计算机或人工生成的，该动态图像就称为动画；如果每帧画面为实时获取的自然景物或人物图像，该动态图像就称为视频。现在技术上能把捕捉的视频和动画结合在一起，形成混合运动图像。主要的动画文件的格式包含 FLIC、SWF、GIF、AVI 等。

3. 多媒体技术

多媒体技术(Multimedia Technology)是一种使用计算机技术，对多种媒体信息进行综合加工处理，以建立起它们之间的逻辑联系的具有人机交互作用的技术。其中，对媒体信息进行的加工处理包括输入、存储、压缩和解压缩、加密和解密、传输、显示等。

多媒体技术具有如下四个主要特性：

(1) 交互性。交互性是多媒体技术的关键特征。它能使用户更有效地实现对信息的控制与使用，加强对信息的注意与理解，使人们获得和利用信息的方式由被动变为主动。交互性是多媒体应用区别于传统信息交流媒体的主要特点之一。传统信息交流媒体只能单向地、被动地传播信息，而多媒体技术可以实现人对信息的主动选择和控制。例如，在多媒体远程计算机辅助教学系统中，学习者能够人为地修改教学过程，研究感兴趣的问题，从而得到新的领悟，其主动性、自觉性和积极性能够得到提高。利用多媒体的交互性激发学生的想象力，可以获得极其良好的效果。

(2) 多样性。多样性是多媒体技术最主要的特征，是指信息媒体的多样化或多维化，包含文本、音频、图形、图像、视频、动画等多种不同的媒体信息。多媒体技术能对多种不同的媒体信息进行综合处理，并将它们有机地结合在一起。

(3) 集成性。集成性是指将多种信息媒体进行有机组合，以计算机为中心对这些媒体进行综合处理，包含对它们进行获取、存储、组织与合成。集成性一方面指多媒体信息媒体的集成，另一方面也指多种技术的系统的集成。

(4) 实时性。实时性是指当用户给出操作命令时，会立刻得到相应的多媒体反馈信息。有些多媒体技术处理的信息必须得到实时处理，例如视频会议、新闻报道等需要得到及时的采集、处理和传输。

4. 多媒体计算机

多媒体计算机(Multimedia Computer)是指具有处理多种信息媒体功能的个人计算机。早期的计算机只能处理数字和文本信息，而现在的多媒体计算机则具有综合处理文本、声音、图形、图像、动画、视频等多种媒体的能力。

7.1.2 多媒体系统组成

多媒体系统是指利用计算机技术和数字通信网技术来处理和控制多媒体信息的系统。从狭义上分，多媒体系统就是拥有多媒体功能的计算机系统；从广义上分，多媒体系统就是集电话、电视、媒体、计算机网络等于一体的信息综合化系统。

多媒体系统由多媒体硬件系统和多媒体软件系统两部分组成。其中，硬件系统主要包括：多媒体外围设备、多媒体计算机硬件、多媒体 I/O 控制卡及接口；软件系统包括多媒体驱动软件、多媒体操作系统、多媒体数据处理软件、多媒体创作软件和多媒体应用软件。多媒体系统的具体层次结构如表 7-1 所示。

表 7-1 多媒体系统的组成结构

多媒体应用软件	第八层	
多媒体创作软件	第七层	
多媒体数据处理软件	第六层	软件系统
多媒体操作系统	第五层	
多媒体驱动软件	第四层	
多媒体 I/O 控制卡及接口	第三层	
多媒体计算机硬件	第二层	硬件系统
多媒体外围设备	第一层	

1. 多媒体硬件系统的组成

多媒体硬件系统主要包括多媒体主机、多媒体接口卡(视频卡、音频卡等)、多媒体外围设备、光盘存储器等。

1) 多媒体主机

在多媒体硬件系统中，计算机主机是基础性部件，是硬件系统的核心。主机可以是中型机、大型机、工作站等，目前更多的是多媒体计算机。由于多媒体系统综合了多种设备与媒体信息，因此计算机主机是决定多媒体性能的重要因素。这就要求主机应具有高性能的 CPU、高分辨率的显示设备、高容量的内/外存储器、宽带传输总线等。

2) 多媒体接口卡

多媒体接口卡是根据多媒体系统采集和编辑音/视频的需要，插接在计算机上，用以解决输入/输出各种媒体信息问题的接口卡。常用的接口卡包含音频卡、视频卡(视频压缩卡、视频捕捉卡、视频播放卡)、图形加速卡等。

(1) 音频卡。音频卡也称为声卡，如图 7-1 所示，它是最基本的多媒体语音处理设备，是计算机处理语音信号的适配器，通过插入主板扩展槽与主机相连。声卡上的 I/O 接口可以连接相应的 I/O 设备，例如麦克风、收录机、MIDI 设备、扬声器、音响设备等。声卡的基本功能是将话筒、激光唱机、录音机、电子乐器、磁带、光盘等输入的语音信号进行模/

数转换或压缩处理以后存储到计算机中，也可以将上面得到的数字信号经过解压缩、数/模转换后，传送到输出设备进行播放或录制。

图 7-1　声卡

声卡主要由音频 I/O 接口、数字信号处理器(Digital Signal Processor，DSP)、Wave 和 MIDI 合成器以及混音器所组成。音频 I/O 接口用于连接声卡与外围设备；数字信号处理器主要用于压缩和解压缩数字语音信号，处理文本朗读、语音识别等特殊的语音信号；Wave 合成器主要用于录制与播放语音信号，即进行模/数转换与数/模转换；MIDI 合成器主要用于播放 MIDI 文件；混音器用于混合输出各种语音信号源。

(2) 视频卡。视频卡是一种专门用于实时处理模拟视频信号的板卡，通过插入主板扩展槽与主机相连，通过配套的驱动软件和视频处理应用软件进行工作。视频卡上的 I/O 接口可以连接录像机、影碟机、摄像机、电视机等设备。视频卡的功能是采集来自输入设备的视频信号，并完成模/数转换、压缩处理以及将数字化的文件保存到计算机中。按照功能可以将视频卡细分为视频捕捉卡、视频处理卡、视频播放卡、TV 编码器等专用卡。

视频捕捉卡又称视频采集卡，是指将通过录像机、影碟机、摄像机、电视机等设备获取的模拟视频信号转换为数字视频信号，并以视频数据文件的形式存储到计算机硬磁盘中的设备，如图 7-2 所示。很多视频采集卡可以在捕捉视频信息的同时获得伴音，使音频部分和视频部分在进行数字化的时候同步保存与同步播放。

图 7-2　视频采集卡

（3）图形加速卡。显卡刚刚诞生的时候，人们把它称为图形加速卡，是因为一开始计算机的图形运算和数据运算都交由 CPU 完成，再由主板自带的数模转换器进行表现，后来出现了独立显卡，它接过来了一部分 CPU 处理计算机图形的任务，同时大幅度地提升了计算机图形运算的速度，所以在当时被称为图形加速卡，后来被俗称为显卡。

3）多媒体外围设备

多媒体外围设备十分丰富，其工作方式一般为输入和输出。按照功能可将其划分为以下四类。

（1）多媒体输入设备：数码摄像机、数码照相机、录像机、影碟机、扫描仪、传真机、录音机、话筒、录音笔等。

① 数码摄像机。数码摄像机简称 DV(Digital Video)，是一种使用数字视频的格式对音/视频信号进行记录的摄像机，如图 7-3 所示。数码摄像机在记录视频的时候采用数字信号处理的方式，它的核心部分就是对模拟视频信号进行相应的处理，而后转化为数字视频信号，并通过磁鼓螺旋扫描，将其记录在数据存储介质上。以上都是以数码的形式对视频信号进行转换和记录的。数码摄像机可以获得很高的图像分辨率，其色彩的亮度和带宽也远比普通的摄像机高。音/视频信息以数字化的方式进行存储，以便于进行下一步的加工和处理，可以直接在数码摄像机上完成视频的编辑和处理。

② 扫描仪。扫描仪是一种应用很广泛的计算机输入设备，它捕捉图像并将之转换为计算机能够显示、编辑、存储和输出的图像。扫描仪可以扫描照片、文本页面、图纸、美术图画、照相底片、菲林软件，甚至纺织品、标牌面板、印刷板样品等三维物体。扫描仪是一种利用光电技术与数字信号处理技术，采用扫描的方式把图形/图像模拟信号转换成数字信号的计算机外围设备。比较常见的扫描仪有平板扫描仪、滚筒式扫描仪(见图 7-4)与近几年才出现的手持式扫描仪(如图 7-5 所示)，较少见的有 3D 激光扫描仪(见图 7-6)。

图 7-3　数码摄像机

图 7-4　滚筒式扫描仪

图 7-5　手持式扫描仪

图 7-6　3D 激光扫描仪

扫描仪的主要性能指标包含：分辨率、颜色深度、灰度级、扫描速度和扫描幅面。

分辨率：也称为扫描精度，是扫描仪最主要的性能指标，它决定了扫描仪所记录图像的细致程度，单位为 dpi(dot per inch)，即在每英寸的长度上扫描图像所包含的像素个数。

通常扫描仪的分辨率在 300～2400 dpi 之间。dpi 数值越大，扫描的分辨率越高，扫描图像的质量越好。但这是有限度的，当分辨率大于某一个特定值时，只会使得图像文件增大而不易处理，并不能显著改善图像的质量。

颜色深度：体现彩色扫描仪所能产生的颜色范围，能够反映扫描图像的颜色逼真度，它是衡量一台扫描仪质量的重要性能指标。通常采用每个像素点颜色的数据位数，即比特 (bit) 数进行表示。比特数越多，表现的图像信息越复杂、越逼真。

灰度级：表示灰度图像亮度层次范围的性能指标，反映了扫描时由暗到亮层次范围的多少，具体地说就是扫描仪从纯黑到纯白之间平滑过渡的能力。灰度级越多，扫描仪图像亮度的范围越大，相对来说扫描所得结果的层次越丰富，效果越好。常见扫描仪的灰度级一般为 256 级(8 位)、1024 级(10 位)和 4096 级(12 位)。目前多数扫描仪的灰度级为 256 级。256 级灰阶可以真实地呈现出比肉眼能识别的层次更多的灰阶层次。

扫描速度：扫描一定图像所需要的时间。通常将扫描文件的速度达到每分钟 100 页以上的称为高速扫描仪，每分钟 60～100 页的称为中速扫描仪，每分钟 20～60 页的称为低速扫描仪。由于扫描仪是一个对光线敏感的设备，因此它的工作需要给予一定的曝光时间。如果要保证扫描图像的品质，就必须要有足够的曝光时间。扫描仪的工作速度不仅取决于设计结构，也和扫描仪的用途有关。因此，专业扫描仪注重的是扫描品质和扫描驱动软件所能提供的正确校正功能。

扫描幅面：扫描对象的最大尺寸，主要包含 A3 和 A4 两种。

(2) 多媒体输出设备：显示器、投影仪、扬声器、打印机、电视机、立体耳机、音响等。

(3) 人机交互设备：键盘、鼠标、触摸屏、绘图板、光笔、手写输入设备等。

(4) 数据存储设备：磁盘、光盘、U 盘、移动硬盘、闪存卡等。

4) 光盘存储器

光盘存储器(Optical Disk Memory，ODM)是用于记录的薄层涂覆在基体上构成的记录介质，具有存储密度高、存储容量大、盘片易于更换、工作稳定、寿命长、便于携带、价格低廉等优点，已经成为普遍使用的信息存储载体。

光盘存储技术是利用激光在光存储介质上进行数据读写的存储技术。这种存储介质最早是非磁性的，之后发展为磁性介质。光存储系统实质上是光盘驱动器和光盘的结合。光盘驱动器是专为光盘配套的驱动设备，用于读写信息，光盘则用于存储信息。

(1) 衡量光盘存储器的性能指标。衡量光盘存储器的性能指标主要包含存储容量、平均存取时间、数据传输率、缓存大小、误码率及平均无故障时间等。

① 存储容量是衡量光盘存储器性能的一个重要指标。存储容量是指在一个光盘存储器中能够容纳的二进制信息量，它反映了存储空间的大小，它的单位常用字节(Byte)数来表示。存储容量越大，光盘存储器的性能越好。

② 平均存取时间是指从计算机向光盘驱动器发出命令开始，到光盘驱动器在光盘上找到需要读/写信息的位置并接受读/写命令为止的一段时间。平均存取时间越小，光盘存储器的性能越好。

③ 数据传输率一般是指在单位时间内光盘驱动器读取出的数据量。该数值与光盘的转速和存储密度有关系。例如，单倍速(150 KB/s)、2 倍速(300 KB/s)、4 倍速(600 KB/s)等。

数据传输率越大，光盘存储器的性能越好。

④ 缓存大小是一个衡量光盘驱动器性能的重要指标。当光盘驱动器读取数据时，首先将数据暂时存储到缓存中，再进行传输。缓存容量越大，一次读取的数据量越大，获取数据的速度越快，光盘驱动器的性能越好。

⑤ 误码率(Symbol Error Rate，SER)是衡量在规定时间内数据传输精确性的性能指标。误码率＝传输中的误码数/传输的总码数×100%。如果存在误码，就会有误码率。另外，也有将误码率定义为误码出现的频率。采用复杂的纠错编码可以有效地降低误码率。存储数字或者程序对于误码率的要求比较高，存储图像或音频数据对于误码率的要求则比较低。

⑥ 平均无故障时间(Mean Time Between Failures，MTBF)是衡量光盘存储器可靠性的重要参数，在一定程度上能够反映光盘驱动器的性能和寿命。MTBF 是指光盘存储器平均能够正常运行多长时间才发生一次故障。平均无故障时间越长，光盘存储器的可靠性就越高。

(2) 光盘驱动器的划分。与光盘分类类似，可以把光盘驱动器划分为只读型光盘驱动器、可擦写型光盘驱动器和可重写型光盘驱动器三类。

① 只读型光盘驱动器，俗称光驱，即 CD-ROM 驱动器，目前广泛应用于多媒体计算机。只读型光盘驱动器在光盘制作的时候写入只读型的光盘数据，这种数据能被多次读出，但是不能被改变。

② 可擦写型光盘驱动器，俗称 CD-R 刻录机。厂家制作好可写型光盘(包含一次写入型光盘和可擦写光盘)之后，用户能使用该驱动器对其写入数据，以后还可以在空白部分追加新的数据，但是已经记录的数据不能再被修改。用户可以多次读出可写型光盘上的数据。

③ 可重写型光盘驱动器是一种对可擦写型光盘进行多次写入和多次读出的驱动器，使用它可对可擦写型光盘进行数据追加、删除和修改的操作。

(3) 常见 CD-ROM、CD-R、CD-RW 以及 DVD 介绍。

① CD-ROM(Compact Disc-Read Only Memory)光存储系统由 CD-ROM 驱动器和 CD-ROM 光盘组成。其中，CD-ROM 只读光盘中的数据是在制作光盘时采用专用设备一次性写入的，其中的数据只能读取，而无法改变。用户可使用 CD-ROM 驱动器从 CD-ROM 光盘上多次读出存储的数据。CD-ROM 要求的误码率为 $10^{-16} \sim 10^{-12}$。

刚产生 CD-ROM 时，其数据传输率为单倍速(150 KB/s)，即表示每秒光盘驱动器从光盘中读取出 150 KB 的数据。后来出现的 CD-ROM 的数据传输率都是单倍速的整数倍，如 12 倍速(12×150 KB/s ≈ 1.76 MB/s)，现在常用的光驱为 56 倍速，数据传输率约为 8.2 MB/s。

CD-ROM 驱动器为多媒体计算机带来了存储容量约为 650 MB 的价格便宜的设备，用于存储和读写文本、音频、图形、图像、视频、动画、程序、文件等资源，CD-ROM 光盘曾经得到了广泛的使用。

② CD-R(Compact Disc-Recordable)为一种记录式的光盘，其特点是写入 CD-R 光盘上的数据不能擦除，但允许在 CD-R 光盘的空白部分多次写入数据，即具有"有限次写，多次读"的特点。写入到 CD-R 光盘上的数据可以在 CD-ROM 驱动器上读出。CD-R 驱动器被称为光盘刻录机，通过光盘刻录机可将数据写到 CD-R 光盘上。

③ CD-RW(Compact Disc-Rewritable)为可重写光盘，又称为可擦写光盘刻录机，是一种可改写的 CD，类似于硬盘、U 盘、移动硬盘、闪存卡。与 CD-R 不同，改写性是 CD-RW 最大的优点。写入到 CD-RW 光盘上的数据不能在老的 CD-ROM 驱动器上读出，美国存储技术协会(OSTA)制定了 Multi-Read 规范解决了上述问题。

④ DVD(Digital Video Disc)被称为高密度数字视频光盘，是目前最常用的光盘产品。DVD 的存储容量比 CD 更大。标准的 DVD 光盘的存储容量为 4.7 GB，相当于 7 片 CD-ROM(650MB/片)的存储容量。虽然 DVD 的数据传输率也是以单倍速的整数倍来表示的，但是 DVD 光盘驱动器的单倍速是 1350 KB/s，是 CD-ROM 单倍速的 9 倍。现在，DVD 的数据传输率一般为 16 倍速(16×1350 KB/s≈21.09MB/s)。目前，DVD 刻录规格包含 DVD-RAM、DVD-R/RW、DVD+R/RW、DVD-Video、DVD-Audio、DVD Multi 和 DVD Dual。由于现在可读/写光盘驱动器以及可读写光盘 DVD-RW 的价格已经很便宜，因此使其得到了普及。

2. 多媒体软件系统

如果说多媒体硬件是多媒体系统的基础，那么多媒体软件就是多媒体系统的灵魂。多媒体软件的主要任务是把多媒体系统涉及的所有硬件有机地组织在一起，使用户能够方便、有效地使用多媒体信息。多媒体软件系统按照功能可分为多媒体系统软件和多媒体应用软件。

1) 多媒体系统软件

多媒体系统软件主要包括多媒体操作系统、多媒体驱动软件、多媒体数据处理软件和多媒体创作软件。

(1) 多媒体操作系统。多媒体操作系统是运行多媒体系统的基本环境，是多媒体的核心系统。它主要用于支持多媒体的输入/输出以及相应的软件接口，具有实时任务调度、多媒体信息转换和同步控制、对多媒体设备的驱动和控制以及图像用户界面管理等功能。多媒体操作系统一般是在已有的操作系统的基础上进行扩充、改造和升级的。例如：Intel/IBM 公司在 DVI(数字视频交互)系统开发中推出的 AVSS(音/视频子系统)和 AVK(音/视频核心系统)、Apple 公司在 System 7.0 中提供的 QuickTime 多媒体操作平台、Microsoft 公司在 PC 上推出的 Windows 系列操作系统等。

(2) 多媒体驱动软件。多媒体驱动软件是多媒体操作系统与多媒体设备之间的接口，主要用于告诉多媒体操作系统如何使用多媒体设备，而其他多媒体软件与用户可以通过多媒体操作系统具有的统一界面和接口来方便地使用多媒体设备。多媒体驱动软件能够直接与多媒体硬件进行通信，它主要完成多媒体设备的初始化、打开、关闭等各种操作以及基于硬件的压缩/解压缩、图像快速变换等基本硬件功能的调用等。

(3) 多媒体数据处理软件。多媒体数据处理软件是指用来对各种媒体信息进行采集、编辑、处理、转换、存储、输出等操作的软件。常见的多媒体数据处理软件有：

① 音频处理软件：Cool Edit Pro、GoldWave、Windows 录音机、Ulead Audio Editor、Adobe Audition、Cake Walk 等。

② 图形制作软件：AutoCAD、CorelDraw、Adobe Illustrator 等。

③ 图像处理软件：Photoshop、Fireworks、PageMaker、Windows 画图等。

④ 视频处理软件：Adobe Premiere、Ulead Media Studio、Ulead Video Editor、Ulead Video Studio(会声会影)、Windows Movie Maker 等。

⑤ 动画制作软件：Gilf Animation、Flash、3DS Studio Max、Maya、Cool 3D 等。

(4) 多媒体创作软件。多媒体创作软件又称为多媒体著作工具，是指多媒体专业人员在多媒体操作系统的基础上开发的供特定领域的专业人员进行多媒体应用开发的系统工具，它主要用于对各种媒体信息进行逻辑组合并赋予其控制功能。常见的多媒体创作软件包括：美国 Macromedia 公司的 Authorware、Director 和 Dreamweaver，方正奥思多媒体创作软件，国产洪图多媒体创作软件 Toolbook，Microsoft 公司的 Frontpage 和 PowerPoint 等。在多媒体教学过程中，经常使用这些软件来进行交互式多媒体课件的制作以及在线学习应用系统的开发。

2) 多媒体应用软件

多媒体应用软件也称为多媒体应用系统或多媒体产品，它是由各个应用领域的专家或开发人员使用多媒体编程语言或多媒体创作工具开发的直接面向用户的软件系统。它向用户提供了强大与丰富多彩的多种视听功能，例如：辅助教学软件、技术培训软件、视频会议系统、游戏软件、旅游观光软件、商用/家庭娱乐软件等。多媒体应用软件的使用，使计算机可以处理人类生活中最直接和最普遍的信息，从而使计算机的应用领域及其功能得到了极大的扩展。它使计算机系统的人机交互界面和手段变得更加友好和方便，非专业人员也可以很方便地使用与操作计算机。

7.1.3　多媒体关键技术

多媒体是多种信息媒体在计算机上的统一管理，它在很大程度上改变了人们的生产和生活方式，促进了社会发展。多媒体技术是在一定技术条件下的高科技产物，它是多种技术综合的结晶。它几乎涉及和信息技术相关的各个领域，是多种信息技术发展的必然结果。下面简要概述多媒体的关键技术。

1. 多媒体信息的采集与存储技术

随着近年来计算机技术的快速发展，多媒体信息的采集与存储技术也有了很大的提高。图像信息可以通过数码照相机、扫描仪等设备进行采集。语音信息可以通过声卡、声音编辑软件、MIDI 输入等设备进行采集。视频信息可以通过录像机、电视机、数码摄像机等设备进行采集。多媒体信息的存储从早期的光盘存储器(CD、VCD 和 DVD 光盘等)发展到当前主流的各种存储卡，例如，CF 卡、SM 卡、MS 卡、MMC 卡、SD 卡、TF 卡等，以及目前正在逐步流行起来的云存储。

2. 多媒体信息压缩技术

研制多媒体计算机需要解决的关键问题之一是应使计算机能够实现综合、实时地处理文本、声音、图像、视频等多种媒体信息。未经压缩的数字化媒体信息所占的存储空间巨大。例如，未经压缩的视频图像文件的数据量每秒约为 28 MB，播放一分钟立体声音乐大约需要 100 MB 的存储空间。视频和声音数据不仅需要较大的存储空间，还要求具有较快的数据传输率，这对目前的普通计算机来说很难胜任，因此多媒体信息压缩技术成为了多媒体技术中的核心技术。为了节省存储空间，提高数据传输率，必须对多媒体信息进行压缩编码处理。多媒体信息压缩编码技术的相关内容将会在 7.2 节介绍。

3. 多媒体专用芯片技术

多媒体技术的发展和超大规模集成电路(Very Large Scale Integrated Circuit，VLSIC)技术的发展密不可分。超大规模集成电路技术的进步使得价格低廉的数字信号处理器芯片的生产成为了可能，进而推动了多媒体应用的普及。就事务处理来说，如果多媒体计算机要快速、实时地完成音/视频信息的压缩/解压缩及其播放处理，图像许多特殊效果的实现，图像生成，图像绘制，音频信息处理等，则必须采用专用芯片才能取得满意的效果。

多媒体计算机的专用芯片可分为固定功能的芯片和可编程数字信号处理器芯片两类。

除了专用处理器芯片以外，多媒体系统还需要其他集成电路芯片的支持，例如：数/模(D/A)转换器、模/数(A/D)转换器、音/视频芯片、颜色空间变换器、时钟信号产生器等。

4. 多媒体操作系统

多媒体操作系统负责多媒体环境下的多任务调度，保证音/视频的同步控制和信息处理的实时性，管理多媒体信息，具有设备相对独立性与可扩展性，要求数据存取与数据格式无关，提供统一友好的界面。Microsoft 公司的 Windows、IBM 公司的 OS/2 和 Apple 公司的 Macintosh，都提供了对多媒体的支持。

5. 多媒体数据库技术

因为多媒体信息是结构型的，所以传统的关系数据库已经不再适用于多媒体信息的管理。从理论上讲，必须研究新的适用于多媒体信息的管理技术，因此，需要解决如下关键技术问题：多媒体数据模型、多媒体数据压缩/解压缩模式、多媒体数据管理以及存取方法、用户界面以及分布式技术。

6. 多媒体通信技术

多媒体通信要求系统能综合、实时地传输各种不同的媒体信息，而不同的媒体信息具有不同的特征。例如，音/视频信息具有较强的实时性，允许存在部分失真的信号，但对延迟却是零容忍；对文本信息而言，能容忍延迟，但却不允许错误出现。传统的通信方式各有各的优缺点，但是不能满足多媒体通信的要求。

多媒体通信技术完美地结合了多媒体技术和通信技术，使计算机的交互性、通信网络的分布性和广播电视的真实性紧密地结合在了一起，迅速地扩展了应用领域，例如：可视电话、视频会议、点播电视系统、交互式电视系统、远程教育系统、远程医疗诊断系统、远程图书馆、分布式多媒体信息系统、计算机支持的协同工作系统等。

多媒体通信的关键技术包括：多媒体数据的压缩/解压缩、多媒体数据混合传输技术、多媒体实时同步技术、协议和标准化。

宽带综合业务数字网(B-ISDN)是一个比较完整的解决多媒体数据传输问题的方法，其中异步传输模式(Asynchronous Transfer Mode，ATM)是该领域的一个重要成果。

7. 虚拟现实技术

虚拟现实(Virtual Reality，VR)技术是利用计算机技术生成一个具有逼真的三维视觉、听觉、触觉、嗅觉等的模拟现实环境，可以通过使用人类的自然技能及适当装置，交互体验这一虚拟的现实，从而得到与在相应的真实现实中相似或完全相同的体验结果的技术。虚拟现实技术往往需要借助于一些三维传感设备来完成交互体验，例如：立体头盔、数据手套、数据衣服、三维操纵器等。

虚拟现实技术融合了数字图像处理、计算机图形学、多媒体技术、人机交互技术、人工智能、计算机软硬件技术、传感器技术、机器人技术、心理学等领域的最新成果，提供了一种高级的人机交互接口，是多媒体技术发展的更高境界，同时也是当今计算机科学中最激动人心的研究课题之一。

8. 超文本与超媒体技术

超文本(Hypertext)技术产生于多媒体技术之前，随着多媒体技术的发展而大放异彩。超文本适用于表示多媒体信息，它是一种新颖的、有效的多媒体信息管理技术。超文本是一种非线性的网状链接结构，该结构主要由节点和链组成。节点是表达超文本信息的一个基本单位，它的大小可以发生改变，其中的内容可以是文本、图形、图像、音频、视频、动画等，也可以是一段程序。链在形式上是从一个节点指向另一个节点的指针，它表示不同节点之间存在的信息的联系。在不同的节点之间使用链进行连接以构成可以真正表达客观世界的多媒体应用系统。

超级媒体简称超媒体，是一种采用非线性的网状结构对包含文本、声音、图形、图像、视频等多媒体信息进行组织和管理的技术。超媒体在本质上和超文本一样，只不过超文本技术在诞生初期所管理的对象是纯文本，因此才被称为超文本。随着多媒体技术的兴起和发展，超文本技术管理的对象从纯文本扩展到多媒体，为强调管理对象的变化，因此产生了超媒体这个词。对超媒体进行管理和使用的系统称为超媒体系统，也就是浏览器，或称为导航图。

类似的，超文本系统是能对超文本进行管理和使用的系统。Web 系统是运行在 Internet 上的超文本系统，利用 Web 浏览器浏览网页实质上就是查看 Web 上的文档。在网页上担当超链接使命的主要是超文本标记语言(Hyper Text Markup Language，HTML)，它是标准通用标记语言下的一个应用。HTML 不是一种编程语言，而是一种标记语言(Markup Language)，是网页制作所必备的。

7.1.4 多媒体应用领域

多媒体技术是一个涉及面极广的综合性技术，非常具有开放性。多媒体技术的研究涉及计算机软/硬件、计算机网络、人工智能、电子出版等，其产业涉及教育培训、商业、出版业、影视娱乐业、计算机、广播电视、通信业、医疗行业等。因此，多媒体技术的应用领域极其广泛，已经渗透到了各行各业，发展前景十分广阔。

1. 教育和培训

教育和培训是多媒体技术最有前途的应用领域之一，世界各国的教育家们正在努力研究如何使用先进的多媒体技术来改进教学和培训。带有声音、图像、视频和动画的多媒体软件，不仅更能引起学生们的注意，也将会使学生有一种身临其境的感觉。多媒体技术能实现将过去的知识、别人的经验和体会变成仿佛学生们亲身经历过的一样，还可以将难于理解的、抽象的基本概念、基本原理转变为生动形象的图片，有利于激发学生们的学习积极性与主动性，提高教学质量。此外，在行业培训方面，用于军事、体育、医学、航天、驾驶等方面的多媒体培训系统不仅提供了生动的场景和画面，而且能够设置各种复杂的环境和情景，非常利于培训的开展和进行。

慕课(Massive Open Online Course，MOOC)是互联网技术和多媒体技术结合的大规模开放在线课程，以其规模化、便捷性、时效性等优点，受到了很多教师与学生的认可。MOOC以连通主义理论和网络化学习的开放教育学为基础，在教育和培训中得到了广泛的应用。

MOOC的所有课程不是通过搜集得到的，而是一种将分布于世界各地的授课者和学习者通过某一个共同的话题或主题联系起来的方式或方法。尽管这些课程通常对学习者并没有特别的要求，但是所有的MOOC会以每周研讨话题的形式提供一种大体的时间表，其余的课程结构也是最小的，通常会包括每周一次的讲授、研讨问题、阅读建议等。每门课都有频繁的小测验，有时还有期中考试和期末考试。

MOOC主要包含以下三个特点：

(1) 大规模。与传统课程只有几十个或几百个学生不一样，一门MOOC课程动辄上万人，最多能够达到16万人。只有这些课程是大型的或者叫大规模的，它才是典型的MOOC。

(2) 开放性。MOOC以兴趣为导向，凡是想学习的，都可以进来学，不分国籍，只需一个邮箱就可注册参与。只有当这些课程是开放的，它才可以称之为MOOC。

(3) 在线性。MOOC课程材料散布于互联网上，学习在网上完成，上课不受时空限制，只需要一台电脑和网络连接即可花最少的钱享受一流课程。

优秀的MOOC平台有中国大学MOOC、MOOC学院、学堂在线、慕课网、酷学习等。

2. 商业和出版业

在商业上，多媒体可用于商品展览和展示。例如：百货公司利用多媒体可以让消费者通过触摸屏了解商场中商品的具体形态，从而起到商品广告、导购、指导消费的作用。

出版商可以通过多媒体把一些历史人物、采访录像、文学传记、剧情评论等信息保存到电子出版物中发行，从而使用户能够方便地阅读和复制其中的内容，把它们排版到报纸、杂志或文章中。利用这种方法在网络上进行宣传，可以有效地提高某个人物或某本著作的知名度。

3. 影视娱乐业

随着数据压缩技术的改进与发展，数字电影从低质量的VCD很快上升到高质量的DVD，数字电视也得到了广泛的普及和应用。数字电视的到来，使电视的概念得到了进一步的拓展：不仅可以像以往一样收看节目，还可以自己点播，不受时间和内容的限制。

多媒体计算机的虚拟世界为游戏创造了一个更自由的娱乐空间。计算机游戏得到了快速的普及，同时推动了游戏产业的迅猛发展。到现在，计算机游戏已经发展为娱乐行业的支柱。

此外，多媒体技术在影视娱乐业的主要应用还体现在卡通混编特技、演艺界MTV特技制作、三维成像模拟特技等方面。

4. 医疗领域

以多媒体为主题的医疗信息系统已经能够使医生即使身处千里之外，也可以为病人看病。病人不仅可以如身临其境般地接受医生的询问和诊断，还可以从计算机中及时得到处方。因此，不管医生在哪里，只要家里的多媒体计算机已经联网，人们在家里就能从医生那里得到健康教育及医疗等指导。

在医院，专家们使用终端与医疗信息中心相连，就能够得到所医治的患者的详细资料，以此作为医疗以及手术方案确定的依据。这不仅能为危重病人获得宝贵的时间，同时也能节省专家们大量的时间与精力。实习医生和年轻医生还可以使用多媒体软件学习人体组织、结构及临床经验等。

5. 视频会议系统

随着多媒体通信技术和视频图像数字化技术的发展，计算机技术和通信网络技术的结合，视频会议系统成为一个最受关注的应用领域。与电话会议系统相比，视频会议系统能够传输实时图像，使与会者具有身临其境的感觉。但要使视频会议系统实用化，必须解决相关的图像压缩、传输、同步等问题。

6. 人工智能模拟领域

人工智能是一门主要研究如何使用计算机多媒体技术完成需要人类脑力劳动才能完成的工作，或者研究如何借助多媒体计算机的软/硬件系统模拟人类的智能行为的基本理论、基本方法、技术与应用系统的新兴技术科学。例如：进行军事领域的作战指挥和作战模拟、飞行模拟、利用机器人协助人类进行工作(生产业、建筑业或其他行业的危险工作)等。

7. 办公自动化

多媒体在办公自动化方面的应用主要体现在声音信息和图像信息的处理上。采用语音自动识别系统可以将语音转换成相应的文字，同时又能将文字翻译成为语音。通过光学字符识别(Optical Character Recognition，OCR)系统能够自动输入手写的文字，并以文字的格式进行存储。

8. 广播电视、通信领域

多媒体技术、通信技术和计算机网络技术进行融合是现代通信发展的必然要求。多媒体通信技术能够将电视、电话、图文传真、照相机、录像机、摄像机、音响等各种电子产品与计算机进行融合，完成多媒体信息网络传输、音频播放、视频显示等功能。目前，多媒体技术在广播电视和通信领域已经获得了很多新进展，多媒体视频会议系统、多媒体交互式电视系统、多媒体电话、远程教学系统、公共信息查询系统等一系列应用正在影响和改变着人们的生活。

9. 多媒体作品创作

多媒体技术的应用为某些珍贵艺术品的保存和复制提供了最好的方式，还能为一般的创作人员提供使用计算机创作多媒体作品的方法，例如：制作 MIDI 音乐、设计电影特技镜头、模拟音响效果等。

10. 增强现实技术

增强现实技术(Augmented Reality，AR)是一种实时计算摄影机影像的位置以及角度并加上相应的图像技术，其目标是在屏幕上把虚拟世界与现实世界融合起来并进行一定的互动。增强现实技术，不仅展现了真实世界的信息，而且将虚拟的信息同时显示出来，两种信息相互叠加、相互补充。在视觉化的增强现实中，用户利用头盔显示器把真实世界与计算机图形重合在一起，便可以看到真实的世界围绕着它。增强现实技术包括多媒体、三维建模、实时视频显示及控制、多传感器融合、实时跟踪及注册、场景融合等新的技术和手段，它提供了在一般情况下不同于人类可以感知的信息。

7.2 多媒体处理基础

7.2.1 声音处理基础

1. 声音的基本概念

声音是因物体的振动而产生的一种物理现象，振动使物体周围的空气绕动而形成声波，声波以空气为媒介传入人们的耳朵，于是人们就听到了声音。根据物理学原理，声音是一种在时间和幅度上都是连续的波形信号，是一种模拟信号，它不能由计算机直接处理。为了使之能够利用计算机进行存储、编辑和处理，必须对声音进行模/数转换，即将连续的声音波形转变为离散的数字量，这项工作由声卡完成。这种声音信号数字化的过程需要三个步骤：采样、量化和编码。

(1) 采样。采样就是按一定的时间间隔将声音波形在时间轴(横轴)上进行分割，把时间和幅度上都是连续的模拟信号转化成时间上离散、幅度连续的信号。该时间间隔称为采样周期，其倒数称为采样频率。

(2) 量化。采样只实现模拟信号连续时间的离散化，而连续幅度的离散化可通过量化来实现，即把采样后在幅度轴上连续取值(模拟量)的每一个样本转换为离散值(数字量)表示。

(3) 编码。经过采样和量化处理后的声音信号已经是数字形式了，但为了便于计算机进行存储、处理和传输，还必须采用一定的压缩编码算法(如 PCM、ADPCM、MP3、RA 等)进行压缩，以减少数据量，再按照某种规定的格式将数据组织成文件。

对模拟音频信号进行采样、量化和编码后，得到数字音频，数字音频的质量取决于采样频率、量化位数和声道数三个因素。

(1) 采样频率。采样频率是指在一秒钟的时间内对声音进行采样的次数。采样频率越高，即采样的间隔时间越短，则在单位时间内，计算机得到的声音样本数据就越多，对声音波形的表示越精确，声音的保真度也越高，所要求的存储空间也越大。频率以 Hz(赫兹)为单位，人耳所能听到的声音频率的范围为 20 Hz～20 kHz。根据奈奎斯特(Nyquist)采样理论，为了保证数字音频在还原时不失真，理想的采样频率应大于人耳所能听到的最高声音频率的两倍，也就是说理想的采样频率至少应该大于 40 kHz。所以目前流行的采样频率 44.1 kHz(声卡)，可以达到相当好的保真度。在计算机多媒体音频处理中，标准的采样频率为 11.025 kHz(语音效果)、2.05 kHz(音乐效果)和 4.1 kHz(高保真效果)。在当今的主流声卡上，采样频率一般分为 22.05 kHz、44.1 kHz 和 48 kHz 三个等级。22.05 kHz 只能达到 FM

广播的声音品质，44.1 kHz 则是理论上的 CD 音质界限，而 48 kHz 则是非专业声卡的最高采样率，专业声卡则可高达 96 kHz 及以上。对于高于 48 kHz 的采样频率，人耳已很难辨别出来，所以在计算机上没有多少使用价值。

(2) 量化位数。量化位数是描述每个采样点样值的二进制位数，也称为量化精度，表示的是声音振幅的量化精度，以位(bit)为单位。例如，每个声音样本若用 16 bit 表示，则每个采样值的取值范围是 0～65 535(共 2 的 16 次方)。量化精度越高，音质越细腻，声音的质量越好，需要的存储空间也越多。常用的量化位数为 8 位、12 位和 16 位。如今市面上的主流产品是 16 位的声卡，专业级别使用的是 24 位甚至 32 位。应该说 16 位的量化精度对于一般用户使用电脑多媒体音频而言已经绰绰有余了。

(3) 声道数。反映数字音频质量的另一个因素是声道(或通道)数。声道数是指一次采样所记录产生的声音波形个数。记录声音时，如果每次只生成一个声波数据，则称为单声道；每次生成两个声波数据，并在录制的过程中分别分配到两个独立的声道输出，则称为双声道(立体声)。显然立体声听起来比单声道更具空间感。随着声道数的增加，所占用的存储容量也成倍增加。目前常用的声道数有单声道、双声道(立体声)和六声道(5.1 环绕立体声)。

采样频率、量化位数和声道数的值越大，形成的数字音频文件也就越大。数字音频文件的存储量以字节为单位，模拟波形声音被数字化后音频文件的存储量(假定未经压缩)为

$$存储量(字节) = 采样频率(Hz) \times \frac{量化位数}{8} \times 声道数 \times 时间(秒)$$

例如，用 48 kHz 的采样频率进行采样，量化位数选用 24 位，则录制 3 分钟的立体声节目大约需要 49 MB 的存储空间，其波形文件所需的存储量计算如下：

$$48\,000 \times \frac{24}{8} \times 2 \times 180\,\text{B} = 51\,840\,000\,\text{B} \approx 49.44\,\text{MB}$$

由此可见，对音频进行数字化要占用很大的空间，因此，很有必要对数字音频进行压缩。

2. 常见的音频文件格式

1) WAV 格式

WAV 格式是微软公司开发的一种声音文件格式，也叫波形声音文件，是最早的数字音频格式，被 Windows 平台及其应用程序广泛支持。WAV 格式支持许多压缩算法，支持多种音频位数、采样频率和声道，采用 44.1 kHz 的采样频率，16 位量化位数，是数字音频技术中最常用的格式，还原的音质较好，但它是未经压缩的格式，所需的存储空间较大。WAV格式文件的扩展名是 .wav。

2) MIDI 格式

MIDI(Musical Instrument Digital Interface)又称为乐器数字接口，是数字音乐/电子合成乐器的统一国际标准。它定义了计算机音乐程序、数字合成器及其他电子设备交换音乐信号的方式，规定了不同厂家的电子乐器与计算机连接的电缆和硬件及设备间数据传输的协议，可以模拟多种乐器的声音。MIDI 文件就是 MIDI 格式的文件，在 MIDI 文件中存储的

是一些指令，可以通过把这些指令发送给声卡，再由声卡按照指令将声音合成出来。MIDI格式文件的扩展名是 .mid。

3) WMA 格式

WMA(Windows Media Audio)是微软在互联网音频、视频领域的力作。WMA 格式以减少数据流量，但保持音质的方法来达到更高的压缩率，其压缩率一般可以达到 1:18。此外，WMA 还可以通过加入 DRM(Digital Rights Management)方案防止拷贝，或者加入播放时间和播放次数的限制，甚至是播放机器的限制，可有效地防止盗版。WMA 格式文件的扩展名是 .wma。

4) CD-DA 格式

CD-DA 是精密光盘数字音频(Compact Disc-Digital Audio)的缩写，在 1979 年由 Philips 和 Sony 公司结盟联合开发，它就是现在的标准音频 CD。其采样频率为 44.1 kHz，16 位量化位数。虽然 CD-DA 的采样频率和量化位数与 WAV 一样，但 CD-DA 存储采用了音轨的形式，又叫"红皮书"格式，记录的是波形流，是一种近似无损的格式，因此它的声音基本上是忠于原声的。CD-DA 格式的文件扩展名是 .cda。

5) MP3 格式

MP3 全称是 MPEG-1 Audio Layer 3，它在 1992 年合并至 MPEG 规范中。MP3 能够以高音质与低采样率对数字音频文件进行压缩。需要注意的是，MPEG 音频文件的压缩是一种有损压缩，它牺牲了声音文件中 12～16 kHz 高音频部分的质量来换取文件的尺寸。相同长度的音乐文件，用*.mp3 格式来储存，一般只有*.wav 文件的 1/10～1/15，而音质要次于 CD-DA 格式或 WAV 格式的声音文件。因为其文件尺寸小、音质好，所以直到现在，这种格式的音乐还作为主流音频格式的地位存在。

MP3 格式的文件扩展名是 .mp3。

7.2.2　图像处理基础

1. 图像的基本概念

"图像"一词主要来自西方艺术史译著，通常指 image、icon、picture 和它们的衍生词，也指人对视觉感知的物质再现。图像可以由光学设备获取，如照相机、镜子、望远镜、显微镜等；也可以人为创作，如手工绘画。图像可以记录与保存在纸质媒介、胶片等对光信号敏感的介质上。随着数字采集技术和信号处理理论的发展，越来越多的图像以数字形式存储。因而，有些情况下，"图像"一词实际上是指数字图像，本节中主要探讨的也是数字图像的处理。

数字图像(或称数码图像)是指以数字方式存储的图像。将图像在空间上离散，量化存储每一个离散位置的信息，这样就可以得到最简单的数字图像。一般，这种数字图像的数据量很大，需要采用图像压缩技术以便能更有效地将其存储在数字介质上。所谓数字图像艺术，是指艺术与高科技结合，以数字化的方式和概念所创作出的图像艺术。它可分为两种类型：一种是运用计算机技术及科技概念进行设计创作，以表达属于数字时代价值观的图像艺术；另一种则是将传统形式的图像艺术作品以数字化的手法或工具表现出来。

2. 图像文件的属性

1) 像素

像素是图像的基本单位。图像是由许多个小方块组成的，每一个小方块就是一个像素，每一个像素只显示一种颜色，它们都有自己明确的位置和色彩数值。这些小方块的颜色和位置决定了该图像所呈现的样子。如果文件包含的像素越多，则文件的容量就越大，图像的质量就越好。

2) 分辨率

分辨率用于衡量图像细节的表现能力，在不同的图形、图像、文字等描述中，分辨率是一个被误解、混用最多的概念之一。这是因为这个词能适用于各种不同的场合，而每个场合都有各自特定的含义。根据不同的使用场合，可以将分辨率划分为屏幕分辨率、图像分辨率和输出分辨率。

(1) 屏幕分辨率：即常见的支持图像生成或显示的设备屏幕分辨率，是指构成该显示设备的水平像素和垂直像素的总数，如显示器的屏幕分辨率为 1920 像素 × 1080 像素。

(2) 图像分辨率：图像中存储的信息量，即图像中单位面积内像素的个数，通常用像素/英寸(pixels/inch)来表示，即 ppi。分辨率的高低直接影响图像的效果，使用太低的分辨率会导致图像粗糙，而使用较高的分辨率则会增加文件的大小，如图 7-7 所示。

(a) 高分辨率　　　　　　　　　　　　　(b) 低分辨率

图 7-7　高低分辨率对比图

(3) 输出分辨率：各类设备输出每英寸内容所包含的点数，单位是 dpi(dot per inch)。所谓最高分辨率就是指打印机或输出设备所能输出的最大分辨率。输出的分辨率与制作文件的尺寸大小、精度等参数有关。例如，印刷彩色图像(高档彩色印刷)时分辨率一般为 300 像素/英寸(300 像素/英寸以上的图像可以满足任何输出要求)；设计报纸广告(报纸插图)时，分辨率一般为 150 像素/英寸；大型灯箱喷绘图像不低于 30 像素/英寸。

3) 颜色深度

颜色深度也称为位深，是指表示一个像素所需的二进制数的位数，以比特(bit)作为单位。颜色深度一般写成 2 的 n 次方，其中，n 代表位数，它反映了构成图像颜色的总数，位数越高，图像的颜色越丰富。当用 1 位二进制数表示像素时，即单色(黑白)图像，这时只有黑色与白色两种颜色；当用 8 位二进制数表示像素时，即灰度图像，它可以由 0～255 种不同的灰度值来表示图像的灰阶；当位数达到 24 位时，可以表现出约为 1678 万种不同的颜色。一般认为当采用 24 位颜色深度时，就已经达到人眼分辨能力的极限，因此 24 位颜色也称为真彩色。

4) 图像数据的容量

通过扫描生成一幅图像时，实际上就是按一定的图像分辨率和图像深度对模拟图片或照片进行采样，从而生成一幅数字化的图像。如果图像的分辨率越高，图像深度越深，则数字化后的图像效果越逼真，图像数据量也越大。按照像素点及其深度映射的图像数据量可用下面的公式来估算：

$$图像数据量(字节) = 图像总像素数 \times \frac{颜色深度}{8}$$

例如：一幅 640 × 480 的真彩色的图像，其文件大小为

$$640 \times 480 \times \frac{24}{8} \, B = 921600 \, B \approx 0.88 \, MB$$

3. 位图与矢量图

在计算机中，图像以数字化的方式进行记录、处理和保存。图像也可以称为数字化图像。根据存储方式的不同，计算机中的图像通常被分为位图图像和矢量图形。了解和掌握两类图像之间的差异，对于创建、编辑和导入图像都大有裨益。

1) 位图

位图图像又叫栅格图像(像素图)，如图 7-8 所示，它是由很多色块(像素点)组成的图像。一个像素点是图像中最小的图像元素，如图 7-9 所示。位图的大小和质量取决于图像单位面积上的像素点的数量。对于位图图像来说，组成图像的色块越少，图像就会越模糊；组成图像的色块越多，图像就越清晰，但存储文件时所需要的存储空间也会比较大。

图 7-8　位图

图 7-9　位图像素点

2) 矢量图

矢量图又称为向量图(面向对象绘图)，是用数学方式描述的线条和色块组成的图像，它们在计算机内部表示成一系列的数值而不是像素点，如图 7-10 所示。

这种保存图形信息的方法与分辨率无关，当对矢量图进行缩放时，图形仍能保持原有的清晰度，且色彩不失真，如图 7-11 所示，缺点是不易制作色调丰富或色彩变化太多的图像。

矢量图形的大小与图形的复杂程度有关，即简单的图形所占用的存储空间较小，复杂的图形所占用的存储空间较大。如 CorelDRAW、Illustrator 绘图软件创建的图形都是矢量图，适用于编辑色彩较为单纯的色块或文字，如标志设计、图案设计、文字设计、版式设计等。

图 7-10　矢量图

图 7-11　放大矢量图后的局部效果图

位图与矢量图各有千秋，不能一概而论。位图常见于数码照片和数字绘画，表现出来的效果会更加细腻真实。矢量图常用于设计领域，如室外大型喷绘、标志或 Flash 动画等，放大后不会失真。

位图与矢量图的主要区别如表 7-2 所示。

表 7-2　位图与矢量图对比表

类　型	位　　图	矢　量　图
文件内容	由像素组成的，用若干位来定义图中每个像素点的颜色	用矢量表示图的轮廓，用数学公式描述图中所包含的直线段、曲线段、圆弧等图形的形状
放大	模糊、失真	依然清晰
图像	较为逼真，色彩丰富，形象逼真，编辑较困难	不太逼真，易于编辑，色彩比较单一
显示速度	一般较快，但与组成图的数量有关	图越复杂，需执行的指令越多，显示越慢
文件大小	相对较大	相对较小

4. 常见的图像颜色模式

颜色模式是指在同一属性下不同颜色的集合，它使用户在使用不同颜色进行显示、印刷或打印时，不必重新调配颜色而直接进行转换和应用(图像/模式)。计算机软件为用户提供的主要颜色模式包含：RGB 模式、CMYK 模式、灰度模式、HSB 模式、Lab 模式等。每一种模式都有自己的优缺点，都有自己的适用范围。

(1) RGB 模式：R(红)、G(绿)、B(蓝)是色光的色彩模式，如图 7-12 所示。该模式俗称三基色(三原色)或光学模式(加色模式)，大多数显示器、投影设备以及电视机均采用此种色彩模式。三种基本颜色的取值范围都是 0～255，三种色彩相互调和就能形成 1670 多万种(2^{24})颜色，也就是真彩色；当三种颜色完全叠加时，即 R、G、B 三个分量的值都是 255 时，产生白色；当 R、G、B 三个分量的值都是 0 时，产生黑色；当 R、G、B 三个分量的值均相等时(除 0、255 数值以外)，

图 7-12　RGB 色相环

产生灰色。

就编辑图像而言，RGB 色彩模式是最佳的。但是如果将 RGB 模式用于打印，就不是最佳的模式了。因为 RGB 模式所提供的有些色彩已经超出了打印的范围，因此在打印一幅真彩色的图像时，就必然会损失一部分亮度，并且比较鲜艳的色彩肯定会失真。这主要是因为打印所用的是 CMYK 模式，而 CMYK 模式所定义的色彩要比 RGB 模式定义的色彩少许多。

(2) CMYK 模式：C(青色)、M(品红色)、Y(黄色)、K(黑色)，如图 7-13 所示。该模式又称四色印刷模式，表现的是阳光照射到物体上，经物体吸收一部分颜色后，反射而产生的色彩，因此又称减色模式，这是与 RGB 模式的根本不同之处。CMYK 模式是针对印刷的一种颜色模式，被广泛应用于印刷、制版行业。四种基本颜色的取值范围都是 0%～100%。

图 7-13　CMYK 色彩图

(3) 灰度模式：该模式下的图像文件中只存在颜色的明暗度，而没有色相、饱和度等色彩信息(颜色三要素)。它的应用十分广泛，在成本相对低廉的黑白印刷中，许多图像文件都是采用灰度模式的 256 个灰度色阶(0～255，8 位，$2^8 = 256$)来模拟色彩信息的，它可以使图像的过渡更加平滑细腻。灰度模式也是一种能让彩色模式转换为位图的过渡模式。

(4) HSB 模式(H 表示色相，S 表示饱和度，B 表示亮度)：根据日常生活中人眼的视觉特征而制定的一套色彩模式，最接近于人类辨认色彩的方式。

色相，即各类色彩的相貌称谓，是色彩的首要特征，是区别各种不同色彩的最准确的标准。在 0°～360°的标准色轮上，色相是按位置计量的。在通常的使用中，色相由颜色名称标识，比如红色、橙色或绿色等。

饱和度是指颜色的强度或纯度，用色相中灰色成分所占的比例来表示，0%为纯灰色，100%为完全饱和。在标准色轮上，从中心位置到边缘位置的饱和度是递增的。

亮度是指颜色的相对明暗程度，通常将 0%定义为黑色，100%定义为白色。

HSB 色彩模式比前面介绍的两种色彩模式更容易理解。但由于设备的限制，在计算机屏幕上显示时，要转换为 RGB 模式，作为打印输出时，要转换为 CMYK 模式。这在一定程度上限制了 HSB 模式的使用。

(5) Lab 模式(L 表示亮度，a 表示深绿色—灰色—亮粉红色，b 表示亮蓝色—灰色—黄色):又称为标准色模式,它是 CIE 组织确定的一个理论上包括了人眼可以看见的所有色彩的色彩模式,也是由 RGB 模式转换为 CMYK 模式的中间模式。它的特点是在使用不同的显示器或打印设备时,所显示的颜色都是相同的。

5. 常见的图像文件格式

1) BMP 格式

BMP(Bitmap)格式是标准的 Windows 及 OS/2 的图像文件格式,是 Windows 环境下最不容易出错的文件保存格式。它的色彩深度有 1 位、4 位、8 位及 24 位几种格式。BMP 格式是应用比较广泛的一种格式。由于采用非压缩格式,所以图像质量较高,但缺点是这种格式的文件占空间比较大,通常只能应用于单机上,不适用于网络传输,一般情况下不推荐使用。BMP 格式的图像扩展名是 .bmp。

2) JPEG 格式

JPEG(Joint Photographic Experts Group,联合摄影专家组)格式是常见的一种图像格式。其最大特色是文件比较小,经过高位率的压缩,是目前所有格式中压缩率最高的,被大多数的图形处理软件所支持。但是 JPEG 格式在压缩保存的过程中会以失真的方式丢掉一些数据,因而保存后的图像与原图有所差别,降低了原图像的质量。JPEG 格式的图像扩展名是 .jpg。

3) TIFF 格式

TIFF(Tag Image File Format,有标签的图像文件格式)是一种通用的图像文件格式,适用于不同的应用程序及平台,它最初由 Aldus 公司与微软公司一起为 PostScript 打印开发。TIFF 用于存储包含照片和艺术图在内的图像,它和图形媒体之间的交换效率很高,并且与硬件无关,是应用最广泛的点阵图格式,是最佳的无损压缩选择之一。TIFF 格式具有图形格式复杂、存储信息多的特点,几乎所有的扫描仪和多数图像处理软件都支持这一格式。TIFF 格式的图像扩展名是 .tif。

4) GIF 格式

GIF(Graphics Interchange Format)的原意是"图像互换格式",是 CompuServe 公司在 1987 年开发的图像文件格式。GIF 格式是一种流行的彩色图形格式,常应用于网络。GIF 是一种 8 位彩色文件格式,它支持的颜色信息只有 256 种,不支持真色彩。因为 GIF 格式的特点是压缩比高,占用磁盘空间较少,所以这种图像格式迅速得到了广泛的应用。GIF 格式的图像扩展名是 .gif。

5) PDF 格式

PDF(Portable Document Format,便携文档格式)是 Adobe 公司开发的用于 Windows、Mac OS、UNIX(R)和 DOS 系统的一种电子出版软件的文档格式。该格式源于 PostScript Level2 语言,因此可以覆盖矢量式图像和点阵式图像,且支持超链接,文件体积较大。PDF 格式是 Photoshop 的默认格式,在 Photoshop 软件中,这种格式的存取速度比其他格式都要快,功能也很强大。由于 Photoshop 软件越来越广泛的应用,因此该格式也逐渐流行起来,它支持 Photoshop 软件的所有图像模式,可以存放图层、通道、遮罩等数据,便于使用者反复修改，但是此格式不适用于输出(打印、与其他软件的交换)。

6) PNG 格式

PNG(Portable Network Graphics)格式是一种新兴的网络图像格式，广泛应用于网络图像的编辑。PNG 是目前最不失真的格式，它汲取了 GIF 和 JPEG 二者的优点，存储形式丰富，兼有 GIF 和 JPEG 的色彩模式。它不同于 GIF 格式图像，除了能保存 256 色外，还可以保存 24 位的真彩色图像。它的另一个特点是能把图像文件压缩到极限以利于网络传输，但又能保留所有与图像品质有关的信息。PNG 是采用无损压缩的方式来减少文件的大小的，这一点与通过牺牲图像品质以换取高压缩率的 JPEG 有所不同。PNG 是 Macromedia 公司的 Fireworks 软件的默认格式。PNG 格式的图像扩展名是 .png。

7) 其他格式

除以上格式外，EPS(Encapsulated PostScript)格式也应用得非常广泛，可以应用于绘图或排版，是一种 PostScript 格式。它最大的优点是可以在排版软件中以低分辨率预览，将插入的文件进行编辑和排版，而在打印或出胶片时以高分辨率输出，做到工作效率与输出图像的质量两不误。WMF 格式即图元文件，它是微软公司定义的一种 Windows 平台下的图形文件格式，Office 组件专用的 WMF 剪贴画文件格式，扩展名包括 .wmf 和 .emf 两种。DXF(Autodesk Drawing Exchange Format)是 AutoCAD 中的矢量文件格式，它以 ASCII 码方式存储文件，在表现图形的大小方面十分精确。许多软件都支持 DXF 格式的输入与输出。PCX 格式是 ZSOFT 公司在开发图像处理软件 Paintbrush 时开发的一种格式，这是一种经过压缩的格式，占用磁盘空间较少。由于该格式出现的时间较长，并且具有压缩及全彩色的能力，所以现在仍比较流行。

7.2.3 视频处理基础

1. 视频的基本概念

视频(Video)由一幅幅单独的画面(称为帧，Frame)序列组成，这些画面以一定的速率(单位：fps，即每秒播放帧的数目)连续地投射在屏幕上，与连续的音频信息在时间上同步，使观察者具有对象或场景在运动的感觉。所以就其本质而言，视频是内容随时间变化的一组动态图像，所以视频又叫运动图像或活动图像。

视频与图像是两个既有联系又有区别的概念：静止的图片称为图像(Image)，运动的图像称为视频(Video)。视频与图像两者的信号源不同，视频的输入靠摄像机、录像机、影碟机以及可以输入连续图像信号的设备；图像的输入靠摄像头、扫描仪、数码照相机等设备。

按照视频存储和处理方式的不同，可将其划分为模拟视频和数字视频两大类。

1) 模拟视频(Analog Video)

模拟视频基于模拟技术，以电信号的方式传输动态的画面和声音，它随时间发生连续的变化。在数字电视技术出现之前的电视就是一种模拟视频，这些视频要能够被记录、存储和传播，则必须遵循一定的标准。目前世界上现行的彩色电视制式的标准主要有

NTSC 制、PAL 制和 SECAM 制三种，在这些标准中规定了扫描方式、帧频以及颜色模型等信息。

(1) NTSC(National Television Standards Committee)制。NTSC 制是美国国家电视标准委员会在 1953 年定义的彩色电视广播标准，又称为正交平衡调幅制。NTSC 制帧频为 30 帧/秒。美国、加拿大等大部分西半球国家，以及日本、韩国、菲律宾等国家和地区采用这种制式。

(2) PAL(Phase-Alternative Line)制。PAL 制是德国(当时的西德)于 1962 年制定的彩色电视广播标准，又称为逐行倒相正交平衡调幅制。PAL 制的帧频为 25 帧/秒。德国、英国等一些西欧国家，以及中国、朝鲜等国家采用这种制式。

(3) SECAM(法文 Sequential Coleur Avec Memoire)制。SECAM 制是由法国制定的彩色电视广播标准，又称为顺序传送彩色与存储制。

模拟视频具有成本低和还原度好等优点，但它在存储和传输效率上存在很大的缺陷。在模拟视频中不论被记录的图像多么清晰，在经过一段时间的存放之后，或者经过长距离的传输和多次复制之后，视频质量都将大为降低，图像的失真将变得很明显。

2) 数字视频(Digital Video)

计算机处理的是数字视频。数字视频有两种获取方式：一是将模拟视频信号经过数字化转换为数字视频产品；二是指数字摄像机拍摄的视频信号。

模拟视频转换为数字视频必须经过数字化(视频捕捉)。视频的数字化和音频的数字化一样，也需经过采样、量化和编码三个步骤。视频信号不但是空间的函数，也是时间的函数，因此它的模/数转换过程要复杂得多。另外，视频的数字化还需要经过彩色空间变换的过程。将数字化的视频信号再转换成电视信号的过程称为视频回放。在视频捕捉和视频回放的过程中，都要处理大量的数据，需要较高的数据传输率，因此视频压缩和解压缩是使用计算机处理视频信息的关键技术之一。

按照视觉效果的不同，视频分为标清(Standard Definition，SD)和高清(High Definition，HD)两类。

(1) 标清视频。标清是视频垂直分辨率在 720p 以下的一种视频格式。对于非线性编辑而言，标清格式的视频素材主要分为 PAL 制式和 NTSC 制式。DV 的画质标准就能满足标清格式的视频要求，一般 PAL DV 的图像像素尺寸为 720 × 576，而 NTSC DV 的图像尺寸为 720 × 480。所不同的是，PAL 制式每秒钟传输 25 帧图像，而 NTSL 制式每秒钟传输约 30 帧图像。

(2) 高清视频。高清是相对于过去的标准清晰度而言的新标准，它是在广播电视领域首先被提出的。关于高清的标准,国际上公认的有两条:视频垂直分辨率超过 720p 或 1080i；视频宽纵比为 16∶9。其中，i 代表隔行扫描，p 代表逐行扫描。它有三种显示格式，分别是：720p(1280 × 720p)、1080i(1920 × 1080i)和 1080p(1920 × 1080p)。而 1080i 和 1080p 又称为全高清(FULL HD)，720p 称为标准高清。现在的高清视频格式，主要有 H.264、WMA-HD、MPEG2-TS、MPEG4、VC-1 等。高清给人带来宽广的视觉场景、清晰的画面、细腻的层次和真实的色彩，更接近于肉眼所能看到的影像。

2. 常见的视频文件格式

1) AVI 格式

AVI(Audio Video Interleaved)即音频视频交错，它是 Microsoft 公司于 1992 年开发的一种符合 RIFF 文件规范的数字音频与视频文件格式。AVI 格式允许视频和音频交错在一起同步播放，支持 256 色和 RLE 压缩，但 AVI 文件并未限定压缩标准。因此，AVI 文件格式只是作为控制界面上的标准，不具有兼容性，用不同的压缩算法生成的 AVI 文件，必须使用相应的解压缩算法才能播放出来。AVI 主要应用在多媒体光盘上，用来保存电视、电影等各种影像信息。这种文件格式的优点是图像质量好，可以跨平台使用，缺点是文件体积较大。AVI 格式的视频扩展名是 .avi。

2) DV-AVI 格式

DV(Digital Video Format)-AVI 是由索尼、松下、JVC 等多家厂商联合提出的一种家用数字视频格式。目前非常流行的数码摄像机就是使用这种格式记录视频数据的。它可以通过计算机的 IEEE 1394 端口传输视频数据到计算机中，也可以将计算机中编辑好的视频数据回录到数码摄像机中。DV-AVI 格式的视频扩展名是 .avi。

3) MPEG 格式

MPEG(Moving Picture Expert Group)即运动图像专家组格式，家庭中的 VCD/SVCD 和 DVD 使用的就是 MPEG 格式文件。MPEG 格式文件在 1024 像素×768 像素下可以用每秒 25 帧(或每秒 30 帧)的速率同步播放视频和音频，其文件大小仅为 AVI 文件的 1/6。MPEG 的平均压缩比为 50：1，最高可达 200：1，压缩效率非常高，同时图像和声音的质量也非常好。目前 MPEG 格式有三个压缩标准，分别是 MPEG-1、MPEG-2 和 MPEG-4。此外，MPEG-7 与 MPEG-21 仍处在研发阶段。MPEG 几乎被所有的计算机平台共同支持，是主流的视频文件格式，其后缀包含 .mpeg、.mpg、.dat 等。

4) DivX 格式

DivX 格式是由 MPEG-4 衍生出的另一种视频编码(压缩)标准，也即我们通常所说的 DVDrip 格式。它采用了 MPEG-4 的压缩算法，同时又综合了 MPEG-4 与 MP3 各方面的技术，就是使用 DivX 压缩技术对 DVD 盘片的视频图像进行高质量压缩，同时使用 MP3 或 AC3 对音频进行压缩，然后再将视频与音频合成，并加上相应的外挂字幕文件而形成的视频格式。其画质近似 DVD，但体积只有 DVD 的数分之一。

5) MOV 格式

MOV(Movie Digital Video)格式是美国 Apple 公司开发的一种视频文件格式，默认的播放器是 Quick Time Player。其具有较高的压缩比和较好的视频清晰度，并且可以跨平台使用。MOV 格式的视频文件的扩展名是 .mov。

6) MTS 格式

MTS 格式是一种目前新兴的高清视频格式。SONY 高清 DV 录制的视频，常常是这种格式，其视频编码通常采用 H.264，音频编码采用 AC-3，分辨率为全高清标准 1920 × 1080 或 1440 × 1080。其中，1920 × 1080 分辨率的 MTS 文件可达到全高清标准，因此，MTS

更是迎接高清时代的产物。这种视频常见于当前一部分索尼高清硬盘摄像机或其他品牌摄像机录制的视频，通过索尼或其他品牌高清硬盘摄像机录制的视频，未经采集时，在软件和摄像机上显示格式，其后缀为 .mts，经过软件采集导入后，后缀为 .m2ts。

7) ASF 格式

ASF(Advanced Streaming Format)格式是微软公司前期的流媒体格式，采用 MPEG-4 压缩算法。它是微软为了和现在的 Real Player 竞争而推出的一种视频格式，用户可以直接使用 Windows 自带的 Windows Media Player 对其进行播放。

8) WMV 格式

WMV(Windows Media Video)格式也是微软推出的一种采用独立编码方式，并且可以直接在网上实时观看视频节目的文件压缩格式，是目前应用最广泛的流媒体视频格式之一。WMV 格式的主要优点包括：本地或网络回放、可扩充的媒体类型、多语言支持、环境独立性以及扩展性等。

9) RM 格式

RM 格式是 Real Networks 公司开发的一种流媒体文件格式，是目前主流的网络视频文件格式。它可以根据不同的网络传输速率制定出不同的压缩比率，从而实现在低速率的网络上进行影像数据实时传送和播放。Real Networks 所制定的音频、视频压缩规范称为 Real Media，相应的播放器为 Real Player。Real Media 是目前 Internet 上最流行的跨平台客户/服务器结构多媒体应用标准，它采用音频/视频流和同步回放技术，实现了网上全带宽的多媒体回放。

10) RMVB 格式

RMVB 格式是一种由 RM 视频格式升级延伸出的新视频格式，它的先进之处在于 RMVB 视频格式打破了原先 RM 格式那种平均压缩采样的方式，在保证平均压缩比的基础上合理利用比特率资源，就是说静止和动作场面少的画面场景采用较低的编码速率，这样可以留出更多的带宽空间，而这些带宽会在出现快速运动的画面场景时被利用。这样在保证了静止画面质量的前提下，大幅地提高了运动图像的画面质量，从而图像质量和文件大小之间就达到了微妙的平衡。RMVB 格式的视频文件可以使用 Real Player、暴风影音、QQ影音等播放软件进行播放。

3. 数字视频压缩标准

数字视频的数据量非常大，造成了计算机存储和网络传输的负担。解决办法之一就是进行数据压缩，压缩后再进行数据存储和传输，到需要时再对数据进行解压和还原。好的压缩方法必须满足三个要求：一是压缩比大；二是实现压缩的算法简单，压缩与解压缩的速度快；三是数据压缩后，恢复效果好，失真度小。MPEG 是用来压缩视频的主要算法。MPEG 不仅能进行帧内数据压缩，还实现了帧间数据压缩，并采用了运动补偿技术。因此，MPEG 在保证图像质量不变的情况下，提高了压缩效率，增加了压缩比，降低了数码率(当数据传输时，在单位时间内传送的数据位数，一般单位是 kb/s，即千位每秒)。MPEG 系列标准包含 MPEG-1、MPEG-2、MPEG-4、MPEG-7 及 MPEG-21 等，每种编码都有各自的特点及问题。

1) MPEG-1

MPEG-1 标准于 1988 年 5 月提出,1992 年 11 月形成国际标准。它的设计思想是在 1～1.5 Mb/s 的低带宽条件下提供尽可能高的图像质量(包括音频,以下所指图像均包括音频)。这是世界上第一个用于运动图像及其伴音的编码标准,主要应用于 VCD,图像尺寸为 352×288,标准带宽为 1.2 Mb/s。

2) MPEG-2

MPEG-2 发布于 1994 年,设计目标是高级工业标准的图像质量以及更高的传输率,能提供的传输率在 3～10 Mb/s 之间,其在 NTSC 制式下的分辨率可达 720×486。MPEG-2 可提供广播级的视频和 CD 级的音质。MPEG-2 的音频编码可提供左、中、右及两个环绕声道,一个加重低音声道和多达 7 个伴音声道。

3) MPEG-4

MPEG-4 标准于 1993 年提出,1998 年发布。MPEG-4 是为了播放流式媒体的高质量视频而专门设计的,它利用很窄的带宽,通过帧重建技术对数据进行压缩和传输,以求使用最少的数据获得最佳的图像质量。

4) MPEG-7

MPEG-7 标准于 1997 年提出,在 2001 年形成国际标准。该标准是一种多媒体内容描述标准,定义了描述符、描述语言和描述方案,支持对多媒体资源的组织管理、搜索、过滤、检索等,便于用户对其感兴趣的多媒体素材进行快速有效的检索。该标准可以应用于数字图书馆、各种多媒体目录业务、广播媒体的选择、多媒体编辑等领域。

5) MPEG-21

MPEG-21 标准几乎是与 MPEG-7 标准同步制定的。MPEG-21 标准的重点是建立统一的多媒体框架,支持连接全球网络的各种设备透明地访问各种多媒体资源。

7.2.4 动画处理基础

1. 动画的基本概念

动画(animation)一词,源自拉丁文字 anima,是"灵魂"的意思,而 animare 则指"赋予生命",所以 animation 可以解释为经由创作者的安排,使原本不具有生命的东西像获得生命一般。早期,中国将动画称为美术片;现在,国际通称其为动画片。

动画是通过把人和物的表情、动作、变化等分段画成许多幅画,再用摄影机连续拍摄成一系列画面,给视觉造成连续变化的图画。它的基本原理与电影、电视一样,都是视觉原理。动画利用人类眼睛的视觉暂留现象,即人的眼睛看到一幅画或一个物体后,在 1/24 秒内不会消失,利用这一原理,在一幅画还没有消失前播放出下一幅画,就会给人造成一种流畅的视觉变化效果。因此,动画和电影采用了每秒 24 幅画面的速度拍摄播放,电视采用了每秒 25 幅(PAL 制,中国电视就用此制式)或 30 幅(NTSC 制)画面的速度拍摄播放。如果以每秒低于 24 幅画面的速度拍摄播放,就会出现停顿现象。

定义动画的方法不在于使用的材质或创作的方式，而是作品是否符合动画的本质。时至今日，动画媒体已经包含了各种形式，但不论何种形式，它们具有一些共同点：影像是以电影胶片、录像带或数字信息的方式逐格记录的。另外，影像的动作是被创造出来的幻觉，而不是原本就存在的。动画的应用范围广泛，除了作为电影的一种类型之外，还有电影特技制作的动画、科学教育动画、介绍产品形象的广告动画、电子游戏动画、远程教育动画、网页动画等。

动画的分类有很多种。从制作技术和手段看，动画可分为以手工绘制为主的传统动画和以计算机为主的电脑动画。按动作的表现形式来分，动画大致分为接近自然动作的完善动画(动画电视)和采用简化、夸张的局限动画(幻灯片动画)。如果从空间的视觉效果上看，又可将动画分为平面动画和三维动画。从播放效果上看，还可以将动画分为顺序动画(连续动作)和交互式动画(反复动作)。从每秒播放的幅数来讲，还有全动画(每秒 24 幅)和半动画(每秒少于 24 幅)之分。按照动画控制方法可将动画分成逐帧动画和实时动画。

2. 常见的动画文件格式

1) GIF 格式

GIF 的原意是"图像互换格式"，是 CompuServe 公司在 1987 年开发的图像文件格式。GIF 文件的数据是一种基于 LZW 算法的连续色调的无损压缩格式，其压缩率一般在 50% 左右。GIF 格式的特点是其在一个 GIF 文件中可以保存多幅彩色图像。如果把存于一个文件中的多幅图像数据逐幅读出并显示到屏幕上，就可构成一种最简单的动画。目前几乎所有相关软件都支持 GIF 格式，公共领域有大量的软件在使用 GIF 图像文件。GIF 主要用于国际互联网、PowerPoint 演示文稿以及多媒体产品中。

2) SWF 格式

SWF 是 Micromedia 公司的产品 Flash 的矢量动画格式，它采用曲线方程描述其内容，而不是由点阵组成内容，因此这种格式的动画在缩放时不会失真，非常适合描述由几何图形组成的动画，如教学演示等。由于这种格式的动画可以与 HTML 文件充分结合，并能添加 MP3 音乐，因此被广泛地应用于网页上，成为一种"准"流式媒体文件。

3) FLIC(FLI/FLC)格式

FLIC 是 Autodesk 公司在其出品的 Autodesk Animator/Animator Pro/3D Studio 等 2D/3D 动画制作软件中采用的彩色动画文件格式，FLIC 是 FLC 和 FLI 的统称。其中，FLI 是最初的基于 320×200 大小的动画文件格式，而 FLC 则是 FLI 的扩展格式，采用了更高效的数据压缩技术，其分辨率也不再局限于 320×200。FLIC 文件采用行程编码(RLE)算法和 Delta 算法进行无损数据压缩。首先压缩并保存整个动画序列中的第一幅图像，然后逐帧计算前后两幅相邻图像的差异或改变部分，并对这部分数据进行 RLE 压缩。由于动画序列中前后相邻图像的差别通常不大，因此可以得到相当高的数据压缩率。FLIC 被广泛应用于动画图形中的动画序列、计算机辅助设计和计算机游戏应用程序。

4) AVI 格式

AVI 格式是对视频、音频文件采用的一种有损压缩方式。该方式的压缩率较高，并可将音频和视频混合到一起，因此尽管画面质量不是太好，但其应用范围仍然非常广泛。AVI文件目前主要应用在多媒体光盘上，用来保存电影、电视等各种影像信息，有时也出现在Internet 上，供用户下载、欣赏新影片的精彩片段。

7.3 常用多媒体制作软件

7.3.1 素材处理软件

1. 文字素材处理

1) Word

Word(Microsoft Office Word)是基于 Windows 平台的文字处理软件，是 Microsoft Office的重要组件，它提供了良好的图形用户操作界面，具有强大的编辑排版功能和图文混排功能，可以方便地编辑文档、生成表格、插入图片、动画和声音，可以生成 Web 文档，其操作实现了"所见即所得"的编辑效果。

2) WPS

WPS(WPS Office)是由金山软件股份有限公司自主研发的一款办公软件套装，可以实现办公软件最常用的文字、表格、演示等多种功能。WPS 具有内存占用低、运行速度快、体积小巧、强大插件平台支持、免费提供海量在线存储空间及文档模板的特点。WPS 支持阅读和输出 PDF 文件，全面兼容微软 Office97-2010 格式(doc/docx/xls/xlsx/ppt/pptx 等)，兼容 Windows、Linux、Android、iOS 等多个平台。

2. 图像素材处理

Photoshop(Adobe Photoshop，PS)是一款由美国 Adobe 公司开发和发行的专业图像处理软件。Photoshop 主要处理由像素构成的数字图像，运用其众多的绘图与编修工具，可以有效地进行图片编辑工作。Photoshop 具有很多功能，广泛应用于印刷、广告设计、封面制作、网页图像制作、照片编辑等领域。利用 Photoshop 可以对图像进行各种平面处理，包含绘制几何图形、给黑白图像上色、图像格式转换、颜色模式转化等。

3. 动画素材处理

1) Flash

Flash 是由 Macromedia 公司推出的交互式矢量图和 Web 动画的标准，后被 Adobe 公司收购。Flash 软件是一种集动画创作与应用程序开发于一身的创作软件，为创建数字动画、交互式 Web 站点、桌面应用程序以及手机应用程序的开发提供了功能全面的创作和编辑环境。Flash 包含丰富的视频、声音、图形和动画。

2) Animate CC

Adobe Animate CC 原名 Adobe Flash Professional。在 2015 年，Adobe 宣布将 Flash

Professional 更名为 Animate CC，在维持原有 Flash 开发工具的支持外，新增了 HTML 5 制作工具，为 Web 开发人员提供了更合适的音频、图片、视频、动画等创作支持。Adobe Animate CC 将拥有大量的新功能，特别是在支持 Flash SWF、AIR 格式的同时，还支持 HTML5 Canvas、WebGL，并能通过可扩展架构去支持包括 SVG 在内的几乎任何动画格式。

3) Autodesk Maya

Autodesk Maya 是美国 Autodesk 公司出品的世界顶级的三维动画软件，应用对象是专业的影视广告、角色动画、电影特技等。Maya 功能完善，工作灵活，易学易用，制作效率极高，渲染真实感极强，是电影级别的高端制作软件。

4) 3D Studio Max

3D Studio Max 常简称为 3d Max 或 3ds MAX，是 Discreet 公司开发的(后被 Autodesk 公司合并)基于 PC 系统的三维动画渲染和制作软件。其前身是基于 DOS 操作系统的 3D Studio 系列软件。在 Windows NT 出现以前，工业级的 CG 制作被 SGI 图形工作站所垄断。3D Studio Max + Windows NT 组合的出现迅速降低了 CG 制作的门槛，首先开始运用于计算机游戏中的动画制作，后来更进一步开始参与影视片的特效制作。

4. 视频素材处理

1) After Effects

After Effects(Adobe After Effects，AE)是一款由 Adobe 公司推出的图形视频处理软件。它适用于从事设计和视频特技的机构，包括个人后期制作工作室、动画制作公司、多媒体工作室和电视台，属于层类型后期软件。Adobe After Effects 软件能够高效且精确地创建无数种吸引人眼球的动态图形以及撼动人心的视觉效果。利用与其他 Adobe 软件无与伦比的紧密集成和高度灵活的 2D、3D 合成以及数百种预设的效果和动画，可以为电影、视频、DVD 和 Macro Media Flash 作品增添新奇的效果。

2) Premiere

Premiere(Adobe Premiere，PR)是一款由 Adobe 公司推出的视频剪辑软件。其主要功能是视频段落的组合与拼接，还可以进行一定的特效与调色功能。PR 是一款编辑画面质量比较好的软件，有比较好的兼容性，也可以与 Adobe 公司推出的其他软件相互协作。目前这款软件广泛应用于广告制作和电视节目制作中。

5. 声音素材处理

1) Adobe Audition

Adobe Audition 是一个专业音频编辑和混合的环境，原名 Cool Edit Pro(1997 年 9 月 5 日，由美国 Syntrillium 公司正式发布)。2003 年 Adobe 公司收购了 Syntrillium 公司的全部产品，将其改名为 Adobe Audition。Audition 专为在照相室、广播设备和后期制作设备方面工作的音频和视频专业人员设计，可提供先进的音频混合、编辑、控制和效果处理功能。它最多混合 128 个声道，可编辑单个音频文件，创建回路并可使用 45 种以上的数字信号处理效果。Audition 是一个完善的多声道录音室，可提供灵活的工作流程并且使用简便。无论是要录制音乐、无线电广播，还是为录像配音，Audition 中恰到好处的工具均可为用户提供充足的动力，以创造可能的最高质量的丰富与细微的音响。

2) GoldWave

GoldWave 是一个功能强大的数字音乐编辑器，是一个集声音编辑、播放、录制和转换于一体的音频工具。它还可以对音频内容进行格式转换等处理。GoldWave 体积小巧，功能却无比强大，支持许多格式的音频文件，包括 WAV、OGG、VOC、AU、SND、MP3、MAT、DWD、AVI、MOV 等，也可从 CD、VCD、DVD 和其他视频文件中提取声音。

3) Cakewalk

Cakewalk 是一款由美国 Cakewalk 公司(原名 Twelve Tone System 公司)开发的用于制作音乐的软件。该软件可以制作单声部或多声部音乐，可以在制作音乐中使用多种音色，用于制作 MIDI 格式的音乐。

4) Creative Wave Studio

Creative Wave Studio 是由 Creative Technology 公司 Sound Blaster AWE64 声卡附带的音频编辑软件，在 Windows 环境下可以录制、播放和编辑 8 位和 16 位波形音乐文件。

7.3.2　多媒体开发软件

1. Authorware

Authorware 是一种由美国 Macromedia 公司开发的多媒体制作软件，在 Windows 环境下有专业版(Authorware Professional)和学习版(Authorware Star)。Authorware 是一个图标导向式的多媒体制作工具，它使非专业人员快速开发多媒体软件成为现实。它无需传统的计算机语言编程，只通过对图标的调用来编辑一些控制程序走向的活动流程图，将文字、声音、图形、视频、动画等各种多媒体信息汇聚在一起，就可达到多媒体软件制作的目的。Authorware 这种通过图标的调用来编辑流程图用以代替传统的计算机语言编程的设计思想，是它的主要特点。

2. Director

Director 是一款由 Macromedia 公司推出的交互式多媒体项目的集成开发工具。2005年，Adobe 收购了 Macromedia 公司，3 年后才正式发布了收购后的最新版本的 Adobe Director 11.0。该软件主要用于多媒体项目的集成开发，它广泛应用于多媒体光盘、教学/汇报课件、触摸屏软件、网络电影、网络交互式多媒体查询系统、企业多媒体形象展示、游戏和屏幕保护等的开发制作。使用 Director 能够较为容易地创建包含高品质图像、数字视频、音频、动画、三维模型、文本、超文本以及 Flash 文件的多媒体程序，可以开发多媒体演示程序、单人或多人游戏、画图程序、幻灯片、平面或三维的演示空间的工具。Director 支持广泛的媒体类型，包括声音(MP3、WAV)、视频(QuickTime、AVI、MPEG)、动画(GIF、SWF)、图像(PSD、PNG、JPEG、BMP)等。

本 章 小 结

本章主要介绍多媒体应用技术基础的内容，包括多媒体的基本概念、多媒体系统的组成、多媒体的关键技术和应用领域、声音处理基础、图像处理基础、视频处理基础、动画处理基础和常用多媒体制作软件。

通过本章学习，读者应该了解多媒体的相关概念，了解声音处理的基础知识，了解图像处理的相关概念，掌握声音格式、图像格式、图形图像的概念、分辨率的概念、动画和视频格式，了解多媒体压缩技术，熟悉各种多媒体制作软件。

习题

1. 什么是"媒体"？
2. 常见的媒体类型有哪些？
3. 简述多媒体信息的类型及特点。
4. 简述多媒体技术的主要特性。
5. 简述多媒体系统的层次结构。
6. 多媒体计算机硬件系统应包括哪些基本设备？
7. 简述声卡的外部接口与组成及其作用。
8. 简述 CD-ROM、CD-R 和 CD-RW 的区别。
9. 单倍速 DVD 驱动器每秒最大传输速率是多少？
10. 简述声音、图像和视频信息的数字化过程。
11. 简述图形和图像的异同。
12. 简述动画的概念及其分类。
13. 简述屏幕分辨率、图像分辨率和输出分辨率的异同。
14. 简述各种媒体素材最常见的文件格式。
15. 试述模拟视频和数字视频的异同。
16. 试述高清视频和标清视频的异同。

第8章

数据库技术基础

本章导读

　　大数据时代，数据以惊人的速度增长，人类每天都在跟数据打交道，如何更高效地收集、整理并使用如此庞大的数据，继而提炼出有价值的信息，帮助人类更好、更迅速地解决工作与日常生活中的问题，是信息时代向人类提出的技术挑战之一。数据库技术是软件技术的重要分支，发展和应用数据库技术一直以来都是计算机科学的重要领域，因此不管是学术研究、企业管理或日常生活，数据库技术都备受关注。

　　数据库技术是指通过科学、有效的方法，运用现代计算机技术对数据进行获取、处理、组织、存储和使用等一系列活动，为企业或个人提供有效、便捷、安全的信息管理软件技术。大数据时代更是给数据管理技术带来挑战和机遇。因此，了解并掌握数据库技术是信息时代人才所必备的综合技能之一，也是社会发展与进步的根本动力。本章主要介绍数据库技术的相关概念、数据模型、SQL 语言基础以及常见的数据库应用开发平台。

本章知识纲要

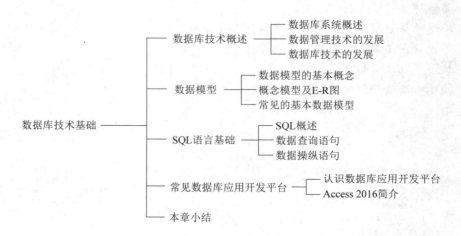

8.1　数据库技术概述

数据是对事实、概念或指令的一种表达形式，可由人工或自动化装置进行处理。数据经过解释并赋予一定的意义之后，便成为信息。数据处理是对数据的采集、存储、检索、加工、变换和传输。

数据处理的基本目的是从大量的、可能是杂乱无章的、难以理解的数据中抽取并推导出对于某些特定的人们来说有价值、有意义的数据。为了更好地提高信息的价值，必须用数据库技术来管理信息。

8.1.1　数据库系统概述

数据库系统(DataBase System，DBS)是一整套系统的组成，包括数据库、数据库管理系统、数据库应用系统和数据库用户。从具体内容上来说，数据库系统是指提供数据的存储、组织、处理和使用的完整软件系统，各组成部分的关系如图 8-1 所示。

数据库用户　　　　数据库应用系统　　　　数据库管理系统　　　　数据库

图 8-1　数据库系统各组成部分的关系

1. 数据库

数据库(DataBase，DB)从字面上可解析为存放数据的仓库，但事实上并非仓库如此简单。数据库中的数据是以一定结构存储在一起且相互关联的结构化数据集合。数据库不仅存放了数据，而且存放了数据与数据之间的关系。一个数据库系统中通常有多个数据库，每个库由若干张表组成。例如，要创建一个学生成绩的数据库，至少要建立一个学生表、开设的课程表和学生成绩表，还要为授课的教师建立一个教师表，这些表之间存在着某种关联。每个表具有预先定义好的结构，它们包含的是适合于该结构的数据。表由记录组成，在数据库的物理组织中，表以文件形式存储。

2. 数据库管理系统

数据库管理系统(DataBase Management System，DBMS)是一种操纵和管理数据库的大型软件，用于建立、使用和维护数据库。它对数据库进行统一的管理和控制，以保证数据库的安全性和完整性。用户通过 DBMS 访问数据库中的数据，数据库管理员也通过 DBMS 进行数据库的维护工作。数据库系统可使多个应用程序和用户用不同的方法在某一时刻建立、修改和询问数据库。大部分 DBMS 提供数据定义语言(Data Definition Language，DDL)和数据操作语言(Data Manipulation Language，DML)，供用户定义数据库的模式结构与权限约束，实现对数据的追加、删除等操作。

数据库管理系统是数据库系统的核心，是管理数据库的软件。数据库管理系统，就是实现把用户意义下抽象的逻辑数据处理转换成为计算机中具体的物理数据处理的软件。有了数据库管理系统，用户就可以在抽象意义下处理数据了，而不必顾及这些数据在计算机中的布局和物理位置。

数据库管理系统的主要功能有：

(1) 数据定义功能。DBMS 提供数据定义语言，供用户定义数据库的三级模式结构、两级映像以及完整性约束与保密限制等约束。DDL 主要用于建立、修改数据库的库结构。DDL 所描述的库结构仅仅给出了数据库的框架，数据库的框架信息被存放在数据字典(Data Dictionary)中。

(2) 数据操作功能。DBMS 提供数据操作语言，供用户实现对数据的追加、删除、更新、查询等操作。

(3) 数据库的运行管理功能。数据库的运行管理功能是 DBMS 的运行控制、管理功能，包括多用户环境下的并发控制、安全性检查和存取限制控制、完整性检查和执行、运行日志的组织管理、事务的管理和自动恢复(即保证事务的原子性)。这些功能保证了数据库系统的正常运行。

(4) 数据组织、存储与管理功能。DBMS 要分类组织、存储和管理各种数据，包括数据字典、用户数据、存取路径等，则需要确定以何种文件结构和存取方式在存储级上组织这些数据，如何实现数据之间的联系。数据组织和存储的基本目标是提高存储空间的利用率，选择合适的存取方法提高存取效率。

(5) 数据库保护功能。数据库中的数据是信息社会的战略资源，所以数据的保护至关重要。DBMS 对数据库的保护通过四个方面来实现，即数据库的恢复、数据库的并发控制、数据库的完整性控制、数据库安全性控制。DBMS 的其他保护功能还有系统缓冲区的管理以及数据存储的某些自适应调节机制等。

(6) 数据库维护功能。数据库维护包括数据库的数据载入、转换、转储，数据库的重组和重构以及性能监控等功能，这些功能分别由各个应用程序来完成。

(7) 通信功能。DBMS 具有与操作系统的联机处理、分时系统及远程作业输入的相关接口，负责处理数据的传送。对网络环境下的数据库系统，还应该包括 DBMS 与网络中其他软件系统的通信功能以及数据库之间的互操作功能。

3. 数据库应用系统

数据库应用系统(DataBase Application System，DBAS)是在数据库管理系统支持下建立的计算机应用系统。数据库应用系统具体包括：数据库、数据库管理系统、数据库管理员、硬件平台、软件平台、应用软件、应用界面。数据库应用系统的七个部分以一定的逻辑层次结构方式组成一个有机的整体。例如，以数据库为基础的财务管理系统、人事管理系统、图书管理系统等。无论是面向内部业务和管理的管理信息系统，还是面向外部提供信息服务的开放式信息系统，从实现技术角度而言，都是以数据库为基础和核心的计算机应用系统。现在大多数的企业级软件都是基于数据库的，例如：企业资源管理计划系统(ERP)、客户关系管理系统(CRM)、办公自动化系统(OA)、12306 铁道部的网上订票系统等。

8.1.2　数据管理技术的发展

随着计算机技术的不断发展，在应用需求的推动下，在计算机硬件、软件发展的基础上，数据管理技术经历了人工管理、文件系统管理、数据库系统管理三个阶段。每一阶段的发展以数据存储冗余不断减小、数据独立性不断增强、数据操作更加方便和简单为标志，各有各的特点。

1. 人工管理阶段

在计算机出现之前，人们运用常规的手段从事记录、存储和对数据的加工，也就是利用纸张来记录，利用计算工具(算盘、计算尺)来进行计算，并主要使用人的大脑来管理和利用这些数据。到了 20 世纪 50 年代中期，计算机主要用于科学计算，当时没有磁盘等直接存取设备，只有纸带、卡片、磁带等外存，也没有操作系统和管理数据的专门软件。该阶段数据处理的方式是批处理。

人工管理阶段管理数据的特点是：

(1) 数据不保存。因为当时计算机主要用于科学计算，所以对于数据保存的需求尚不迫切。

(2) 系统没有专用的软件对数据进行管理。每个应用程序都要包括数据的存储结构、存取方法、输入方法等，因此程序员在编写应用程序时还要安排数据的物理存储，致使程序员的负担很重。

(3) 数据不共享。数据是面向程序的，一组数据只能对应一个程序。

(4) 数据不具有独立性。程序依赖于数据，如果数据的类型、格式或输入/输出方式等逻辑结构或物理结构发生变化，则必须对应用程序做出相应的修改。

2. 文件系统管理阶段

20 世纪 50 年代后期到 60 年代中期，随着计算机硬件和软件的发展，磁盘、磁鼓等直接存取设备开始普及，这一时期的数据处理系统是把计算机中的数据组织成相互独立的被命名的数据文件，并可按文件的名字来进行访问，对文件中的记录进行存取的数据管理技术。数据可以长期保存在计算机外存上，可以对数据进行反复处理，并支持文件的查询、修改、插入、删除等操作，这就是文件系统。文件系统实现了记录内的结构化，但从文件的整体来看却是无结构的。其数据面向特定的应用程序，因此数据共享性、独立性差，且冗余度大，管理和维护的代价也很大。

3. 数据库系统管理阶段

20 世纪 60 年代后期以来，为了克服文件系统管理数据时的不足，出现了数据库这样的数据管理技术。数据库的特点是数据不再只针对某一个特定的应用，而是面向全组织的，具有整体的结构性，共享性高，冗余度小，具有一定的程序与数据之间的独立性，并且对数据进行了统一的控制。

如果说从人工管理到文件系统管理是计算机开始应用于数据的实质进步，那么从文件系统管理到数据库系统管理，则标志着数据管理技术质的飞跃。20 世纪 80 年代后，不仅在大、中型计算机上实现并应用了数据管理的数据库技术，如 Oracle、Sybase、Informix

等，在微型计算机上也使用了数据库管理软件，如常见的 Access、SQL 等，从而使数据库技术得到了广泛应用和普及。

数据库技术的核心是数据管理。随着大数据时代的到来，数据量巨大，数据对象多样异构，新应用领域不断涌现，硬件平台发展飞速。面对新的挑战，数据库工作者正在继承数据库技术的精华，并和其他技术相结合，努力探索新方法、新技术来提高和改善对数据和信息的使用。

8.1.3 数据库技术的发展

数据模型是数据库技术的核心和基础，因此，对数据库系统发展阶段的划分应该以数据模型的发展演变作为主要依据和标志。按照数据模型的发展演变过程，数据库技术主要经历了以下三个发展阶段。

阶段一：第一代层次和网状数据库系统。

第一代数据库系统是 20 世纪 70 年代研制的层次和网状数据库系统。层次数据库系统的典型代表，是 1868 年 IBM 公司研制出的层次模型的数据库管理系统 IMS。20 世纪 60 年代末 70 年代初，美国数据库系统语言协会 CODASYL(Conference on Data System Language)下属的数据库任务组 DBTG(Data Base Task Group)提出了若干报告，被称为 DBTG 报告。DBTG 报告确定并建立了网状数据库系统的许多概念、方法和技术，是网状数据库系统的典型代表。在 DBTG 思想和方法的指引下数据库系统的实现技术不断成熟，开发了许多商品化的数据库系统，它们都是基于层次模型和网状模型的。

可以说，层次数据库是数据库系统的先驱，而网状数据库则是数据库系统概念、方法、技术的奠基者。

阶段二：第二代关系数据库系统。

20 世纪 70 年代是关系数据库理论研究和原型开发的时代，其中以 IBM 公司的 San Jose 研究试验室开发的 System R 和 Berkeley 大学研制的 Ingres 为典型代表。大量的理论成果和实践经验使关系数据库从实验室走向了社会，因此，人们把 20 世纪 70 年代称为数据库时代。20 世纪 80 年代几乎所有新开发的系统均是关系型的，其中涌现出了许多性能优良的商品化关系数据库管理系统，如 DB2、Ingres、Oracle、Informix、Sybase 等。这些商用数据库系统的应用使数据库技术日益广泛地应用到企业管理、情报检索、辅助决策等方面，成为实现和优化信息系统的基本技术。

阶段三：新一代数据模型和数据管理数据库系统。

新一代数据库系统是以更丰富多样的数据模型和数据管理功能为主要特征的数据库系统。新一代数据库技术的研究和发展促成了众多不同于第一、第二代数据库系统的诞生，构成了当今数据库系统的大家族。这些新的数据库系统，不论是基于面向对象模型还是基于对象关系(OR)数据模型，不论是分布式、客户机-服务器体系结构，还是混合式体系结构，不管是在 SMP 还是在 MPP 并行机上运行的并行数据库系统，乃至是应用于某一领域(如工程、统计、地理信息系统)的工程数据库、统计数据库、空间数据库等，都可以广泛地称之为新一代数据库系统。

大数据给数据管理、数据处理和数据分析提出了全面挑战，NoSQL 技术为顺应大数据发展的需要而产生。NoSQL 是非关系型的、分布式的、不保证满足 ACID 特性的一类数据管理系统。ACID 是指原子性、一致性、隔离性和持久性。分析型 NoSQL 技术的主要代表是 MapReduce 技术。理论界和工业界继续发展已有的技术和平台，同时不断地借鉴其他研究和技术的创新思想，或改进自身，或提出兼具若干技术优点的混合技术架构，来满足自身的发展。例如，Aster Data(已被 TeraData 公司收购)和 Greenplum(已被 EMC 公司收购)两家公司利用 MapReduce 技术对 PostgreSQL 数据库进行改造，使之可以运行在大规模集群上(MPP/Shared Nothing)。总之，关系数据库系统在向 MapReduce 技术学习。

人类已经进入到大数据时代，各类技术的互相借鉴、融合和发展是未来数据管理领域的发展趋势，通过更好地分析可利用的大规模数据，将使许多学科取得更快的进步，使许多企业提高营利能力并取得成功。然而，其所面临的挑战除了关于扩展性这样明显的问题外，还包括异构性、数据非结构化、错误处理、数据隐私、及时性、数据溯源以及可视化等问题，并且这些技术挑战同时横跨多个应用领域，因此仅在一个领域范围内解决这些技术挑战是不够的。

8.2 数据模型

8.2.1 数据模型的基本概念

获得一个数据库管理系统所支持的数据模型的过程，是一个从现实世界的事物出发，经过人们的抽象，以获得人们所需要的概念模型和数据模型的过程。信息在这一过程中经历了三个不同的世界：现实世界、概念世界和数据世界，如图 8-2 所示。

现实世界　　　　　　概念世界　　　　　　数据世界

图 8-2　信息经历的三个世界

1. 现实世界

现实世界是存在于人脑之外的客观世界，事物及其相互联系就处于现实世界之中。事物可用"对象"与"性质"来描述，又有"特殊事物"和"共同事物"之分。一个实际存在并且可以识别的事物称为个体，个体可以是一个具体的事物(如一个人、一台计算机、一个企业网络)，也可以是一个抽象的概念(如某人的爱好与性格)。

2. 概念世界

概念世界又称为信息世界，是指现实世界的客观事物经人们综合分析后，在头脑中形成的印象和概念。现实世界中的个体在概念世界中称为实体。概念世界不是现实世界的简单映象，而是经过选择、命名、分类等抽象过程产生的概念模型，或者说概念模型是指对信息世界的建模。

3. 数据世界

数据世界又称为机器世界。因为一切信息最终都是由计算机进行处理的，所以进入计算机的信息必须是数字化的。数据模型是现实世界数据特征的抽象，用于描述一组数据的概念和定义。数据模型是数据库中数据的存储方式，是数据库系统的基础。在数据库中，数据的物理结构又称为数据的存储结构，就是数据元素在计算机存储器中的表示及其配置；数据的逻辑结构则是指数据元素之间的逻辑关系，它是数据在用户或程序员面前的表现形式。数据的存储结构不一定与逻辑结构一致。数据世界中，每一个实体被称为记录；对应于属性的被称为数据项或字段；对应于实体集的被称为文件。

8.2.2 概念模型及 E-R 图

E-R 图也称实体-联系图(Entity Relationship Diagram)，是描述现实世界概念结构模型的有效方法。它提供表示实体(型)、属性和联系的方法，用来描述现实世界的概念模型。E-R 图的表示符号如图 8-3 所示。

图 8-3　E-R 图的表示符号

1. 实体

一般认为客观上可以相互区分的事物就是实体。实体可以是具体的人和物，也可以是抽象的概念与联系。判断一个事物是否为实体的关键在于一个实体是否能与另一个实体相区别。具有相同属性的实体具有相同的特征和性质，通常用实体名及其属性名集合来抽象和刻画同类实体。实体在 E-R 图中用矩形表示，矩形框内写明实体名。

2. 属性

实体所具有的某一特性称为属性。一个实体可由若干个属性来刻画。属性不能脱离实体，属性是相对实体而言的。在 E-R 图中属性用椭圆形表示，并用无向边将其与相应的实体连接起来。如图 8-4 所示，教师号、姓名、出生日期、性别都是教师的属性；又如图 8-5 所示，成绩的属性有学号、课程号、成绩。

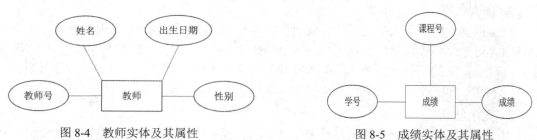

图 8-4　教师实体及其属性　　　　　　　　图 8-5　成绩实体及其属性

3. 联系

联系也称关系，反映信息世界中实体内部或实体之间的关联。实体内部的联系通常是指组成实体的各属性之间的联系；实体之间的联系通常是指不同实体集之间的联系。联系在 E-R 图中用菱形表示，菱形框内写明联系名，并用无向边分别与有关实体连接起来，同时在无向边旁标上联系的类型(如 $1:1$、$1:N$ 或 $M:N$)。比如老师给学生授课存在授课关系，学生选课存在选课关系。

实体-联系数据模型中存在三种联系：一对一联系、一对多联系和多对多联系，它们用来描述实体集之间的数量约束，如图 8-6 所示。

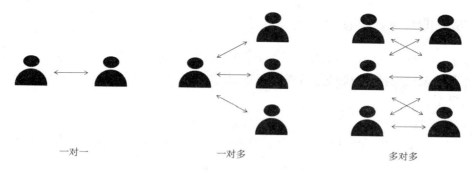

一对一　　　　　　　　一对多　　　　　　　　多对多

图 8-6　实体间的三种联系

设 A、B 为两个实体集，则实体间的联系如下：

(1) 一对一联系($1:1$)。对于两个实体集 A 和 B，若 A 中的每一个值在 B 中至多有一个实体值与之对应，反之亦然，则称实体集 A 和 B 具有一对一的联系。一个学校只有一个正校长，而一个校长只在一个学校中任职，则学校与校长之间具有一对一联系。

(2) 一对多联系($1:N$)。对于两个实体集 A 和 B，若 A 中的每一个值在 B 中有多个实体值与之对应，反之 B 中每一个实体值在 A 中至多有一个实体值与之对应，则称实体集 A 和 B 具有一对多的联系。例如，一个专业中有若干名学生，而每个学生只在一个专业中学习，则专业与学生之间具有一对多联系。

(3) 多对多联系($M:N$)。对于两个实体集 A 和 B，若 A 中每一个实体值在 B 中有多个实体值与之对应，反之亦然，则称实体集 A 与实体集 B 具有多对多的联系。例如，学生与课程间的联系"选修"是多对多联系，如图 8-7 所示。即一个学生可以选修多门课程，而每门课程可以有多个学生来选修。联系也可能有属性。例如，学生"选修" 某门课程所取得的成绩，既不是学生的属性也不是课程的属性。由于"成绩"既依赖于某名特定的学生又依赖于某门特定的课程，因此它是学生与课程之间的联系"选修"的属性。

图 8-7　多对多联系示例

表 8-1 列出了从现实世界到数据世界有关术语的映射与对照，帮助学生理解这些概念

之间的联系与区别。

表 8-1 三种世界术语

现实世界	概念世界	数据世界
组织	实体及其联系	数据库
事物类	实体集	文件
事物	实体	记录
特征	属性	字段

8.2.3 常见的基本数据模型

基本数据模型描述的是数据库的结构和组织形式，它是概念模型的数据化，这样就有可能用计算机来实现各种事物之间的联系。基本数据模型主要有三种：层次模型、网状模型、关系模型。

1. 层次模型

层次模型是数据库系统中最早出现的数据模型，它是用树型(层次)结构来表示实体类型及实体间联系的。树中每一个节点代表一个记录类型，树状结构表示实体型之间的联系。层次模型最早用于商品数据库管理系统。

层次模型可以表示的基本联系是一对一和一对多联系。

2. 网状模型

现实世界中事物之间的联系更多的是非层次关系的，用层次模型表示这种关系是很不直观的，而用网状模型就克服了这一弊病，它可以清晰地表示这种非层次关系。用有向图结构表示实体类型及实体间联系的数据结构模型称为网状模型。

网状模型可以表示的基本联系是多对多联系。

3. 关系模型

层次模型和网状模型已经很好地解决了数据的集中和共享问题，但是在数据独立性和抽象级别上仍有很大欠缺。用户在对层次模型数据库和网状数据库进行存取时，仍然需要明确数据的存储结构，指出存取路径，而后来出现的关系模型较好地解决了这些问题。

关系数据模型是以集合论中的关系概念为基础发展起来的。关系模型是指用二维表的形式表示实体和实体间联系的数据模型。

1) 基本概念

(1) 关系(Relation)：一个关系对应着一个二维表，二维表就是关系名。

(2) 元组(Tuple)：在二维表中的一行，称为一个元组。

(3) 属性(Attribute)：在二维表中的列，称为属性。属性的个数称为关系的元或度，列的值称为属性值。

(4) (值)域(Domain)：属性的取值范围为值域。

(5) 分量：每一行对应的列的属性值，即元组中的一个属性值。

(6) 主键(主码)：在一个关系的若干候选键(是某个关系变量的一组属性所组成的集合)中，指定其中一个用来唯一标识该关系的元组，则称这个被指定的候选键为主关键字，或简称为主键、关键字、主码。每个关系模型都需要用表中的某个属性或某几个属性的组合作为主键。例如，在学生表中"学号"是主键，而在选课表中主键为(学号，课程号)。

(7) 外键(外码)：关系中的某个属性虽然不是这个关系的主键，或者只是主键的一部分，但它却是另外一个关系的主键时，则称其为外键或者外码。如图 8-8 所示，"学号"为外键。

(8) 参照关系与被参照关系：以外键相互联系的两个关系，可以相互转化。

通过"学号"公共属性实现两个表的关联

学生表

学号	姓名	性别
980101	张长小	男
980102	一军	男
980104	李红红	女
980111	成明	男
980301	周小丽	男

选修表

学号	课程号	成绩
980101	102	78
980101	103	90
980101	104	85
980101	105	70
980101	106	90

图 8-8　通过"学号"公共属性实现两个表的关联

2) 表现形式

对关系及其属性的描述可用的表示形式是：关系名(属性 1，属性 2，…，属性 n)。例如，选修关系可以描述为选修(学号，课程号，成绩)。

3) 性质

关系是元数为 $K(K \geq 1)$ 的元组的集合。关系是一种规范化的表格，它有以下限制：

(1) 关系中的每一个属性值都是不可分解的。

(2) 关系中不允许出现相同的元组。

(3) 关系中不考虑元组之间的顺序。

(4) 关系中各列属性值取自同一个域，因此各个分量具有相同的性质。

(5) 关系中属性也是无序的。

4) 基本运算

关系模型支持的三种基本运算：选择、投影和连接。

(1) 选择。从关系中找出满足给定条件的所有元组称为选择。其中的条件是以逻辑表达式给出的，值为真的元组被选出作为最后的结果。这是从行的角度进行的运算，即水平方向抽取元组。经过选择运算得到的结果能形成新的关系，其关系模式不变，但其中元组的数目小于或等于原来的关系中的元组的个数，它是原关系的一个子集。如图 8-9 所示就是从如图 8-8 所示的"学生表"中选取"性别"属性为"男"而组成的新关系。

学号	姓名	性别
980301	周小丽	男
980101	张长小	男
980102	一军	男
980111	成明	男

图 8-9　选择运算

(2) 投影。从关系中挑选若干属性组成的新的关系称为投影。这是从列的角度进行运算。经过投影运算能得到一个新关系，其关系所包含的属性个数往往比原关系少，或属性的排列顺序不同。如果新关系中包含重复元组，则要删除重复元组。如图 8-10 所示就是从如图 8-8 所示的"学生表"中选取部分属性而得到的新关系。

姓名
张长小
一军
李红红
成明
周小丽

图 8-10   投影运算

(3) 连接。连接运算是从两个或多个关系中选取属性间满足一定条件的元组，它的结果会组成一个新的关系。如图 8-11 所示就是将如图 8-8 所示的"学生表"和"选修表"按"学号"条件进行连接而生成的新关系。

学生.学号	姓名	性别	年龄	课程号	成绩
980101	张长小	男	18	102	78
980101	张长小	男	18	103	90
980101	张长小	男	18	104	85
980101	张长小	男	18	105	70
980101	张长小	男	18	106	90

图 8-11   连接运算

8.3   SQL 语言基础

8.3.1   SQL 概述

SQL(Structured Query Language)结构化查询语言是标准的关系型数据库语言。SQL 语言的功能包括数据定义、数据查询、数据操纵和数据控制四个部分。

SQL 语言具有以下特点：

(1) 高度的综合。SQL 语言集数据定义、数据操纵和数据控制于一体，语言风格统一，可以实现数据库的全部操作。

(2) 高度非过程化。SQL 语言在进行数据操作时，只需说明"做什么"，而不必指明"怎么做"，其他工作由系统完成。用户无需了解对象的存取路径，大大减轻了用户负担。

(3) 交互式与嵌入式相结合。用户可以将 SQL 语句当作一条命令直接使用，也可以将 SQL 语句当作一条语句嵌入到高级语言程序中，两种方式语法结构一致。

(4) 语言简洁，易学易用。SQL 语言结构简洁，只用 8 个动词就可以实现数据库的所有功能，使用户易于学习和使用。

常用的 SQL 语句如表 8-2 所示。

表 8-2　常用 SQL 语句

SQL 语句类型	功能	语句关键词
数据定义	创建表	CREATE TABLE
	删除表	DROP TABLE
	修改表	ALTER TABLE
	创建索引	CREATE INDEX
	删除索引	DROP INDEX
查询	基本查询、选择查询、分组统计、排序	SELECT
		FROM
		WHERE
		GROUP BY
		ORDER BY
数据更新	添加操作	INSERT INTO
	修改操作	UPDATE
	删除操作	DELETE

8.3.2　数据查询语句

数据查询是 SQL 的核心功能，SQL 语言提供了 SELECT 语句用于检索和显示数据库中表的信息，该语句功能强大，使用方式灵活，可用一个语句实现多种方式的查询。

1. SELECT 语句的格式

SELECT 语句的格式如下：

SELECT[ALL|DISTINCT] [TOP <数值> [PERCENT]]<目标列表达式 1> [, <目标列表达式 2> …]

FROM <表或查询 1> [[AS]<别名 1>][, <表或查询 2> [[INNER|LEFT[OUTER]|RIGHT[OUTER] JOIN <表或查询 3> ON <联接条件>]…]

[WHERE <条件表达式 1> [AND|OR <条件表达式 2>…]

[GROUP BY <分组项> [HAVING <分组筛选条件>]]

[ORDER BY <排序项 1> [ASC|DESC][, <排序项 2> [ASC|DESC]…]]

2. 语法描述的约定说明

SELECT 语句中各语法描述的约定说明如下：

(1) "[ ]"内的内容为可选项；

(2) "<>"内的内容为必选项；

(3) "|"表示"或"，即前后的两个值二选一。

3. SELECT 语句中各子句的意义

(1) SELECT 子句：指定要查询的数据，一般是字段名或表达式。

① ALL：查询结果中包括所有满足查询条件的记录，也包括值重复的记录。SELECT 子句默认为 ALL。

② DISTINCT：在查询结果中内容完全相同的记录只能出现一次。

③ TOP <数值> [PERCENT]：限制查询结果中包括的记录条数为前<数值>条或占记录总数的百分比为<数值>。

④ <目标列表达式 1>：指定查询结果中列的标题名称。

(2) FROM 子句：指定数据源，即查询所涉及的相关表或已有的查询。如果这里出现"JOIN…ON"子句，则表示要为多表查询指定多表之间的连接方式。

(3) WHERE 子句：指定查询条件，在多表查询的情况下也可用于指定连接条件。

(4) GROUP BY 子句：对查询结果进行分组，可选项 HAVING 表示要提取满足 HAVING 子句指定条件的那些组。

(5) ORDER BY 子句：对查询结果进行排序。ASC 表示升序排列，DESC 表示降序排列。

下面以一个建立教学管理系统数据库中的学生数据表为例说明 SQL 语句的用法。"学生"数据表数据视图如图 8-12 所示。

学号	姓名	性别	出生日期	入校日期	团员否	民族	简历	照片
980101	张长小	男	2000/1/17	2018/9/3		汉族	江西九江	Bitmap Image
980102	一军	男	2001/1/20	2018/9/1	✓	汉族	山东曲阜	Bitmap Image
980104	李红红	女	2001/1/17	2018/9/3	✓	维吾尔族	新疆乌鲁木齐	Bitmap Image
980111	成明	男	2001/1/18	2018/9/2		汉族	山东东营	
980301	周小丽	男	2001/1/19	2018/9/1	✓	回族	山东日照	
980302	张明亮	男	2001/1/17	2018/9/2		汉族	北京顺义	
980303	李元	女	2001/1/22	2018/9/1		汉族	北京顺义	
980305	井江	女	2002/1/18	2018/9/2	✓	回族	北京昌平	
980306	冯伟	女	2002/1/19	2018/9/1		回族	北京顺义	
980307	王朋	男	2001/1/20	2018/9/2	✓	汉族	湖北武穴	
980308	丛古	女	2001/1/20	2018/9/4		蒙古族	北京大兴	
980309	张也	女	2000/1/17	2018/9/4	✓	回族	湖北武汉	
980310	马琦	女	2001/1/18	2018/9/1	✓	回族	湖北武汉	
980311	崔一南	女	2001/1/20	2018/9/4		汉族	北京海淀区	
980312	文清	女	2001/1/19	2018/9/1	✓	汉族	安徽芜湖	
980313	田艳	女	2001/1/22	2018/9/4		汉族	北京东城	
980314	张佳	女	2001/1/20	2018/9/1		回族	江西南昌	
980315	陈铖	男	2000/1/20	2019/9/3	✓	蒙古族	北京海淀区	
980316	王佳	女	2000/1/18	2019/9/1	✓	维吾尔族	江西九江	
980317	叶飞	男	2000/1/17	2019/9/2	✓	维吾尔族	上海	

记录: 第 27 项(共 27 项) 无筛选器 搜索

图 8-12 "学生"数据表数据视图

例 8-1 查询"学生"数据表中的所有记录。其 SQL 语句如下：

```
SELECT *
FROM 学生;
```

例 8-2　查询"学生"数据表中的女学生记录，字段包括"学号""姓名"和"性别"。其 SQL 语句如下：

```
SELECT 学号, 姓名, 性别
FROM 学生
WHERE 性别="女";
```

例 8-3　查询"学生"数据表中出生日期在 2000 年到 2002 年之间的学生记录，字段包括"学号""姓名"和"性别"，并按出生日期从早到晚排序。其 SQL 语句如下：

```
SELECT 学号, 姓名, 性别
FROM 学生
WHERE YEAR(出生日期) BETWEEN 2000 AND 2002
ORDER BY 出生日期 ASC;
```

说明：由于"出生日期"是日期类型，因此在判断之前要对日期进行"取年份"的操作，这里使用 YEAR() 函数。出生日期从早到晚，意味着按出生日期进行升序排序，故 ASC 关键字也可省略不写。

例 8-4　查询"学生"数据表中男女生人数。其 SQL 语句如下：

```
SELECT 性别, COUNT(*) AS 人数
FROM 学生
GROUP BY 性别;
```

说明：COUNT() 为计数函数，SQL 常用的内置函数除了计数函数外，还有 SUM() 求和函数、AVG() 求平均函数、MAX() 求最大值函数和 MIN() 求最小值函数。

如果分组后还要求按一定的条件对这些组进行筛选，最终只需要满足指定条件的组，则可用 HAVING 短语指定筛选条件。

例 8-5　查询"学生"数据表中民族人数为两人以上的民族。其 SQL 语句如下：

```
SELECT 民族, COUNT(*) AS 人数
FROM 学生
GROUP BY 民族
HAVING COUNT(*)>2;
```

说明：COUNT(*)>2 这个条件表达式不能出现在 WHERE 子句中，因为 WHERE 子句中不能出现聚集函数。

8.3.3　数据操纵语句

SQL 中，数据操纵语句包括插入数据、修改数据和删除数据三种语句。

1. 插入数据

INSERT INTO 语句用于在数据库表中插入数据，通常有两种形式，一种是插入一条记录，另一种是插入子查询的结果，后者可以一次插入多条记录。

(1) 插入一条记录的格式如下：

```
INSERT INTO <表名>[(<字段名 1>[, <字段名 2>[, …]])]
```

VALUES (<表达式 1>[, <表达式 2>[, …]])

(2) 插入子查询结果的格式如下：

INSERT INTO <表名>[(<字段名 1>[, <字段名 2>[, …]])] <SELECT 查询语句>

例 8-6 向"学生"数据表中插入一条学生记录。其 SQL 语句如下：

INSERT INTO 学生(学号, 姓名, 性别, 出生日期, 入校日期, 团员否, 民族, 简历)

VALUES("880416", "陈一一", "女", "2001-1-1", "2016-8-1", "否", "汉族", "江西九江");

2. 修改数据

UPDATE 语句用于修改记录的字段值。

修改数据的语法格式如下：

UPDATE <表名>

SET <字段名 1>=<表达式 1>[, <字段名 2>=<表达式 2>[, …]]

[WHERE <条件>]

例 8-7 将"学生"数据表中学号为"880416"的简历改为"江西南昌"。其 SQL 语句如下：

UPDATE 学生

SET 简历="江西南昌"

WHERE 学号="880416";

3. 删除数据

DELETE 语句用于将记录从表中删除，删除的记录数据将不可恢复。

删除数据的语法格式如下：

DELETE

FROM <表名>

[WHERE <条件>]

例 8-8 删除"学生"数据表中学号为"880416"的学生记录。其 SQL 语句如下：

DELETE

FROM 学生

WHERE 学号="880416";

8.4 常见数据库应用开发平台

本节首先认识数据库应用开发平台，在此基础上，简单介绍一下桌面型数据库开发平台 Access 2016 的使用方法。

8.4.1 认识数据库应用开发平台

数据库应用开发平台，即数据库软件。使用数据库开发平台的目的就是建立数据库。

关系型数据库是目前最受欢迎的数据库管理系统，技术比较成熟。常见的关系型数据库有 Access、Mysql、SQL Server、Oracle、Sybase、DB2 等。其中，Access 是最流行的桌面型数据库软件之一，它是小型的数据库开发平台，其特点是易学易用，适合建立小型数据库。Access 具有强大的窗体及报表制作能力，具有强化数据库的工具及易学易用的操作界面等。

8.4.2　Access 2016 简介

Access 2016 是 Microsoft 公司最新推出的 Access 版本，是微软办公软件包 Office 2016 的一部分。Access 2016 是一个面向对象的、采用事件驱动的新型关系型数据库。Access 2016 提供了表生成器、查询生成器、宏生成器、报表设计器等许多可视化的操作工具，以及数据库向导、表向导、查询向导、窗体向导、报表向导等多种向导，可以使用户很方便地构建一个功能完善的数据库系统。Access 还为开发者提供了 Visual Basic for Application(VBA)编程功能，使高级用户可以开发功能更加完善的数据库系统。

如果用户是从 Windows 的【开始】菜单或桌面快捷方式启动 Access 2016，那么启动后可以看到默认的欢迎界面，如图 8-13 所示。在欢迎界面的中间，有两个命令选项"空白桌面数据库"和"自定义 Web 应用程序"，通过这两个选项可以从头开始创建数据库。如果需要创建一个新的 Access 数据库，并在个人计算机上使用，则应选择"空白桌面数据库"；如果最终需要通过 SharePoint 发布自己的 Access 应用程序，则应选择"自定义 Web 应用程序"。

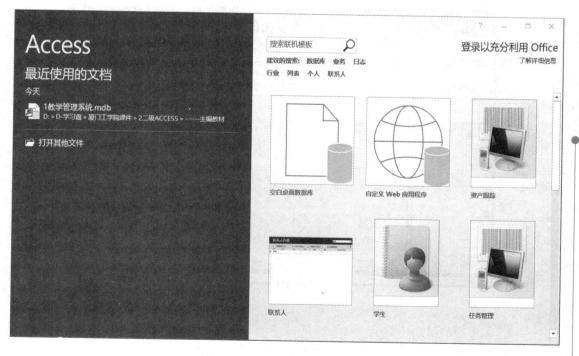

图 8-13　Access 2016 欢迎界面

如果用户单击了创建"空白桌面数据库",则会弹出如图 8-14 所示的界面。在图 8-14 中,用户可对即将创建的数据库进行命名,默认是"DataBase1.accdb"。还可单击"文件名"旁边的文件夹图标按钮,对数据库的存放位置进行设置,默认存放在 C 盘。单击"创建"按钮即可显示如图 8-15 所示的 Access 2016 主操作界面。Access 2016 主操作界面由四个主要部分构成:顶部功能区,左侧导航窗格,右侧工作区,底部状态栏。

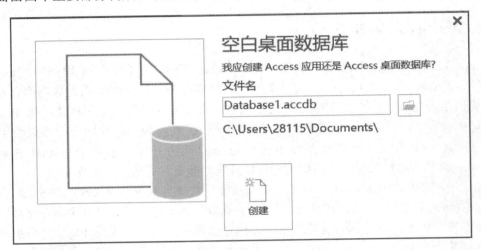

图 8-14   创建"空白数据库"

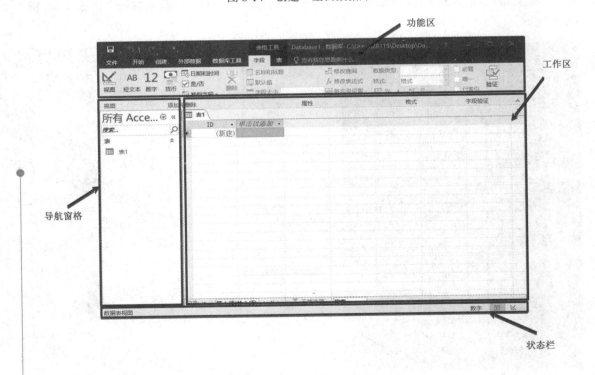

图 8-15   Access 2016 主操作界面

1. 功能区

在 Access 2016 主操作界面的顶部区域就是功能区，其包括五个选项卡，分别为【文件】、【开始】、【创建】、【外部数据】和【数据库工具】。在每个选项卡下，都有不同的操作工具。例如，在【开始】选项卡下有【视图】组、【剪贴板】组等，用户可以通过这些组中的工具，对数据库中的数据库对象进行设置。

1) 【文件】选项卡

单击【文件】选项卡，将打开 Office Backstage(后台)视图。在 Backstage 视图中有很多选项，可用于创建数据库、打开数据库、保存数据库以及配置数据库。

2) 【开始】选项卡

如图 8-16 所示为【开始】选项卡下的部分工具组。

图 8-16　【开始】选项卡下的工具组

利用【开始】选项卡下的工具组，从左到右依次可以完成的功能主要有：

(1) 选择不同的视图。

(2) 从剪贴板复制和粘贴。

(3) 对记录进行排序和筛选。

(4) 操作数据记录(刷新、新建、保存、删除、汇总、拼写检查等)。

(5) 查找记录。

(6) 设置当前的字体格式和字体对齐方式。

3) 【创建】选项卡

【创建】选项卡下有如图 8-17 所示的工具组，用户可以利用该选项卡下的工具，创建数据表、窗体、查询等各种数据库对象。

图 8-17　【创建】选项卡下的工具组

利用【创建】选项卡下的工具组，从左到右依次可以完成的功能主要有：

(1) 利用各种模板快速创建各种 Access 数据库对象。

(2) 使用各种方式来创建新表。

(3) 使用向导方式和设计方式来创建查询。

(4) 使用各种方式来创建新窗体。

(5) 使用各种方式来创建新报表。

(6) 创建新的宏、模块或类模块。

4) 【外部数据】选项卡

在【外部数据】选项卡下有如图 8-18 所示的工具组，用户可以利用该工具组中的数据库工具导入和导出各种数据。

图 8-18　【外部数据】选项卡下的工具组

利用【外部数据】选项卡下的工具组，从左到右依次可以完成的功能主要有：

(1) 导入或链接到外部数据。

(2) 导出数据。

5) 【数据库工具】选项卡

在【数据库工具】选项卡下有如图 8-19 所示的各种工具组，用户可以利用该选项卡下的各种工具进行数据库 VBA、表关系的设置等。

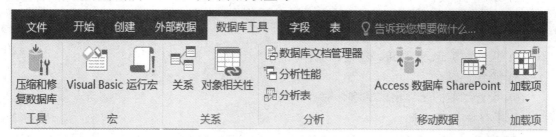

图 8-19　【数据库工具】选项卡下的工具组

利用【数据库工具】选项卡下的工具组，从左到右依次可以完成的功能主要有：

(1) 压缩和修复数据库。

(2) 启动 Visual Basic 编辑器或运行宏。

(3) 创建和查看表关系；显示/隐藏对象相关性或属性工作表。

(4) 运行数据库文档或分析性能。

(5) 将数据移至 Microsoft SQL Server 或 Access(仅限于表)数据库。

(6) 管理 Access 加载项。

2. 导航窗格

导航窗格区域位于窗口左侧，用以显示当前数据库中的各种数据库对象。单击导航窗格右上方的小箭头，即可弹出【浏览类别】菜单，可以在该菜单中选择查看对象的方式，如图 8-20 所示。

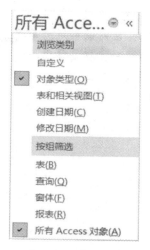

图 8-20　导航窗格【浏览类别】菜单

3. 工作区

在如图 8-15 所示的 Access 2016 主操作界面中，用户创建的是一个空白的桌面数据库，系统会自动生成一个默认的"表 1"，并为其分配一个"ID"字段。用户可在"表 1"上自行编辑满足要求的表格，也可将其删掉重新创建一个表格。

4. 状态栏

状态栏位于窗口底部，用于显示状态信息，如帮助用户查找状态消息、属性提示、进度指示等。状态栏中还包含用于切换视图的按钮。

在使用 Access 2016 时，有任何疑问都可以通过单击 F1 功能键或单击功能区右上角的问号图标来获取帮助。

本 章 小 结

数据库技术已经成为信息基础设施的核心技术和重要基础。本章主要介绍了数据库系统的相关概念、数据管理技术和数据库技术的发展趋势、数据模型(概念模型 E-R 图)以及 SQL 语言等基础理论知识，希望能让读者对数据库技术有一个基本的认识。本章最后一部分还介绍了 Access 2016 数据库系统，使读者对 Access 2016 数据库系统能有一个整体的直观认识。

习题

1. 试说明数据、数据库、数据库管理系统和数据库系统的概念。

2. 数据库系统由哪几部分组成，每一部分在数据库系统中的作用大致是什么？

3. 数据库管理技术的发展主要经历了哪几个阶段？

4. 常见的基本数据模型有几种？目前最常用的是哪一种？

5. 实体间的联系有几种？请为每一种联系举出一个例子。

6. 构成 E-R 图的基本元素有哪些？分别用什么图形表示？

7. 解释下列术语的含义：

(1) 关系；

(2) 属性；

(3) 元组；

(4) 关键字；

(5) 主键；

(6) 外键。

8. 关系模型所支持的关系运算包括哪些？

9. SQL 查询语句中 SELECT 子句的作用是什么？FROM 子句的作用是什么？WHERE 子句的作用是什么？

10. 常见的关系型数据库有哪些？请列举出五种常见的关系型数据库。

附录　常用字符与 ASCII 码对照表

ASCII 码	字符	控制字符	ASCII 码	字符	ASCII 码	字符	ASCII 码	字符
000	Null	NUL	032	(Space)	064	@	096	`
001	☺	SOH	033	!	065	A	097	a
002	☻	STX	034	"	066	B	098	b
003	♥	ETX	035	#	067	C	099	c
004	♦	EOT	036	$	068	D	100	d
005	♣	END	037	%	069	E	101	e
006	♠	ACK	038	&	070	F	102	f
007	Beep	BEL	039	'	071	G	103	g
008	Backspace	BS	040	(	072	H	104	h
009	Tab	HT	041	)	073	I	105	i
010	换行	LF	042	*	074	J	106	j
011	♂	VT	043	+	075	K	107	k
012	♀	FF	044	,	076	L	108	l
013	回车	CR	045	-	077	M	109	m
014	♫	SO	046	.	078	N	110	n
015	☼	SI	047	/	079	O	111	o
016	►	DLE	048	0	080	P	112	p
017	◄	DC1	049	1	081	Q	113	q
018	↕	DC2	050	2	082	R	114	r
019	‼	DC3	051	3	083	S	115	s
020	¶	DC4	052	4	084	T	116	t
021	§	NAK	053	5	085	U	117	u
022	▬	SYN	054	6	086	V	118	v
023	↨	ETB	055	7	087	W	119	w
024	↑	CAN	056	8	088	X	120	x
025	↓	EM	057	9	089	Y	121	y
026	→	SUB	058	:	090	Z	122	z
027	←	ESC	059	;	091	[	123	{
028	∟	FS	060	<	092	\	124	¦
029	↔	GS	061	=	093	]	125	}
030	▲	RS	062	>	094	^	126	~
031	▼	US	063	?	095	_	127	⌂

注：128～255 是 IBM-PC(长城 0520)上专用的，表中 000～127 是标准的。

参 考 文 献

[1] 瞿中. 计算机科学导论. 4 版. 北京：清华大学出版社，2016.

[2] 范慧琳. 计算机应用技术基础. 北京：清华大学出版社，2006.

[3] 顾沈明. 计算机基础. 4 版. 北京：清华大学出版社，2018.

[4] 刘艳，陈琳，方颂，等. 大学计算机应用基础(Windows 7 + Office 2010). 西安：西安电子科技大学出版社，2014.

[5] 董正雄. 大学计算机应用基础(Windows 7 + Office 2010). 厦门：厦门大学出版社，2016.

[6] 汤晓丹，梁红兵，哲凤屏，等. 计算机操作系统. 西安：西安电子科技大学出版社，2014.

[7] 教育部考试中心. 计算机基础及 MS Office 应用(2018 年版). 北京：高等教育出版社，2018.

[8] 祝谨惠，陈章侠. 全国计算机等级考试一级教程 MS Office 应用. 北京：中国商业出版社，2015.

[9] 谢希仁. 计算机网络. 7 版. 北京：电子工业出版社，2017.

[10] OBAIDAT M S，BOUDRIGA N A. 计算机网络安全导论. 毕红军，张凯，等译. 北京：电子工业出版社，2009.

[11] STALLING W. 密码编码学与网络安全：原理与实践. 5 版. 王张宜，等译. 北京：电子工业出版社，2012.

[12] KONHEIM A G. 计算机安全与密码学. 唐明，等译. 北京：电子工业出版社，2010.

[13] 结城浩. 图解密码技术. 3 版. 周自恒，译. 北京：人民邮电出版社，2016.

[14] 张乐军，国林. 多媒体技术导论. 北京：清华大学出版社，2010.

[15] 甘勇，尚展垒，翟萍，等. 大学计算机基础. 北京：高等教育出版社，2018.

[16] 孙连科，顾健. 计算机基础. 3 版. 北京：清华大学出版社，2018.

[17] 应志远，高莹，等. Photoshop 平面设计基础教程. 沈阳：东北大学出版社，2018.

[18] 刘毅. 多媒体技术. 上海：上海交通大学出版社，2018.

[19] 教育部考试中心. 全国计算机等级考试二级教程：ACCESS 数据库程序设计. 北京：高等教育出版社，2011.

[20] 何玉洁，刘福刚，等. 数据库原理及应用. 2 版. 北京：人民邮电出版社，2012.

[21] 张强，杨玉明. Access 2010 中文版入门与实例教程. 北京：电子工业出版社，2011.

[22] JENNINGS R. 深入 Access 2010(Microsoft Access 2010 in depth). 李光杰，等译. 北京：中国水利水电出版社，2012.